AGRICULTEUR DU MIDI.

AGRICULTEUR
DU MIDI

PAR

ANDRÉ-LOUIS-ESPRIT COMTE DE SINETY,

Député de la Noblesse de Marseille aux États généraux, ancien Major de Cavalerie et Secrétaire
perpétuel de l'Académie de Marseille, Chevalier de Saint-Louis, etc., etc.

ANNOTÉ

PAR M. LE COMTE DE SINETY,

Membre du Conseil Général du Var.

SUIVI

DE LA DESCRIPTION DES MOULINS A HUILE

INVENTÉS

PAR M. LE COMTE DE SINETY,

Ancien Chef de Bataillon.

DRAGUIGNAN,

IMPRIMERIE DE P. GARCIN, ESPLANADE DE LA VILLE, 4.

1859.

INTRODUCTION.

Non possidentem multa, vocaveris
Rectè beatum : rectiùs occupat
Nomen beati, qui Deorum
Muneribus sapienter uti... Horace.

A la fortune en vain on adresse ses vœux ;
    Le vrai bonheur n'est point dans la richesse :
Heureux seul le mortel, qui sait avec sagesse,
    Jouir des biens qu'il a reçu des Dieux.

Cette sentence d'Horace, qui donne aux hommes une aussi sage leçon, ne peut être mieux appliquée qu'aux propriétaires agricoles du territoire de Marseille. Les campagnes sont de peu d'étendue ; leur site est agréable ; leurs fruits sont d'un goût exquis, et d'un produit avantageux par leur diversité ; leur culture intéresse par sa variété ; le sol, enfin, quoique presque généralement aride, est susceptible de fertilité, lorsque le travail et l'industrie de l'agriculteur savent le féconder.

C'est bien à l'étendue bornée de nos propriétés rurales, que peut s'appliquer le *rectè beatum* d'Horace : car si elles étaient plus vastes, elles seraient difficilement fertilisées. Nos pères mieux que nous connaissaient ce vrai bonheur. L'œil du propriétaire s'étendait facilement du centre de son domaine aux extrémités. La protection accordée spécialement à l'Agriculture, leur donnait les moyens d'en tirer le meilleur parti, tout était mis en produit.

Les plaines, les vallons, les coteaux complantés avec une symétrie agréable, les lits des torrens bordés de chaussées couronnées d'arbres de haute futaie ; les eaux des rivières utilisées par des canaux d'arrosage, et par l'établissement des fabriques de toute espèce ; les marais desséchés, transformés en riches prairies ; les pentes rapides des coteaux soutenues par des murailles qui en multiplient la surface ; les montagnes, autrefois, couvertes d'arbres et de plantes sauvages, présentant aujourd'hui l'aspect utile et riant de vignes et d'oliviers ; tout jusqu'au creux des rochers était cultivé par la plus ingénieuse industrie ; et quoique cette culture fut dispendieuse, nos pères y trouvaient le bénéfice qui pouvait les en dédommager.

C'était à la sagesse de nos lois volontairement établies par nos pères, et constamment respectées par le gouvernement, c'était au zèle de nos administrateurs, pour les défendre contre le innovations de l'autorité arbitraire, que le territoire de Marseille, si précieux par la miraculeuse fertilité de son sol si sec et si aride, devait ces précieux avantages.

Ils avaient reconnu que dans un sol, où, comme dit *Montesquieu*, L. xx, ch. v, la nature semblait se refuser aux travaux et à l'industrie de l'homme, l'agriculture ne pouvait prospérer que par une protection spéciale, et pour la rendre susceptible de fertilité, ils n'avaient trouvé d'autre moyen de l'activer, que celui d'encourager l'industrie et les efforts des agriculteurs.

Il n'est, en effet, aucun sol en France où la culture soit aussi pénible, aussi dispendieuse, aussi active, aussi multipliée. L'agriculteur ne peut perdre un jour, négliger un objet, se dispenser du moindre soin, sans opérer sa ruine.

Une propriété, dans le territoire de Marseille, bien cultivée, rend plus qu'un terrain quatre fois plus étendu dans tout autre pays ; mais quelques années de négligence, soit par la paresse du propriétaire, soit par son ignorance, soit par insuffisance de moyens, peuvent le détériorer, au point d'être forcé de l'abandonner.

Les propriétaires ruraux participant, autrefois, spécialement à l'administration générale et locale de la Commune, sous les lois d'un gouvernement, qui, quoique absolu, avait respecté ses franchises et sa liberté, étaient tellement pénétrés de ces vérités, qu'ils avaient toujours maintenu en faveur du territoire de cette ville tous les genres d'encouragemens.

Dès les temps les plus reculés, avant même que la terre fut épuisée, ayant la certitude que l'infertilité du sol ne pouvait supporter les charges publiques, dont étaient partout grevés les biens ruraux, ils avaient racheté en masse les dîmes ecclésiastiques féodales par des échanges avec le clergé et les seigneurs : et depuis lors, le territoire de Marseille était exempt de toute espèce de servitude personnelle et pécuniaire.

Rien ne prouve mieux combien le territoire de Marseille, est par sa nature, et a été de tous les temps infertile, que ce que nous dit le savant *Montesquieu*, tom. II, chap. v, p 245, en parlant de Marseille dès les premiers temps de sa fondation. « *La stérilité*, dit-il, *de son territoire détermina ses citoyens au commerce de l'économie, il fallut qu'ils fussent laborieux pour suppléer à la nature qui se refusait.* » Et certes, si le territoire de Marseille, dès les premiers temps qu'il fut mis en valeur, était reconnu pour infertile, combien plus doit-il l'être aujourd'hui que la terre est épuisée par une fécondité forcée, qui date depuis tant de siècles, et par les ravages et les dévastations du temps ?

Les contributions foncières jugées par nos administrateurs trop onéreuses pour un sol aride si dispendieux à cultiver, furent par eux abonnées avec le gouvernement, et remplacées par des impôts indirects d'autant plus sagement conçus, que les denrées territoriales en étaient exemptes, et que dans une ville d'un commerce aussi éten~~dn~~ ~~que~~ l'est celui de Marseille, les étrangers de toutes les nations dont cette ville abonde, lorsque son commerce fleurit, en payaient les trois quarts sans s'en apercevoir et sans s'en plaindre.

Cet heureux temps n'est plus, et l'agriculteur Marseillais a d'autant plus à gémir de son infortune et de sa misère, que par un contraste trop douloureux, les autres territoires de la France prospèrent sous le nouvel et bienfaisant régime de la liberté des propriétés rurales et de l'égalité des charges.

Le territoire de Marseille jouissait de temps immémorial de ce régime, et sa stérilité, son impuissance même en avait nécessité et maintenu l'établissement.

Tous les biens ruraux de la France ont profité de la juste et inappréciable abolition de toutes les servitudes, et jouissent de l'affranchissement qu'ils doivent aux nouvelles lois. Ils payaient des contributions au roi, elles ont été modérées ; et si dans la masse de leurs nouvelles impositions, les législateurs ont fait entrer en compensation une partie des dîmes qu'ils payaient, ce n'a été qu'en les dégrevant de la plus forte portion, et en leur donnant le régime de la liberté.

Les biens ruraux de Marseille jouissaient de cette liberté ; mais ils l'avaient acquise à prix d'argent. Ils ne payaient aucune imposition foncière : ils y sont soumis aujourd'hui par la conséquence inévitable de l'unité de régime et de l'égalité des charges ; et cette contribution foncière est à elle seule beaucoup plus forte que ce que la ville de Marseille et son territoire payaient à l'État sous l'ancien régime et pour ses dépenses locales.

Mais, dans la répartition générale et particulière des contributions foncières, ils ont été cotés, comme s'ils participaient, à l'instar de toute la France, à l'abolition des dîmes, et à la modération des impôts royaux ; et, ce qui est plus onéreux encore, c'est qu'ils ont été taxés en raison de la grande population de Marseille, de la splendeur ancienne de son commerce, et des besoins dispendieux de sa police et de son administration.

Qui ne voit dans cette répartition et dans ce contraste, combien la situation des propriétaires ruraux de Marseille est onéreuse, comparée à la prospérité des autres territoires ?

Elle pourrait encore être supportée patiemment si, dans la répartition des charges faite par l'administration supérieure, l'intérêt des propriétés rurales avait été pris en considération en raison de leur stérilité. Tous les dégrèvemens, au contraire, sollicités et obtenus par les communes favorisées, ont été portés sur celle de Marseille : et son sol si cruellement épuisé depuis dix ans par tant de malheurs locaux, en se refusant forcément par la misère des propriétaires aux dépenses nécessaires à sa culture, se détériore journellement à un tel point, qu'il sera dans l'impuissance de payer les contributions publiques.

Nous devons aux administrateurs, qui nous gouvernent aujourd'hui, la reconnaissance que méritent les soins qu'ils se donnent, pour obtenir de l'autorité suprême, en faveur de notre territoire, la réparation des injustices inouïes dont il a été grevé jusqu'à ce jour, dans la répartition de la contribution foncière ; mais quoiqu'ils puissent faire, nous ne devons pas nous flatter d'obtenir ces puissans encouragemens, dont notre agriculture avait joui de tous les temps. Heureux si, dans l'état actuel du régime général, le zèle de nos administrateurs est couronné du succès qu'ils ont droit d'attendre de la justice de leurs réclamations.

Qu'exige donc une aussi malheureuse situation ? Faut-il, comme plusieurs propriétaires sont déjà forcés de le faire, faut-il abandonner sa propriété ? Faut-il ajouter aux malheurs du temps, à leur détérioration journalière, à la trop longue incurie de ceux qui auraient dû les défendre contre l'erreur et l'injustice, l'incurie encore plus désastreuse de l'agriculture ? Non, il faut se roidir contre tant de maux, se priver de tout pour forcer la terre à produire ; la ranimer par le travail, par l'industrie, par des efforts extraordinaires ; la préserver de la dégradation à jamais irréparable, que le temps aurait bientôt opérée, en attendant que des jours plus prospères se lèvent sur cet infortuné territoire, où les garnisaires sont journellement en plus grand nombre que les cultivateurs qu'ils effraient et qui désertent leurs foyers, dans l'impuissance où ils sont, non-seulement de satisfaire aux demandes du percepteur et de nourrir ses garnisaires, mais encore de se nourrir eux-mêmes ?

Ces jours, que l'espérance seule nous présente, dans un avenir encore éloigné, ne peuvent plus naître pour nous que par l'activité et la splendeur de notre commerce ; mais il ne peut sortir lui-même de l'état de léthargie auquel il est depuis si longtemps condamné, que par les bienfaits de la paix maritime et par la régénération entière de sa liberté, dont il a été si impolitiquement dépouillé dans notre ville, à l'époque même où la révolution qui s'opérait dans le système politique de la France, devait la lui faire espérer plus entière et plus étendue.

Tel est, malheureusement, le tableau qu'offre aujourd'hui le territoire de Marseille, en comparaison de l'aspect riant et fertile, dont autrefois, il frappait si agréablement l'œil curieux de l'observateur ; mais sa détérioration réellement affligeante tient à d'autres vices, dont l'insouciance, l'ignorance, l'incurie et souvent la cupidité des cultivateurs sont depuis longtemps la cause.

Le goût de l'agriculture, autrefois honorée et protégée spécialement dans notre territoire, était général. Le sol non encore épuisé payait avantageusement la culture. Le climat, par sa température et par les influences régulières des rosées, des pluies et de la chaleur, servait plus heureusement la végétation. La culture, il est vrai, a toujours été plus pénible que partout ailleurs. L'agriculteur, toujours courbé sous le poids d'une lourde bêche, ne peut perdre un jour de travail dans l'année ;

les diverses récoltes l'occupent souvent jour et nuit ; et son industrie, qui ne néglige rien, doit mettre à profit les moindres
productions et toutes les heures du jour ; mais la terre, par sa
fertilité, l'indemnisait de ses peines; il ne redoutait pas le travail,
mais il était dans cette honnète aisance qui suffit au bonheur et
qui lui fournissait les moyens de faire à la terre les avances dispendieuses de la culture, sans lesquelles son sol aride serait sans
produit.

Les temps ont changé pour lui, et le sol est devenu infertile.
Fatigué d'une longue fécondité, il aurait plus que jamais besoin
de culture, de soins et d'engrais, et les moyens manquent également pour tous ces objets, aux propriétaires et aux cultivateurs.
La misère a produit l'insouciance, l'insouciance a fait négliger
l'entretien ; et déjà plusieurs de ces coteaux autrefois couronnés de vignes et d'oliviers, non-seulement ont perdu leurs ornemens , mais les pluies et les orages ont entraîné dans les vallons, les terres, qui formaient les amphithéâtres les plus riches ;
et successivement le sol se dépouille, et ne présentera bientôt
plus, dans beaucoup de propriétés, qu'une masse informe de
pierres arides et de rochers décharnés, faute de moyens d'entretenir les murs qui soutenaient les terres sur la pente rapide
des coteaux, et les riches plantations de vignes, oliviers et
d'arbres fruitiers de toute espèce, qui les décoraient autrefois,
et dont aujourd'hui la plupart sont dépouillés.

Les propriétaires ruraux de notre territoire, appelés *Ménagers*,
nom qu'ils devaient à leur intelligence dans l'économie rurale,
sont ceux aujourd'hui dont les propriétés sont les plus dégradées,
parce que les moyens leur manquent pour les cultures ordinaires, à plus forte raison pour celles d'entretien, de réparations et d'améliorations.

Le luxe de la ville, l'appât du commerce, la licence des
mœurs, ont dégoûté leurs enfans des pénibles travaux de l'agriculture devenus si ingrats ; l'exemple d'un seul homme qui

s'est enrichi dans la profession plus douce d'artisan ou de commerçant, sur mille, qui ont péri en allant chercher fortune au delà des mers, ou qui en sont revenus plus pauvres et hors d'état de reprendre les travaux des champs, a encouragé l'émigration d'un grand nombre de cultivateurs, et la révolution par ses excès, et la guerre par la nécessité d'entretenir les armées, ont porté le dernier coup à l'agriculture.

Les pères de ces déserteurs des champs, abandonnés dans leurs vieux jours, et dans l'impuissance de travailler, ont eu la douleur, avant de mourir, de voir leurs propriétés autrefois suffisantes à leur bonheur et à leurs besoins, leur refuser la subsistance la plus nécessaire ; et le territoire s'est dépeuplé de ces agriculteurs propriétaires aisés, et les artisans, et les paysans journaliers et sans propriétés se sont multipliés. Dans cet état de cessation de travail, les journaliers souffrent souvent du plus extrême besoin, et cependant les journées, par le haut prix du blé, ont augmenté d'un tiers ; et ceux même de cette classe qui trouvaient du travail, moins intéressés au succès de l'agriculture, ont aussi moins de volonté et d'intelligence. Ainsi tout concourt à la dégradation des propriétés rurales.

Quant aux propriétaires riches, ou aisés, attirés dans la ville, soit par les affaires de commerce, soit par la dissipation du luxe et des plaisirs, et qui n'habitent plus leurs campagnes que dans les beaux jours, ou qui n'y viennent que pour faire distraction aux jouissances de l'oisiveté de la ville et aux soins pénibles des affaires, ils les ont abandonnées à l'intelligence souvent ignorante ou cupide de leurs fermiers ou métayers, dont l'intérêt, qui n'est jamais que momentané, s'allie rarement avec celui des propriétaires ; et aussi ignorants qu'insousiants, ils négligent leurs domaines, qui faute d'entretien, leur produisent difficilement aujourd'hui de quoi payer les frais de culture et les contributions dont ils sont grevés.

S'il y a dans notre territoire quelques personnes qui, pensant

solidement, ont réalisé leur fortune fugitive par l'acquisition
de bien ruraux, l'amour de la propriété et le zèle d'une première jouissance leur ont donné le goût de l'agriculture. L'aspect
seul de leur nouveau domaine leur a fait connaître la nécessité
et l'urgence des réparations et des améliorations ; ils se livrent
aux soins, et se résignent aux dépenses qu'exigent ces travaux importants. Mais n'ayant eux-mêmes aucune connaissance en agriculture, ils sont forcés de s'en rapporter à des
ouvriers, qui les guident par une routine souvent pernicieuse,
et toujours sans principe ; routine d'autant plus dangereuse aujourd'hui, que notre sol, dans l'état d'épuisement où il est,
exige des procédés de culture que l'étude de notre agriculture
locale, la réflexion et l'expérience peuvent seules apprendre ;
et si, après s'être ainsi épuisés pour régénérer leurs propriétés,
ils sont assez neureux pour jouir du fruit de leurs travaux ainsi
conduits au hasard et sans méthode , on peut leur prédire que
leur jouissance sera courte, et qu'ils ne la transmettront pas à
leurs enfants.

Mais encore les propriétaires zélés agriculteurs sont-ils bien
rares aujourd'hui : l'esprit de commerce a tout envahi, et le
dégoût de l'agriculture s'est emparé de tous les états, et comment ce dégoût funeste à la chose publique, dont le premier
germe est dans l'agriculture, n'existerait-il pas ? Lorsqu'on
voit que les propriétaires, qui devraient recueillir au moins la
moitié du produit net de leur domaine, n'en retirent pas le
quart, même dans les biens les mieux soignés ?

Les frais de culture ont triplé depuis dix ans : les contributions portent presque toutes sur les propriétés ; les denrées ven-
dues de la première main par le propriétaire ou par l'agriculteur
n'ont point de prix, si on en excepte le blé, dont le cultivateur
ne recueille pas de quoi se nourrir pendant la moitié de l'année,
et l'huile, qui est en si petite quantité, qu'à peine elle peut
compter ; tandis que le vin qui est la principale denrée ne

se vend pas, et est grevé d'un impôt plus à charge aux propriétaires qu'aux consommateurs et dont les seuls marchands de vin profitent.

Cette assertion, qui paraîtra peut-être hasardée au premier aspect, est facile à prouver ; un calcul bien simple en démontrera la vérité.

La millerole de vin vendue par le propriétaire ne peut être évaluée, année commune, qu'à 10 francs, et qu'on ne dise pas que le prix du vin a augmenté en faveur du propriétaire en raison du prix de l'octroi.

Le prix de la denrée aujourd'hui, comme dans tous les temps, ainsi que le prix de toutes marchandises, ne s'élève et ne baisse qu'en raison de la rareté ou de l'abondance ; proportion du besoin et de la consommation. Le prix de l'octroi a pu servir de prétexte aux marchands détaillants de vin à Marseille, de l'augmenter pour le consommateur ; et c'est ce qu'ils ont fait ; et il est résulté de cette augmentation de prix une diminution de consommation. L'abondance de la denrée et la diminution de consommation ont donc concouru à la maintenue du bas prix du vin, que beaucoup de propriétaires ont bien de la peine à vendre ; et cela est si vrai que la première année de l'octroi, le vin du territoire ne s'est vendu que de 9 à 10 fr. , exempt pour l'acheteur du port et de l'octroi, laissés à la charge du vendeur (*).

Dans cet état réel, qui n'est, comme on le voit, nullement hypothétique, il est donc juste d'établir, année commune, le prix du vin à 10 fr., rendu à la cave de l'acheteur. Sur ces 10 fr , le propriétaire doit à son méger le tiers, qui est 3 fr. 33

______

(*) Le prix du vin a eu une augmentation sensible, mais elle ne peut être considérée que comme momentanée, parce qu'elle n'est dûe qu'à la circonstance de la proclamation de la paix maritime, à la médiocrité de quatre récoltes consécutives, et aux dévastations presque générales du déluge du 15 Brumaire.

cent. 1/3, l'impôt foncier, qui est au cinquième du revenu net, encore, en l'an VII, a-t-il été presque au quart, montant sur les 10 fr. à 2 fr., l'octroi qui est 1 fr., c'est donc 6 fr. 33 cent. 1/3 à déduire du prix de la millerole, il ne reste pour le propriétaire que 3 fr. 66 cent. 2/3 de net ; et si l'on veut se donner la peine d'entrer dans le simple aperçu des détails de dépense d'un domaine , on se convaincra que cette modique somme paie à peine les engrais, devenus si chers par l'exiguité de la mesure dans laquelle les marchands les livrent, lorsqu'ils sont à la charge du propriétaire.

Ce détail est trop important pour négliger de le rendre public ; il doit faire sentir la nécessité de venir au secours des propriétaires, sous peine de voir l'agriculture absolument abandonnée dans cet infortuné territoire.

Toutes les dépenses d'entretien se sont accrues dans une proportion effrayante ; et ce qui est plus désastreux encore, c'est que la terre épuisée et négligée , se détériore journellement par l'impuissance des propriétaires, de fournir aux dépenses de réparations foncières plus que jamais nécessaires.

Quoique le malheur des temps ait concouru avec toutes ces causes à cette insouciance et à cet abandon des propriétés, il est cependant vrai de dire que leur dégradation est une calamité publique , et que tout doit rappeler les propriétaires aux soins de leurs terres, avant que la détérioration du sol les réduise à la fatale impuissance de les régénérer.

Les propriétés rurales sont un asile intéressant pour l'homme aisé et vertueux ; mais elles servent de retraite , de distraction , de consolation au malheur et à la médiocrité , qui fuient le luxe ruineux des villes.

Quelque riche que l'on soit, on est toujours exposé à se voir dans la médiocrité, ou même dans la misère, si l'on n'a pas de propriété foncière. Les richesses soit dans le commerce, soit en capitaux placés sur l'État ou sur les particuliers, sont toujours soumises à des hasards imprévus, qui peuvent en un jour opérer la ruine du capitaliste. L'homme le plus riche en cette espèce de bien fugitif, est toujours à la veille de manquer du nécessaire.

La fortune est trop inconstante pour compter toujours sur ses faveurs ; il semble qu'elle se plaît, dans ses caprices, à réduire à la médiocrité, et souvent à la misère, ceux qu'elle a le plus caressés. L'ambition démesurée d'accroître ses richesses, la soif intarissable de l'or ont de tout temps bouleversé les plus riches fortunes, lorsque l'ambitieux n'a pu mettre un terme à ses spéculations et se borner à la jouissance sûre et paisible de ce qu'il a acquis par des chances heureuses.

Aussi voit-on rarement les fortunes les plus considérables, qui ne sont point assises sur des propriétés foncières, passer à la troisième génération, et souvent l'homme qui a vécu les deux tiers de sa vie dans l'abondance meurt dans la médiocrité, ou dans la misère, et ne peut laisser à ses enfants que le regret d'avoir trop connu l'aisance et la douleur d'en être privé.

Le commerce est un jeu de hasard, qui a ses chances heureuses et malheureuses ; il ne prospère pas toujours. En vain, le négociant met la plus grande intelligence dans ses spéculations, la perte d'un vaisseau, l'avarie des marchandises, l'infidélité des agents, la baisse des objets sur lesquels il a spéculé, une banqueroute, la guerre dont il n'a pu prévoir le moment, la paix même qui arrive à contre temps pour ses spéculations, mille hasards, enfin, peuvent le ruiner en un jour.

L'homme sage, qui a commercé avec succès, doit mettre promptement ses fonds à couvert de l'inconstance de la fortune, en achetant des propriétés rurales. C'est pour lui le temps de ne plus s'exposer aux hasards des événemens, et de jouir tranquillement de son aisance.

Il perdra, à la vérité, sur son revenu, mais il en sera dédommagé par le repos, par la tranquillité d'esprit, par l'assurance de conserver à ses enfans ses capitaux, enfin par toutes sortes de jouissances plus douces, plus sûres et plus innocentes.

Mais il est peu d'hommes assez sages pour spéculer ainsi : peu calculent les risques, tous s'aveuglent sur les profits, un fond dans le commerce donne le 7, le 8, le 10 pour cent ; il ne rendrait, par cette sage spéculation, que le 3 ou le 2 1/2. Le négociant verrait son revenu diminuer des trois quarts, et quoiqu'il sente la nécessité de fixer enfin sa fortune, la cupidité l'en détourne. L'instant des revers arrive, un seul jour malheureux le réduit à la misère et le punit de son insatiabilité.

Toutes les villes de commerce nous offrent ce tableau instructif dont si peu de gens profitent. Un observateur réfléchi pourrait, en scrutant les fortunes faites depuis un siècle dans le commerce, lire sur la porte des maisons des négociants : celui-ci fut riche, il est peu aisé. Le commerce offre sans cesse un tableau mouvant, où l'on voit figurer successivement les négocians, tantôt comme riches, tantôt comme ruinés ; tous courant après la fortune, la saisissant, la laissant échapper, tenir quelque temps le premier rang, puis le céder à d'autres, qui finissent aussi par descendre au dernier. Heureux encore ceux qui n'ont pas à se reprocher d'avoir entraîné dans leur chûte ceux qui leur avaient confié leurs fonds.

La plupart des revers n'ont d'autre cause que l'ambition qui, ne sachant se borner, préfère le hasard du commerce à la solidité des biens fonds.

Quant aux hommes qui placent leur fortune sur les fonds publics ou sur les particuliers, c'est un sentiment d'avidité et de paresse qui les détermine. Les fonds ainsi placés rendent un plus fort intérêt que les propriétés foncières, et l'on en recueille annuellement le revenu sans peine ; mais la cupidité, aveuglée par l'intérêt et par la paresse, satisfaite de la facilité de le percevoir, ne peut calculer les chances des évènements. Ces espèces de capitaux n'ont besoin ni de culture, ni d'entretien, ni d'amélioration ; et c'est tout ce que calculent des hommes avides et paresseux.

Cependant une époque survient où le trésor public est dans la pénurie, les paiemens sont suspendus, bientôt les rentes sont réduites, et le gouvernement, dans son impuissance, luttant contre la nécessité de faire une banqueroute totale, fait journellement une banqueroute partielle. Les malheureux capitalistes commencent par être privés de leur revenu, bientôt alarmés sur leurs capitaux, ils se livrent à la mauvaise foi des agioteurs protégés pour sauver une petite portion de leur fortune.

La chance est la même, et souvent plus dangereuse, pour les fonds placés sur des particuliers. Leurs affaires se dérangent; des créanciers nombreux se disputent entre eux le peu qui leur reste ; les procès qu'il faut soutenir en dévorent la meilleure part. Heureux encore si une banqueroute n'en consomme pas la totalité.

Par toutes ces considérations, les propriétés rurales sont préférables à toute autre espèce de capitaux, même à ceux des maisons en ville, souvent sujettes à n'être pas louées et dont la location plus souvent est mal payée, et qui exigent de l'intelligence et une attention perpétuelle et jamais négligée ; quoi qu'il arrive, ils peuvent toujours vous loger et vous fournir le plus strict nécessaire ; sujet, il est vrai, à l'intempérie des saisons, ils éprouvent quelquefois des non-valeurs ; mais les pertes occasionnées par un orage, par des gelées printanières, par des hivers rigoureux ne frappent ordinairement qu'une partie des récoltes ; le capital y perd rarement, et le mal du moment se répare ; le bien augmente de valeur par le bénéfice du temps, lorsqu'il est bien entretenu. Les revenus peuvent être accidentellement atténués par une saison ingrate et rigoureuse, l'industrie, la surveillance, l'art du cultivateur trouvent même souvent des moyens de s'en préserver ; et le meilleur de tout est d'entretenir ses biens dans l'état le plus parfait de culture, et de faire les travaux dans les temps opportuns.

Les propriétés rurales, surtout si l'agriculture était encouragée et protégée, sont donc les seules à l'abri des évènements publics et particuliers, et des chances fortuites, auxquelles sont exposés tous les autres capitaux fugitifs, constitués, ou placés dans le commerce.

Mais combien sont-elles plus intéressantes pour l'homme sensible, ces propriétés rurales, lorsqu'elles sont l'antique possession de nos pères, le produit de leur intelligence et de leur économie; lorsqu'elles ont été entretenues par leurs soins, arrosées de leurs sueurs, améliorées par leurs épargnes, embellies par leur bon goût, utilisées par leur industrie, fertilisées par leurs talens ; lorsqu'elles ont été leur berceau et l'asile de leurs vieux jours ; enfin lorsque nous y sommes nés, qu'elles nous rappellent les jeux de notre enfance, et qu'elle nous offrent des jouissances nouvelles dues à nos soins.

Les propriétaires ruraux ne doivent pas se laisser décourager par le malheur des temps ; des jours peuvent naître où l'agriculture se verra encore protégée, parce qu'on sentira qu'elle est la prmière ressource de richesse publique et particulière. Les temps sont malheureux, ils exigent plus de soins et d'économie ; et c'est par cette économie que le sage trouvera le moyen d'échapper à l'infortune et d'entretenir ses biens.

Quelque peu étendu que soit un domaine rural, s'il est bien cultivé, il fournira à la subsistance de l'homme modeste, modéré dans ses goûts, réglé dans ses désirs. Les besoins de l'homme des champs sont peu dispendieux ; le sol de sa propriété peut rigoureusement le satisfaire ; ses vœux sont bornés; les jouissances les plus pures les couronnent.

Et si l'on met ces jouissances en comparaison avec les futiles et bruyans plaisirs des villes, qui produisent sitôt le dégoût, la satiété et les regrets, on sera encore plus convaincu que le *rectè beatum* d'Horace, que le vrai bonheur se trouve dans les champs.

> *O fortunatos nimiùm, sua si bona norint*
> *Agricolas.* Nous dit Virgile, Géorg. L. 2, v. 458
> Heureux et trop heureux le sage agriculteur,
> S'il sait apprécier, et goûter son bonheur.

Mais c'est de la fertilité des champs, de la fécondité des plantes, du succès de nos travaux que dépendent nos vraies jouissances, et c'est des soins et de l'intelligence de l'agriculteur que dépendent tant de succès.

Dans un sol aussi généralement aride que celui du territoire de Marseille, l'ignorance et l'incurie sont plus exposées à perdre que partout ailleurs ; mais l'industrie et le travail ont aussi plus à gagner. Cette industrie doit être éclairée, et la plupart des propriétaires dont la profession n'est pas celle de l'agriculteur, ignorent même les premières règles de la culture ; et nos cultivateurs, par état, ne suivent qu'une routine qui souvent les égare.

C'est à ces deux classes de mes concitoyens, si intéressés au succès de notre agriculture, que j'offre ce Traité ; il pourra aussi être de quelque utilité à nos voisins et à tout le département, dont le sol est soumis à peu près aux mêmes cultures, produit les mêmes fruits et jouit du même climat.

Vainement chercherait-on dans les ouvrages les plus savans sur l'agriculture une bonne méthode pour notre sol, la plupart sont au-dessus de l'intelligence de nos agriculteurs. Les procédés qui y sont indiqués sont trop dispendieux pour notre médiocrité, ou ne peuvent être appropriés à notre sol, à notre climat et à notre culture.

Quelques-uns de nos agriculteurs, jaloux d'acquérir des connaissances utiles, ont pris la peine d'étudier les auteurs modernes, qui n'ont pas écrit pour notre climat ; l'insuccès de leurs expériences les a dégoûté de cette étude. Notre ancienne académie a donné quelquefois au concours des questions intéressantes à résoudre , sur la culture propre à notre territoire et à ses productions ; mais nos académiciens, plus littérateurs qu'agriculteurs, ont toujours couronné des ouvrages où l'esprit et l'éloquence brillaient plus que la science simple et naturelle de l'agriculture ; et ces ouvrages ont été sans utilité ou plutôt ont égaré ceux qui ont voulu les suivre.

L'agromanie a souvent stimulé l'émulation des savans de nos jours, mais leur esprit s'est plus exercé dans leur cabinet que leur intelligence dans les champs ; ils se sont attirés l'indifférence des cultivateurs, à la portée desquels ils n'ont pas cru devoir s'abaisser.

Vainement chercherions-nous des méthodes nouvelles , l'esprit novateur de ce siècle s'est trop occupé de détruire ; et en cherchant le mieux, on a perdu quelquefois le bien. Remontons à ces beaux jours de l'antiquité où l'agriculture était honorée, et protégée comme la profession la plus utile à l'État ; à ces temps de gloire et de prospérité, où Rome allait chercher dans leurs champs ses Consuls, ses Dictateurs, ses Généraux, et où ses héros triomphans retournaient avec autant de plaisir à la culture de leurs terres après leurs victoires.

On s'occupe aussi beaucoup, depuis quelque temps, de la culture des plantes étrangères ; et la curiosité a souvent plus de part à cette étude que l'utilité ; ce genre doit, sans doute , intéresser les savans, en choisissant dans le nombre des plantes étrangères celles qui peuvent être d'une utilité générale, fournir à nos besoins avec plus d'économie, augmenter nos jouissances, suppléer à la disette accidentelle de nos récoltes ordinaires, on ne peut que tirer un grand avantage des recherches qu'on peut faire pour les naturaliser et pour les acclimater. Mais dans notre territoire surtout, notre sol est tellement surchargé de productions différentes, qu'il est difficile d'y trouver place pour des plantes étrangères ; et si nous substituons aux plantes indigènes que nous cultivons avec succès, celles que nous pourrions nous procurer des pays étrangers, peut-être y perdrions-nous pour le produit.

Cette étude utile sans doute, en général, conviendrait mieux aux pays où il se trouve des terrains incultes, ou d'un mince produit, et qui pourraient, par une culture nouvelle, nourrir avantageusement des plantes qui leur sont encore inconnues.

Quant à nous, nous devons être satisfaits des productions précieuses que la nature ou l'art nous ont données, et qui réussissent parfaitement dans notre climat. Contentons-nous donc de l'étude de la culture qui nous est prospère, et faisons tous nos efforts pour l'améliorer.

Une foule d'auteurs de l'antiquité ont écrit sur l'agriculture, mais Virgile qui, sans doute, tient parmi eux le premier rang, nous donne dans ses *Géorgiques* les principes et les méthodes qui peuvent le plus facilement et le plus utilement s'approprier à notre sol et à notre climat. Avant de travailler à l'instruction de ses concitoyens, il s'était perfectionné par l'expérience, il avait, pendant plusieurs années, cultivé ses terres près de Mantoue.

O champs glorieux, immortalisés par les exploits de nos guerriers, où les héros français ont fait une aussi riche moisson de lauriers, que vos échos répètent et fassent retentir jusqu'à nous les chants intéressans de votre poëte immortel ! Apprenez à nos guerriers que vous revoyez triomphans, et que la paix va rendre à l'agriculture, les moyens de réparer par elle les maux de la guerre et de jouir utilement pour eux et pour leur patrie du repos de cette paix qu'ils ont si glorieusement conquise.

Lisons les *Géoriques* de Virgile, nous y trouverons les mêmes principes, les mêmes précédés de culture que ceux que nous suivons dans notre territoire. Notre climat diffère peu de celui pour lequel Virgile exerçait sa muse champêtre, et quoique notre sol soit beaucoup plus ingrat parce qu'il est plus aride, ses productions sont les mêmes; il exige les mêmes soins. C'est en comparant nos procédés de culture avec les préceptes du chantre immortel de Mantoue qu'on reconnaîtra cette parité.

Je rassemblerai donc, dans ce Traité ,tout ce qu'il nous a prescrit, et sans doute nos agriculteurs me sauront quelque gré de les encourager par cette comparaison , qui doit les enorgueillir et honorer leurs travaux.

Puissent nos agriculteurs recueillir quelque fruit de mon zèle ! Puissent nos administrateurs suprèmes, rappellés au souvenir du beau siècle d'Auguste, sentir la nécessité de protéger, d'encourager, d'honorer l'agriculture, pour réparer les maux inappréciables de nos discordes civiles, en voyant le plus grand des Empereurs Romains mettre sa gloire à la faire prospérer par les faveurs dont il a honoré le plus grand poëte de son siècle , dont l'ouvrage immortel rendit la fertilité aux terres d'Italie ravagées par les guerres intestines qui avaient troublé si longtemps l'empire Romain !

AVANT-PROPOS,

Pour procéder, dans ce Traité d'agriculture, de la manière la plus facile pour l'intelligence des propriétaires et des cultivateurs et la plus utile à leurs intérêts respectifs, je la diviserai en deux parties.

La première contiendra l'analyse des usages et des règles de culture successives auxquelles les fermiers et métayers sont soumis. Usages essentiels à connaître, parce qu'ils ont été établis d'après l'antique expérience, en raison du climat, de la différente température des saisons et des genres divers de culture, et pour préserver les propriétaires de la négligence des cultivateurs et des abus, que leur intérêt pourraient se permettre au détriment des biens qui sont confiés à leurs soins.

Je donnerai les motifs raisonnés de ces règles et de ces usages; et je développerai les principes qui en sont les bases, et d'après lesquels la coutume seule a formé, pour notre territoire, un espèce de code rural, qui supplée, à cet égard, à l'imprévoyance de la loi.

La seconde partie renfermera une instruction simple mais complète, et dans le plus grand détail, sur la meilleure méthode pour entretenir et améliorer un domaine. Ce qui comprend les défrichemens, les renouvellemens, les plantations, les réparations nécessitées par les ravages du temps, par l'épuisement du sol, par les dégradations de l'ignorance, de la négligence ou de la mauvaise foi; et les principes les plus certains pour le succès de tous ces divers et importants travaux.

Virgile me fournira la plupart de ces principes, on les trouvera presque tous d'accord avec ceux établis par nos aïeux, mais malheureusement si négligés depuis longtemps qu'ils sont presque tombés en désuétude; c'est sans doute un motif puissant d'en encourager la régénération.

Je donnerai quelques modifications à ces principes qu'exigent la différence de notre sol et de notre climat d'avec celui pour lequel le savant poëte de Mantoue donnait ses instructions ingénieuses, et j'en expliquerai les motifs; mais je dois prévenir que ces modifications sont en petit nombre.

Je joindrai à ces différents objets une simple notice de la culture des jardins potagers, qui, quoique n'étant pas spécialement de mon sujet, ne laisse pas que d'intéresser tout propriétaire ou agriculteur, qui pourra destiner une partie quelconque de terrain à cet objet pour son agrément ou pour son utilité.

Enfin, je terminerai ce Traité par le rendre plus utile par quelques méthodes pratiques, relatives aux procédés des experts et estimateurs des biens, et des divers ouvrages que les propriétaires ont le plus souvent occasion de donner à prix fait, ou de prendre à l'estime, afin qu'ils puissent contracter eux-mêmes des expertises quelquefois inexactes, et en redresser les erreurs, et pour qu'il ne manque pas même dans ce Traité, les connaissances subsidiaires, et qui intéressent les propriétaires des biens ruraux.

Peut-être trouvera-t-on que je suis entré dans des détails trop minutieux, soit dans l'application des principes, soit dans l'explication des méthodes, soit dans la censure des abus, soit dans l'analyse des usages et des règles, qui constituent notre économie rurale; soit enfin dans les réflexions qui font connaître l'utilité de tous les objets.

Mais mon excuse est dans le désir d'être utile à tous. En fait de préceptes et de méthodes, il ne faut rien omettre; la négligence ou l'oubli d'un seul procédé, qui, quoique paraissant minutieux, est cependant nécessaire, sont la cause de l'insuccès de l'opération la mieux commencée.

Il vaut mieux, en fait de méthode, être prolixe que succinct, et c'est pour avoir supposé aux cultivateurs plus d'intelligence qu'ils n'en ont communément; c'est pour leur avoir donné des problêmes d'agriculture avec des solutions imparfaites, que la plupart de nos auteurs sur l'économie rurale, en ne s'expliquant qu'à demi, n'ont donné que des recettes et des méthodes incomplètes, se sont rendus inintelligibles à la plupart des agriculteurs, et n'ont pu parvenir à convaincre ceux qu'ils se proposaient d'éclairer de la solidité de leurs instructions, et des avantages de leurs procédés.

Peut-être aussi me reprochera-t-on d'avoir appuyé mes préceptes et méthodes d'agriculture par de trop fréquentes citations de l'ouvrage si intéressant de Virgile. J'ai été frappé de l'exacte parité qu'il y a entre tout ce que prescrit aux agriculteurs ce savant poëte et nos usages; contre la ressemblance presque parfaite du climat, pour lequel son génie poétique s'est exercé, avec la température du nôtre. La citation latine, je le sais, n'est pas à la portée de tous les lecteurs auxquels je destine cet ouvrage; mais l'agréable traduction de l'abbé Delille, ajoute au mérite du texte latin, l'explication ingénieuse qu'a donnée le poëte français de la pensée de l'auteur latin. Il n'est personne qui n'en reconnaisse l'utilité et les grâces; ce n'est point d'une manière servile qu'il l'a traduit; c'est avec l'intelligence du talent, qu'il s'est appliqué essentiellement à expliquer, d'une manière plus exacte et plus intelligible une infinité de passages, que plusieurs traducteurs avant lui avaient rendu à contre-sens; et qui a voulu, en jugeant l'intention, la pensée et l'expression de Virgile, en lui donnant dans notre langue son véritable sens, conduire comme lui les agriculteurs sur la route des succès, de la fertilité et de l'abondance.

La sécheresse d'un travail méthodique, que je présente à mes concitoyens, est, si je puis m'exprimer ainsi, rafraîchie et colorée par les fleurs de la poésie la plus naturelle et la plus intéressante.

Enfin, en rappelant à nos agriculteurs les préceptes du premier poëte latin, qui fut aussi le plus savant agriculteur de la riche et fertile Italie, je leur donne une assurance encourageante des succès qu'ils doivent espérer en les suivant.

ANALYSE
DES RÈGLES DE CULTURE,

SUIVIES

Dans le territoire de Marseille.

. . . . *Pater ipse colendi*
Haud facilem esse viam voluit, primusque per artem
Movit agros , curis acuens mortalia corda;
Nec torpere gravi passus sua regna veterno.
>   Virg. Géorg. L. i, v. 121.

Tel est l'arrêt fatal du maître du tonnerre :
Lui-même il força l'homme à cultiver la terre :
Et n'accordant ses fruits qu'à ses soins vigilans.
Voulut que l'indigence éveillât les talens.
>   *Traduc. de l'Abbé DELILLE.*

AVERTISSEMENT.

Je fais commencer l'année agricole à l'époque de la première culture à donner aux vignes ; c'est celle, où dans les mutations des fermiers, il est d'usage que les nouveaux entrent au travail ; et c'est alors que toutes les récoltes étant à peu près finies, et les terres ensemencées ; c'est le moment de commencer de nouveaux travaux qui doivent produire de nouvelles récoltes ; c'est le moment de faire à la terre les avances qu'elle doit rendre avec usure, si elle a été cultivée avec soin

L'AGRICULTEUR DU MIDI.

CHAPITRE PREMIER.

DES TRAVAUX DE L'HIVER.

Premières œuvres à faire aux vignes en hiver.

Primus humum fodito , primus devecta cremato
Sarmenta ; et vallos primus sub tecta referto.

Virg. L. 2, v. 408.

Veux-tu de ses trésors t'enrichir tous les ans ?
Prends le premier la bêche, et les boyaux tranchans ;
Retranche le premier les sarmants inutiles.
Le premier jette au feu leurs dépouilles fragiles ;
Renferme leurs appuis. . . . .

Traduc. de l'Abbé DELILLE.

SECTION PREMIÈRE.

De la taille de la Vigne.

Dès la mi-novembre, ou même plutôt, lorsque les premières gelées blanches ont commencé de dépamprer les vignes, ce qui doit servir de règle, on doit commencer la taille , d'abord par les plus vieilles vignes, en finissant par les plus jeunes.

On procède ainsi, parce que les jeunes vignes ayant les rameaux plus tendres et plus poreux que les vieilles, elles seraient plus qu'elles en danger, si, après avoir été taillées, il survenait de fortes gelées qui sont ordinaires dans le courant de novembre, décembre et janvier. Il est donc prudent de ne tailler les jeunes vignes qu'après les fortes gelées.

Il est avantageux d'avoir fini de bonne heure la taille de la vigne ; parce que la blessure qu'y fait le fer se resserre et qu'elle ne donne pas un écoulement si abondant de la sève, lorsque la vigne pleure que si elle est taillée vers les approches du printemps.

Nos pères étaient soigneux de hâter ce travail ; les plus riches propriétaires ne dédaignaient pas de tailler eux-mêmes et de se mêler avec leurs ouvriers : et certes, le travail était bien mieux fait. Leur insouciance, aujourd'hui, a abandonné cette œuvre si importante aux cultivateurs sans les surveiller ; tous se mêlent de tailler, peu sont en état de le bien faire. Beaucoup par cupidité le font mal, la vigne en est victime ; pour moins dépenser, ils prolongent cette œuvre jusqu'aux approches du printemps ; et à peine les dernières vignes sont-elles taillées, qu'elles commencent à entrer en végétation et à pleurer, ce qui occasionne un écoulement abondant de la sève qui les épuise.

Aussi voit-on annuellement nos récoltes de vin diminuer considérablement , et nos vignes qui autrefois duraient 150 ans au moins, dépérir par le vice de la taille trop rapprochée du printemps, jointe à tant d'autres abus pratiqués par l'ignorance, avant l'âge de 60 ans. Le dépérissement si prompt de nos vignobles mérite donc que les propriétaires, qui veulent tenir leurs biens en pères de familles, fassent la plus grande attention à l'objet si important de la taille.

L'usage de tailler la vigne, lorsqu'elle est dépamprée, c'est-à-dire le plutôt possible, s'accorde avec les précep-tes que donne Virgile:

> *Et jam olim seras posuit cùm vinea frondes,*
> *Frigidus et silvis aquilo decussit honorem:*
> *Jam tùm acer curas venientem extendit in annum*
> *Rusticus, et curvo saturni dente relictam*
> *Persequitur vitem attondens, fingitque putando.*
>
> Virg. Géorg. L. ii, v. 403.

> Même, lorsque le cep privé de sa parure,
> Cède aux froids aquillons un reste de verdure,
> Déjà le vigneron reprenant ses travaux,
> Bien loin vers l'autre année étend ses soins nouveaux;
> Déjà d'un fer courbé la serpette tranchante,
> Taille et forme à son gré la vigne obéissante.
>
> *Traduc. de DELILLE.*

L'usage dans le territoire de Marseille, où la taille de la vigne est une œuvre de longue durée, est de la commencer à la chùte des feuilles, et de continuer cette œuvre sans interruption, pour être terminée au plus tard du 20 au 26 février.

Il y a beaucoup de cultivateurs négligens sur cet article ; et nous avons démontré combien il est important de tenir la main à son exacte exécution ; ceux qui pourront terminer plutôt cette œuvre y trouveront un très grand avantage.

Si la taille de la vigne, comme on n'en peut douter, commencée et finie de bonne heure, est utile pour la conservation et pour la santé du cep, elle ne l'est pas moins pour sa fécondité.

La vigne taillée trop tard, commence à pleurer presqu'aussitôt qu'elle est taillée; parce que les pores du bois, à l'endroit de la taille fraîchement faite, par où les pleurs s'écoulent, n'ayant pas eu le temps de se resserrer, sont plus ouverts que ceux d'une taille moins nouvelle ; et il est certain que l'écoulement de la sève doit être plus abondant; de plus il est à craindre que les premiers froids du printemps, qui ne sont que trop fréquens, ne gèlent ces pleurs précoces sur la taille, ainsi que les bourgeons humectés de ces pleurs, ce qui détruit le fruit qu'ils auraient produit.

En règle générale, il ne peut qu'être avantageux d'avoir fini le plutôt possible la taille et le bêcher des vignes ; toutes les œuvres qu'exigent nos biens se succèdent sans interruption ; si celles de la vigne, qui sont les premières, sont arriérées, elles retardent toutes les autres qui ne peuvent être faites en temps opportun. Ces œuvres, au contraire, terminées de bonne heure, donnent la faculté de commencer plutôt les guérets et les labours du printemps, qui sont les meilleurs ; parce qu'ils profitent des pluies et des rosées abondantes de cette saison, et que la vigne se nourrit des engrais qui sont enterrés dans ces guérets ; parce que les fumiers faits dans la saison de l'hiver, sont toujours d'une meilleure qualité que ceux faits en été ; parce qu'enfin, enterrés au commencement du printemps, ils se pourrissent mieux, et engraissent plus la terre que ceux mis en été, qui se desséchent, perdent leurs sucs nutritifs, et sont même nuisibles à la vigne.

Profitons des leçons de Virgile : *Primus humum fodito*, nous dit-il, *prends le premier la bêche et les hoyaux tranchans :* ce précepte important ne peut être contredit ; mais en général on ne l'apprécie pas assez.

Il est de règle, pour la taille de la vigne, qui est l'opération la plus essentielle, qu'on ne doit laisser au sarment sur lequel on a taillé, que deux yeux ou bourgeons ; qu'il ne faut donner au cep qu'autant de bras et de têtes qu'il en peut porter. L'intelligence du cultivateur peut seule en déterminer la quantité sur l'âge, la vigueur du cep et la qualité du sol. Il faut savoir que, plus on lui donne de têtes et de bourgeons, plus le fruit a d'âpreté, et moins il mûrit ; et que lorsqu'un cep porte plus de bras qu'il n'en peut nourrir, il s'épuise par une fécondité forcée ; il s'épuise sensiblement, et dure beaucoup moins que celui qui aura été bien ménagé : ce qu'on reconnaît aux rameaux courts et frêles qu'il pousse. Lorsqu'une vigne a été ainsi épuisée par une taille surchargée, on doit remettre les ceps à leur port naturel, en leur retranchant les têtes et les bras, qu'on leur a laissés de trop.

On doit avoir attention de couper à ras de la souche, tous les jets ou coursons inférieurs, qui épuiseraient le cep, et formeraient autant de nouveaux bras, s'ils n'étaient soigneusement retranchés. On peut, quelquefois, laisser de ces rejetons inférieurs, et les tailler comme les autres sarments, lorsqu'on les destine à remplacer un bras mort, où à rajeunir et rabaisser des ceps tarés ou épuisés, mais encore en âge de rapport

La taille de la vigne consiste donc à retrancher avec un instrument tranchant dit *poudadouire*, le sarment partant de l'œil supérieur du vieux bois de la taille précédente, et à tailler le sarment nouveau qui a poussé de l'œil inférieur de cette dernière taille, à deux yeux ou bourgeons seulement.

Quelquefois, mais rarement cependant, ce sarment partant de l'œil inférieur est trop faible, et mal disposé pour supporter la taille ; dans ce cas, il faut le couper et tailler le sarment partant de l'œil supérieur ; mais en coupant le vieux bois qui lui est adhérant. A moins de ce cas, il faut toujours tailler sur le sarment inférieur. Ce procédé a deux motifs :

1° De retrancher le vieux bois de la dernière taille, qui part entre le premier et le second œil de cette taille, lequel vieux bois ne serait qu'un chicot, qui pourrirait et nuirait bientôt au bras duquel il part ; ainsi en taillant entre les deux yeux qui ont poussé de la dernière taille, ce vieux bois reste adhérant au sarment supérieur que l'on retranche.

2° De ne pas élever trop la vigne, qui tous les ans prendrait un ou deux pouces de plus, si on la taillait sur le sarment qui a poussé de l'œil ou bourgeon supérieur de la dernière taille.

On doit avoir attention de ne point tailler trop près de l'œil ou bourgeon, qui se trouve au-dessous de la taille, pour qu'il ne se dessèche pas comme le bout du vieux bois qui reste au-dessus; il faut tailler autant qu'il est possible à un bon pouce au-dessus de l'œil.

Il serait avantageux que la taille fut coupée en sifflet, lorsque le sarment sur lequel on taille s'élève dans une direction exactement perpendiculaire, pour faciliter l'écoulement des pleurs de la vigne, et éviter que les froids du printemps auxquels nous sommes souvent exposés, ne gèlent ces pleurs qui séjourneraient sur la taille, si elle était coupée horizontalement. Il faudrait aussi diriger cette taille oblique, de manière que les pleurs de la vigne ne puissent s'écouler sur les bourgeons inférieurs; parce que, lorsqu'ils sont mouillés, le moindre froid les brûle; mais il est impossible d'exiger cette attention de l'ouvrier toujours pressé d'achever son ouvrage. Il n'en est pas moins bon d'indiquer cette méthode dont l'utilité est sensible.

En procédant à la taille de la vigne, on doit, autant qu'il est possible, laisser aux ceps voisins des souches mortes qu'il faut remplacer, les sarments les plus longs et les plus forts, pour servir à faire des provins, dits *cabus*, destinés à ces remplacemens.

Il faut tailler la vigne suivant son âge et sa force, en ne lui donnant, quand elle est dans sa première année de rapport, qu'une tête, et à mesure qu'elle prend son accroissement et sa force, on lui donne deux têtes, on va même jusqu'à trois ou quatre; mais pour cela il faut qu'elle soit dans sa plus grande vigueur, et dans un excellent terrain.

L'on n'est pas généralement d'accord sur la hauteur à laquelle on doit élever le cep de la vigne; les uns prétendent qu'il faut tailler bas, et ne pas le laisser s'élever, et en donnent pour raison que cela contribue à sa durée et à sa fécondité.

D'autres condamnent cet usage, prétendant qu'une vigne élevée sur une haute tige, recevant plus facilement l'impression de l'air, qui est le véhicule puissant de la végétation, et favorise la circulation de la sève, est plus féconde qu'une vigne basse et ravalée.

Toujours est-il vrai que le raisin produit par une vigne à haute tige parvient à une maturité plus parfaite, parce qu'il est plus aéré et plus exposé aux rayons du soleil; enfin qu'il est moins sujet à pourrir que celui produit par une vigne basse et étouffée.

Ces deux préceptes, qui se contrarient, doivent être jugés par l'intelligence des propriétaires agriculteurs, et appliqués avec réflexion à la situation, à la qualité et à l'exposition du sol.

Les auteurs qui ont souverainement prononcé en faveur de leur principe, et qui ont donné leur opinion pour règle générale, n'ont argumenté que d'après leur expérience sur leur sol, et où les rosées et les pluies sont plus abondantes et plus fréquentes, et par ces motifs ils ont condamné la taille qui tient la vigne basse.

Mais dans notre territoire, où l'on plante des vignes à toutes les expositions, et dans tous les terrains hauts et bas, c'est au propriétaire à choisir entre ces deux opinions.

Ainsi, dans le terrain bas, dans les fonds peu aérés et humides, dans les terres grasses et fortes, où la vigne est plus vigoureuse et plus touffue, dans les sites peu exposés aux vents et à l'ardeur du soleil, il faut tenir les vignes à hautes tiges, pour qu'elles puissent profiter de la circulation de l'air, et recevoir plus facilement les bienfaits du soleil, pour que le fruit soit moins en danger de pourrir, que le cep soit préservé de la maladie vulgairement dite la *mouffe*, qui attaque les vignes plantées dans les fonds, et pourrit le cep ; enfin, et cette dernière raison est importante, afin que les bourgeons de la vigne étant plus élevés au-dessus de terre, soient moins exposés à pomper l'humidité des rosées qui s'élèvent du sol, et qui dans les froides matinées du printemps, se gèlent sur le bourgeon, le brûlent et le détruisent.

Sur les hauteurs, sur les côteaux, dans les terrains secs et caillouteux, dans les sites très aérés et exposés aux vents, terrains les plus favorables aux vignes, il faut les tenir ravalées, elles ont toujours assez d'air dans ces expositions. La chaleur de la surface du sol, qui se répercute sur le fruit donne aisément le degré de maturité, et les vents fatiguent moins les rameaux, moins exposés, étant rampants, à être rompus par leur violence.

Lorsqu'une vigne est dans un état de vétusté et de dépérissement, qui nécessite de la renouveler, on la taille pour porter aussi longtemps qu'il est possible, tout ce qu'elle peut nourrir : ce qui s'appelle lui donner vieux et nouveau ; c'est-à-dire qu'au lieu de retrancher le sarment qui tient à l'œil supérieur du vieux bois, on le taille comme celui qui part de l'œil inférieur, à deux bourgeons chacun, afin de mettre à fruit le cep le plus abondamment possible, pour profiter, jusqu'à ce qu'on l'arrache, de sa dernière fécondité. Ce fermier ou métayer ne peut pratiquer cette taille qu'avec la permission du propriétaire ; on sent qu'il pourrait en abuser, encore faut-il quelquefois se méfier des motifs exposés dans la demande de l'autorisation, et s'assurer par soi-même si la vigne l'exige.

Lorsqu'un vignoble en âge, encore d'un bon rapport, a été mal gouverné et négligé, et qu'il dépérit faute d'avoir reçu les engrais et les cultures nécessaires, ou qu'il a été épuisé par de mauvaises tailles successives, on peut lui rendre sa première fécondité, soit en soulageant les ceps de tous les bras qu'il ne peut nourrir dans cet état d'épuisement, soit en rabaissant leurs têtes languissantes sur un jeune jet partant de la partie inférieure de leurs tiges, soit en les coupant entre deux terres, et les laissant ainsi pousser des rameaux nouveaux que l'on taille l'année d'après, et qui forment dans la suite une nouvelle tige. Il faut caresser cette vigne par de bonnes cultures et par de bons engrais, dans les oullières de terre latérales, qu'il ne faut pas semer de deux ou trois ans.

Dès la première année on laisse les sarments les plus vigoureux produits par cette nouvelle taille, pour remplacer par des provins les vignes mortes.

Il suffit de quelques années de négligence, ou d'une taille surchargée, pour épuiser ou détériorer les meilleures vignes ; mais si elles ne sont pas dans un état de vétusté et d'épuisement sans espoir, cette méthode, en peu d'années, remet la vigne à son point de rapport.

Ainsi un vignoble peut être entièrement détérioré et sans espoir d'amendement, si l'on n'y porte un prompt remède, par plusieurs tailles successives trop surchargées ; par la quantité des jets gourmands partant du pied et de la tige des ceps, qu'on n'aura pas eu attention de retrancher, en taillant et en bêchant ; par des cultures trop superficielles, qui entretiennent sa sécheresse ; par des guérets trop peu profonds, qui attirent les racines vers la surface de la terre pour y chercher les engrais, trop superficiellement enterrés, et les exposent à être brûlés par les rayons ardens du soleil d'été, qui pénètrent facilement jusqu'au fond des guérets faits à cette époque.

Il est essentiel de ne pas laisser un vignoble dans cet état ; la taille ci-dessus indiquée est un des remèdes indispensables ; quant aux guérets, il faut les creuser plus profondément ; mettre au fond de bons engrais, couper toutes les petites racines qui peuvent l'être sans danger d'endommager la souche, ainsi que le chevelu qui se trouvent n'être pas assez enterrés ; rabaisser, au fond du nouveau guéret, les grosses racines, qu'on ne pourrait couper sans nuire à la souche ; encore faut-il ne faire cette opération que vers la fin de l'hiver et au printemps ; car elle serait dangereuse aux approches de l'été, dans les guérets qui restent encore à faire à cette époque.

La taille des jeunes plantiers demande, dans les premières années, une attention particulière. L'usage est de ne les tailler qu'à la seconde année de la plantation, s'ils sont en vigueur, et même à la troisième année, s'ils sont faibles. Le motif est de laisser le temps aux avantins, dits *mayaux*, de fortifier leurs jeunes racines, et de former un cep plus vigoureux, qui puisse supporter cette opération.

Des auteurs, d'après une épreuve faite sans doute, sur un terrain privilégié par la nature, assurent qu'il y a un grand avantage à tailler la jeune vigne dès la première année de la plantation, et donnent pour raison que la vigne, au lieu de diviser sa sève dans toute la longueur de ses premiers rameaux, l'emploie à corroborer son cep, et qu'elle fructifie un an plutôt.

On peut leur objecter que les premiers rameaux que

poussent les avantins, ayant tous un rapport direct avec les nouvelles racines par la circulation de la sève, doivent être conservés pour donner à ces racines le temps de s'étendre et de se fortifier ; que la sève qui se perd avec abondance par cette première taille, dérange ce rapport des rameaux aux racines, détourne la circulation et affaiblit la végétation; enfin que cette fécondité précoce d'une année, qui n'est rien à proportion du temps que doit durer une vigne, nuit aux plans trop jeunes pour la supporter : il n'est cependant pas impossible , que dans un sol de la meilleure qualité, si les jeunes avantins ont fait, dès la première année, une force extraordinaire, ils puissent supporter cette taille prématurée.

Mais croyons au précepte que nous donne Virgile, et méfions-nous de ces épreuves locales et particulières, dont les succès appartiennent plus à l'excellente qualité du sol qu'à l'opération qu'on veut faire valoir, et qu'on ose prescrire pour règle générale, qui ne pourrait qu'être dangereuse et nuisible dans les terrains moins privilégiés. Virgile explique ici le précepte, qui se trouve parfaitement d'accord avec nos usages :

> *Ac, dùm prima novis adolescit frondibus œtas,*
> *Parcendum teneris ; et dùm se lœtus ad auras*
> *Palmes agit, laxis per purum, immissus habenis,*
> *Ipsa acies nondùm falcis tentanda, sed uncis*
> *Carpendœ manibus frondes, interque legendœ.*
> *Indè ubi jam validis amplexœ stirpibus ulmos*
> *Exierint, tùm stringe comas, tùm brachia tonde.*
> *Antè reformidant ferrum : tùm deniquè dura*
> *Exerce imperia, et ramos compesce fluentes.*

Virg. Géor. L. ii, v. 362.

Quand ses premiers bourgeons s'empresseront d'éclore,
Que l'acier rigoureux, n'y touche point encore ;
Même, lorsque dans l'air qu'il commence à braver,
Le rejeton moins frêle ose,enfin s'élever,
Pardonne à son audace en faveur de son âge ;
Seulement de ta main éclaircis son feuillage :
Mais enfin, quand tu vois ses robustes rameaux
Par des nœuds redoublés embrasser les ormeaux,
Alors saisis le fer, alors sans indulgence
De la sève égarée arrête la licence ;
Borne des jets errans l'essor présomptueux,
Et des pampres touffus le luxe infructueux.

Traduc. de DELILLE.

On voit ici que Virgile, sans fixer l'époque de la taille de la jeune vigne d'une manière précise, ne la fait dépendre, comme je l'ai dit, que de la force et de la vigueur des jeunes plants ; qu'il prescrit absolument de les épargner lorsqu'ils sont encore faibles, et de leur donner le temps de se fortifier ; il veut seulement qu'on les soulage de leur feuillage. Cette précaution serait plus pernicieuse qu'utile dans ce climat, où le soleil, trop ardent pendant l'été, frapperait la tige et le pied de la jeune vigne ainsi dépouillée, et où la terre, dans cette saison, a si peu de fraîcheur, qu'il faut laisser à la vigne toutes ses pampres, pour qu'elle puisse s'humecter des rosées et des pluies accidentelles, et communiquer au cep cette fraîcheur. Seulement il est bon d'avoir attention, dans les deux premières années, de couper tous les raisins que produisent les jeunes plans dès qu'ils sont formés.

C'est vraiment le fruit précoce qui les épuiserait ; d'ailleurs, il serait âpre et sans saveur, il ne parviendrait pas à maturité, et ne produirait que du vin dur et amer.

A mesure que les hommes taillent la vigne, les femmes ramassent les sarmens, qu'elles enferment, pour faire place aux hommes qui doivent tout de suite bêcher la vigne ; elles enferment aussi les échalas.

SECTION II.

Première œuvre à donner à la Vigne.

Est etiam ille labor curandis vitibus alter,
Cui nunquàm exhausti satis est ; manque omne quotannis
Terque quaterque solum scindendum, glebaque versis
Æternùm frangenda bidentibus, omne levandum
Fronde nemus ; redit agricolis labor actus in orbem,
Atque in se sua per vestigia volvitur annus.

VIRG. L. II. v. 397.

La vigne veut des soins sans cesse renaissans :
De la terre trois fois il faut fendre les flancs,
Sans cesse retrancher les feuilles inutiles,
Sans cesse tourmenter des côteaux indociles.
Le soleil, tous les ans, recommence son cours.
Ainsi roulent en cercle et ta peine et tes jours.

Traduc. de DELILLE.

Dès que les sarmens sont enlevés, on doit donner à la vigne la première œuvre à la bêche ; plutôt cette œuvre est commencée, mieux la vigne profite des pluies de l'hiver qui, trouvant la terre disposée, pénètrent jusqu'aux plus profondes racines.

Il y a beaucoup de pays de vignobles, où l'on donne aux terres complantées en vignes, trois ou quatre labours: dans notre territoire on ne donne que deux œuvres à la bêche, la première en hiver, qui est le *bêcher*, la seconde au printemps, qui est gratter et aplanir, vulgairement appellé *reclavré*.

Ces deux œuvres principales sont suffisantes dans notre territoire, où le vin est à si bas prix, que le revenu d'un vignoble ne balancerait pas la dépense qu'exigerait d'autres œuvres à la bêche, s'il était possible de les faire. Une troisième œuvre serait d'ailleurs impossible de la manière dont nous sommes forcés d'élever et de tenir nos vignes : parce que la vigne est trop touffue et trop ramée, pour pouvoir travailler après la seconde œuvre autour du cep.

Mais quoiqu'on ne donne ici que deux œuvres particulièrement à la vigne, les labours et les guérets, qui se font dans les oullières latérales pour les légumes et pour les blés, équivalent à autant d'œuvres de plus, dont la vigne profite.

Dans cette première façon à donner au terrain en vignes, il faut bêcher au moins, autant qu'il est possible, à 25 centimètres de profondeur, sans endommager les racines. En faisant cette opération, on dispose la terre en petits monticules, au milieu desquels la vigne reste dans la partie la plus profonde.

On procède ainsi pour avoir la facilité de bien nettoyer le pied du cep de tous les jets gourmands, qui partent du pied, vulgairement dits *sagates*, et de toutes les racines chevelues et superficielles, qui suceraient la vigne à son détriment. A cet effet, tout ouvrier bêchant la vigne doit avoir une serpette, ou un bon couteau pour couper tous ces suçoirs bien à ras du pied d'où ils partent.

Ces petites fosses en entonnoir dans lesquelles on laisse le cep, sont ainsi disposées, pour qu'il profite et qu'il s'abreuve des eaux pluviales, qui s'écoulent dans les cavités.

On doit avoir attention, en bêchant la vigne, de déraciner et enterrer les herbes, et de tirer et arracher le *chiendent*, la plus destructive de toutes les plantes parasites, qui se reproduit si facilement, qu'à la longue, on ne peut plus en purger la terre qui en est dévorée, et force à arracher la vigne pour la replanter.

Il ne faut jamais donner le *chiendent* à manger aux bêtes, qui font du fumier dans le domaine ; la tige et la racine de cette mauvaise herbe ne sont jamais bien broyées, ni bien digérées par l'animal, et elles se retrouvent dans la fiente destinée pour les engrais, et se semant ainsi avec ce fumier elle serait indestructible, il faut la brûler.

Le bêcher des vignes doit être fini au plus tard le le 25 mars, terme de rigueur.

Beaucoup de cultivateurs et même de propriétaires, sont ici dans l'usage de faire manger les herbes de leurs biens par les troupeaux avant de commencer de bêcher leurs vignes, et dès qu'on les a taillées. Le petit bénéfice qu'on retire de cette pâture ne dédommage point du tort qu'elle fait.

1° Comme il faut laisser aux bergers auxquels on a vendu la pâture, le temps de faire brouter l'herbe par leurs troupeaux, et qu'ils le prolongent le plus qu'ils peuvent, afin qu'elle ait le temps de croître et de produire plus abondamment; le travail de la vigne est nécessairement retardé.

2° Ces troupeaux souvent peu soigneusement gardés, et surtout s'il y a des chèvres dont la dent est mortelle pour ce qu'elle broute, font le plus grand tort aux oliviers et autres arbres à fruits épars dans nos biens, et au blé qu'ils sont à portée d'atteindre.

3° Les brebis et moutons, en passant dans les vignes pour brouter l'herbe, accrochent leur laine aux bourgeons, et en font tomber un grand nombre, ce qu'on appelle vulgairement *déseniller ;* on sent que rien n'est plus nuisible à la vigne, puisque c'est détruire ce qui doit produire les nouveaux rameaux et le fruit. Ainsi cet usage est plus pernicieux qu'on ne pense; le bénéfice de la vente de la pâture ne peut entrer en compensation avec le mal qu'elle fait. D'ailleurs, si l'herbe n'avait pas été vendue et broutée pendant l'hiver, elle produirait davantage au printemps, pour la nourriture des bêtes entretenues pour l'exploitation du bien, et pour être réduite en engrais.

Les labours de l'hiver et les guérets du printemps, qui sont si profitables à la vigne pourraient se faire plutôt ; la fraîcheur de la terre se maintiendrait plus longtemps ; enfin les guérets se feraient plus facilement, et exigeraient moins de journées que ceux que l'on fait ordinairement dans les terres qu'on n'a pas eu le temps de labourer, et qui ont été foulées et serrées par le piétinement des bergers et de leurs troupeaux, dans une saison où la terre, toujours humide, se pétrie sous les pieds, et se durcit plus facilement.

Ainsi tout bien calculé, il y a avantage et économie à se priver de la vente des herbes de l'hiver, pour la pâture des troupeaux.

SECTION III.

Des Provins dits *Cabus.*

Sed truncis oleæ meliùs, propagine vites.
VIRG. Géorg. L. II, v. 63.

Des tronçons enfouis l'olivier veut renaître,
Et les ceps provignés sont plus chers à Bacchus.
Traduc. de DELILLE.

A mesure qu'on bêche la vigne, on doit, autant qu'il est possible, faire les provins destinés à remplacer les souches mortes.

La plupart des cultivateurs remettent cette œuvre importante après qu'ils ont terminé celle du bêcher ; et ce n'est guère qu'en mars qu'ils travaillent aux provins. Il est peu important pour ces cultivateurs, qui ne sont pas propriéatires, de commencer plutôt ou plus tard cette opération. Le cep provigné plutôt ou plus tard leur produit également dès la première année le fruit qu'ils en attendent, et leurs vœux et leurs sueurs se bornent à ce profit certain. Le cep provigné de bonne heure se fortifie, et dure plus longtemps; mais ils sont peu soucieux de cet avantage en faveur du cep, son produit de quelques années suffit à leur intérêt.

Mais il n'en est pas de même du propriétaire, il doit être plus intéressé à la solidité de l'opération, qu'au produit accidentel. Il lui importe plus d'avoir un cep provigné qui, remplaçant une vigne morte, dure autant et plus que toutes celles qui l'entourent, et la jouissance d'une ou plusieurs années est pour lui trop courte, si elle se borne à ces premiers produits. C'est donc la durée du provin qui l'intéresse le plus; mais cette opération, faite de bonne heure, est également avantageuse à la production des premières années et à la durée du cep.

Pour qu'un cep provigné remplisse l'objet principal pour lequel on le fait, il faut donc procéder de bonne heure à cette œuvre, et c'est en même temps qu'on bêche la vigne, que ce travail doit être fait. Plutôt les provins sont faits, mieux ils réussissent, parce qu'ils profitent des pluies de l'hiver, et que la taille ainsi faite sur les sarmens se raffermit et se resserre, et ne laisse pas d'écoulement à la sève, lorsque la vigne pleure avec la même abondance, que s'il n'était taillé qu'à l'approche du printemps ; la sève ainsi concentrée est donc au profit du cep.

On observe de ne faire les provins qu'en lune vieille, l'expérience a démontré, sans pouvoir en donner la raison physique , que les provins faits en lune jeune travaillent peu dans terre, jettent peu de racines, et languissent dès les premières années : c'est le cas d'en croire l'expérience sans pouvoir en rendre raison ; mais la manière de faire cette opération, est au moins aussi importante que le choix du temps pour y procéder.

On provigne en couchant dans la terre les ceps de vigne, auxquels on a laissé les sarmens destinés à occuper les places vacantes des vignes mortes. Cette opération se fait en déchaussant le pied du cep à la profondeur de 75 centimètres, ou même 85 centimètres, s'il se peut, et ouvrant à la même profondeur une tranchée dans la direction de la vigne morte à remplacer.

On couche ensuite le cep dans cette tranchée avec précaution , ayant surtout attention de ne pas le casser, ce qui le ferait bientôt périr.

On coupe tous les sarmens inutiles laissés à ce cep, de manière à n'en conserver que deux ou trois les plus longs, les plus vigoureux et les mieux disposés pour aboutir aux places qu'ils doivent occuper.

On les étend dans cette tranchée, on les courbe et on les plie, de façon que leur tige puisse sortir de terre aux places qu'occupaient la vigne mère, et celles à remplacer ; en les pliant et en les tournant ainsi, il faut surtout prendre garde de les casser.

On recomble ensuite cette tranchée, on taille enfin ces sarmens à deux yeux, et on plante à leur pied un échalas, auquel doit être attaché, avec un fil d'espars, ou jonc d'Espagne, chaque sarment provigné, pour défendre sa faiblesse et les rameaux qu'il doit bientôt pousser, de la violence des vents qui pourraient les rompre, et pour empêcher que le poids du fruit, que les jeunes provins produisent toujours abondamment dès la première année, n'entraîne le sarment et ne le couche à terre, ce qui ferait pourrir le raisin.

On ne doit faire porter à un vieux cep provigné, que la quantité de provins que sa force lui permet de nourrir ; autrement on l'épuiserait, on n'en laisse ordinairement que deux, il en est peu qui puissent en porter trois.

On fait encore une autre espèce de provin dit *courbage*, voici comment Virgile définit cette opération :

Silvarumque aliæ pressos propaginis arcus.
Expectant, et viva suâ plantaria terrâ.
Virg. L. ii. v. 26.

Celui-ci courbe en arc la branche obéissante,
Et dans le sol natal l'ensevelit vivante.
Traduc. de DELILLE.

Le courbage consiste à courber, et à coucher en terre un long sarment attenant à un vieux bras de cep, qui étant trop élevé ou mal disposé, serait difficile à enterrer. Cette opération demande moins de temps et d'adresse que celle de provigner de la première manière ; mais le courbage ne vaut jamais le provin , quoiqu'il prenne comme lui sa nourriture du cep de la vigne ; mais dans le provin le cep est tout enterré, et pousse une infinité de racines qui nourrissent ses rejetons, et le courbage ne reçoit sa nourriture que du cep sur terre, qui a d'autres bras à nourrir. Lorsque le provin, venu d'un courbage , est devenu assez vigoureux pour se passer de sa mère souche , il faut alors le séparer, en coupant le bout du sarment qui lui est adhérent , autrement il épuiserait la mère.

On voit assez par ce détail combien le courbage est inférieur au provin dit *cabus*, pour la solidité et pour la durée : car il est aisé de comprendre que le courbage n'est qu'un simple remplacement superficiel , et le provin dit *cabus* est une véritable régénération du cep trop entier, une plantation nouvelle. Aussi ne fait-on un courbage que lorsque les ceps sont trop difficiles à coucher dans terre, et que par cette raison les cultivateurs croient ne pouvoir les provigner comme le *cabus*.

Quoique puissent dire les cultivateurs routiniers , qui ne sachant pas courber un vieux cep dans terre, sont réduits à faire un courbage, au lieu d'un provin *cabus ;* il n'est point de vieux cep qu'une main adroite ne puisse provigner de la première manière.

Il ne faut que le déchausser profondément, et le coucher peu à peu avec beaucoup de précaution, pour ne pasle rompre. Plus la tranchée est profonde, mieux le provin réussit, plus aussi il est aisé de le faire, pourvu que ce ne soit pas à plus de 75 centimètres de profondeur, et que le déchaussement soit fait en raison de la profondeur de la racine pivotante, et sans la déraciner tout à fait.

S'il est nécessaire de creuser la tranchée à plus de 75 centimètres de profondeur pour parvenir à coucher le cep, en le détachant de toutes ses racines latérales, qui etiennent adhérent à la terre, il faut, lorsqu'on sera parvenu à le plier et à le coucher, remplir le fond de la tranchée de terre, et coucher le cep sur ce lit de terre, de manière qu'il ne soit pas enterré à plus de 50 centimètres de profondeur ; parce que s'il l'était davantage il pousserait vigoureusement en bois gourmant, et ne retiendrait pas son fruit.

Il n'y a point de vignes qu'on ne puisse entretenir en provignant ; parce que d'une année à l'autre, le provin qui a bien réussi pousse des sarmens vigoureux qui servent à en faire d'autres. On peut ainsi remplacer successivement d'une année à l'autre plusieurs ceps morts de suite ; il faut seulement observer que les provins soient faits à la profondeur requise.

Le courbage, au contraire, étant superficiel, a le désavantage de moins durer et d'empêcher de bêcher les vignes à la profondeur nécessaire, à cause des ceps et de leurs grosses racines qui se croisent presque sur terre ; au moyen de provins biens faits, on peut régénérer une vieille vigne.

Vers le milieu d'avril, on doit faire la visite des provins pour attacher contre les échalas, dits *palissons*, les nouveaux rameaux qu'ils ont poussé, et pour enfoncer solidement les échalas dans la terre, afin qu'ils résistent aux coups de vents; car il vaut infiniment mieux que la vigne soit sans appuis que d'être attachée à des échalas qui ne seraient pas solidement enfoncés. Ses jeunes rameaux libres, pliant aux coups du vent pourraient n'être point rompus, ou du moins ne le seraient pas tous; au lieu qu'étant liés à l'échalas, si cet appui est renversé et couché par le vent, il entraîne nécessairement dans sa chûte tous les rameaux qui lui sont attachés, et la vigne est perdue ainsi que son fruit. J'insiste ici sur cette opération qui paraît de peu d'importance parce qu'elle est confiée aux femmes, et qu'elle est généralement faite avec tant de négligence qu'il serait plus avantageux de ne point donner d'appuis aux jeunes vignes que de les attacher à des échalas mal plantés et mal attachés; car il faut les attacher deux et trois fois à mesure que le provin croît. Les provins ont le double avantage de rajeunir une vieille vigne à laquelle il manque beaucoup de souches, et de produire dès la première année une grande quantité de raisins; mais les cultivateurs en général procédent mal à cette opération, faute d'intelligence, de volonté et de soin. Ces trois conditions indispensables pour le succès d'un ouvrage quelconque demandent du temps; et c'est toujours le temps et la main d'œuvre

qu'ils veulent économiser. Ils ne sentent pas, en général,
que cette parcimonie mal entendue leur est infiniment
nuisible. Ils se contentent de dégrossir l'ouvrage et que
les vices de l'opération ne soient pas extérieurement
visibles, parce que l'on n'a pas été présent à leurs procédés, et qu'il est impossible d'aller partout sonder ; et on
ne s'aperçoit de leurs pernicieuses méthodes qu'en voyant
bientôt dépérir et mourir les vignes sur lesquelles ils ont
opéré, et c'est alors un mal sans remède. Le cultivateur n'en a pas moins fait sa récolte, son bail expire,
il l'a souvent prévu, il quitte le lieu et le rend au propriétaire souvent dans un état de dégradation irréparable.

Ordinairement les tranchées dans lesquelles on enterre les ceps provignés sont trop peu profondes ; les
ceps sont trop superficiellement couchés ; et pour peu
qu'une vigne soit haute de tige, ils trouvent impossible
de la coucher et se contentent d'un courbage, qui leur
coûte moins de peine et de temps : souvent faute
d'adresse et de soins, en couchant le cep dans la tranchée, ils l'ont cassé, et la terre qui la comble cache leur
maladresse ; le provin produit son fruit la première
année, et à la seconde il meurt sans ressource.

Les cultivateurs ne se servent que de leur lourde
bêche pour provigner, c'est ce qui rend cette opération
plus difficile pour certains ceps ; parce que le fer de la
bêche trop large et trop courbé, ne peut déchausser le
cep tout autour à la profondeur nécessaire, sans endommager ses racines principales.

Il faut, après avoir déchaussé le cep pardevant avec la bêche, en ouvrant la tranchée à la profondeur et longueur nécessaires, se servir d'un fer fait en forme de hoyau de jardinier, long, étroit et bien tranchant tenu par un manche droit, pour déchausser le cep et le détacher de la terre, en coupant toutes les racines latérales, par lesquelles il y est attaché ; faute de cet instrument, on peut faire cette opération avec une forte serpette, mais il faudrait plus de temps.

Le cep ainsi délivré de tous ses liens, à la profondeur nécessaire pour pouvoir le plier, se couche aisément dans la tranchée, en le couchant doucement et sans effort avec les deux mains, à la profondeur requise.

Des propriétaires, qui ont beaucoup de vignes à provigner, donnent cet ouvrage à prix fait, à tant par provin. Ce marché est dangereux, si le propriétaire ne voit pas opérer l'ouvrier : 1° Pour avoir plutôt gagné son prix fait, il peut faire l'ouvrage superficiellement, et les tranchées étant moins profondes, les ceps ne sont pas enterrés.

2° Il peut rompre le cep en le couchant, et la terre a bientôt caché cette maladresse si préjudiciable.

3° De la même tranchée où il couche le cep, et d'où il ne devrait sortir de chacun que deux sarmens, l'ouvrier en laissera sortir trois ou quatre, il n'aura pas fait plus d'ouvrage, qu'il n'en aurait fallu pour deux provins ; et comme à prix fait, il est à tant par provin, il se fait ainsi payer pour quatre ; mais le cep provigné, qui n'aurait pu en nourrir que deux, s'épuise par cette surcharge, et meurt avec ses quatre enfants. Ainsi l'ouvrier à tant par provin a doublé son salaire, et a ruiné d'une manière irréparable la vigne qu'il avait promis de régénérer.

Il n'y a donc rien d'indifférent dans les ouvrages d'agriculture, le propriétaire doit connaître tous les abus pour s'en préserver, en se mettant à même de pouvoir conduire lui-même toutes les opérations.

Les préceptes indiqués dans ce Chapitre sont ceux qui mènent à un succès complet dans notre territoire; mais, depuis, que de malheurs, que de déceptions sont venues atteindre les cultivateurs. L'oïdium a paru, enlevé déjà cinq récoltes et détruit une grande partie des vignes du territoire. Quel remède employer pour vaincre le mal? J'en ai essayé quelques-uns, aucun ne m'a réussi. La taille tardive, recommandée par plusieurs agriculteurs, n'a nullement empêché le mal de s'accroître; j'ai été même obligé d'arracher beaucoup de vignes jeunes encore, j'en ai planté de nouvelles que le mal n'a pas encore atteint; mais je dois rendre ici hommage à l'agriculteur qui a créé ce livre. Dans la propriété qu'il menait avec toutes les règles indiquées ici, et que je possède encore, il existe des plantations de vignes faites par lui; ces plantations sont encore les plus vigoureuses et le mal les a très peu atteint. Cela provient-il de ce que les préceptes pour la taille, la culture, avaient été suivis par un homme qui ne cherchait pas à jouir de suite de ses revenus; mais qui cherchait surtout à bien faire pour ceux qui devaient venir après lui? J'ai laissé l'appréciation au lecteur, mais je suis bien aise d'en relater le fait.

CHAPITRE II.

. . . . *Laudato ingentia rura ;*
Exiguum colito.

VIRG. L. II, v. 412.

Ne désire donc point un enclos spacieux ;
Le plus riche est celui qui cultive le mieux.
Traduc. de DELILLE.

Les travaux de l'hiver que je viens de détailler, se bornent aux premières œuvres de la vigne, quant à ce qui a trait à la première partie de ce traité; qui ne concerne que le cultivateur et les œuvres auxquelles il est soumis envers le propriétaire. J'ai fait connaître l'importance de ces œuvres et les soins particuliers qu'elles exigent, mais dans cette saison qui nous est quelquefois si fatale , la nature qui semble plongée dans le plus profond sommeil, n'offre à nos yeux que le spectacle de la végétation suspendue , qui n'attend que des jours plus heureux pour rendre la vie à tout ce que la terre a soigneusement conservé dans son sein , et à tout ce qu'elle nous demande encore.

Le printemps se lève pour nous , et nous appelle à de nouveaux travaux d'autant plus intéressans qu'à chaque jour de nouvelles productions vont naître, croître et s'élever sous la main du cultivateur , qui ne doit pas perdre un jour pour seconder les efforts de la nature.

Déjà les travaux de l'agriculteur se multiplient, la terre exige de nouveaux labours ; les guérets nous pressent ; les engrais qu'ils doivent recevoir sont sollicités par la terre qu'ils doivent fertiliser ; l'olivier échappé aux rigueurs d'une saison trop souvent dangereuse pour lui, nous invite à le dépouiller des rameaux superflus qui l'étouffent, et qui nuiraient à sa fécondité ; la vigne dont à peine les premières œuvres sont terminées, en demande une nouvelle ; les légumes dont le germe va être fécondé sollicitent la main qui doit les rendre au sein de la terre, pour la couronner et l'embellir bientôt de leur naissante verdure ; les herbes et les plantes sauvages et parasites ne sucent qu'à regret les sucs nutritifs qui sont destinés aux plantes plus précieuses ; enfin les légumes, étalant bientôt à nos yeux le luxe de leurs feuilles développées, nous demandent d'être caressés par une légère culture, qui dispose la terre à recevoir les salutaires influences des pleurs de l'aurore et des pluies bienfaisantes de la saison , qui doivent seconder leurs efforts hâtifs.

Ainsi les travaux du printemps sont aussi variés qu'utiles, aussi pressans que multipliés. C'est bien pour nous le cas de désirer un enclos peu spacieux, pour pouvoir lui donner, dans cette saison féconde en miracles de végétation, des cultures plus soignées.

SECTION PREMIÈRE.

Des labours à la charrue.

Verè novo, gelidus canis quum montibus humor
Liquitur, es zephyro putris se gleba resolvit,
Depresso incipiat, jàm tùm mihi taurus aratro
Ingemere, et sulco attritus splendescere vomer.
Virg. Géorg. L. Ier., v. 43.

Quand la neige au printemps s'écoule des montagnes;
Dès que le doux zéphir amollit tes campagnes,
Que j'entende le bœuf gémir sous l'aiguillon;
Qu'un soc longtemps rouillé brille dans le sillon.
Traduc. de DELILLE.

Les labours à la charrue sont partout usités, et partout très avantageux; les labours du printemps sont ceux surtout qui, dans notre climat, profitent le mieux à la terre. Le soc de la charrue en ouvre la croûte, coupe et déracine toutes les plantes parasites, en les retournant de manière qu'elles restent exposées au-dessus du sillon, et ne sucent plus la terre. Il trace un sillon profond destiné à recevoir les rosées et les pluies, et qui ne laissant pas les eaux s'écouler sans profit, comme elles le feraient sur une surface plane et serrée dont la croûte serait dure, favorise leur infiltration, qui vivifie les plantes voisines ; enfin cette œuvre entretenant la fraîcheur de la terre, et l'amollissant, rend plus faciles les guérets à la bêche qu'elle prépare, et qui vont être commencés.

Pour conserver à la terre cette salutaire fraîcheur et pour l'ameubler, on doit, autant qu'il est possible, après ces labours, aplanir grossièrement les sillons, et écraser les mottes de terre que la charrue a retournées ; parce que si, après ces labours, il régnait un temps sec, elles se durciraient et la terre ne serait plus si meuble ni si facile à travailler à la bêche.

L'œuvre du labour, facile en apparence, exige dans notre sol une main habile et des précautions, à cause de la manière dont il est complanté. Il est divisé transversalement en oullières parallèles et alternatives en vignes et en terres à blé. Elles ont peu de largeur ; celles à blé, les seules où puisse travailler la charrue, se trouvent ainsi entre deux de vignes, de sorte que si la main qui conduit la charrue n'avait pas le soin de la bien diriger, et d'empêcher que le soc endommage les racines des vignes latérales, la charrue ferait plus de mal que de bien.

Si les bêtes qui labourent ne sont pas bien obéissantes

aux rènes, on doit les faire tenir à la longe par une femme, afin qu'elles ne se jettent pas sur les ceps voisins qu'elles pourraient rompre et endommager. Le laboureur doit aussi arrêter la bête lorsqu'il sent que le fer pointu et tranchant du soc trouve dans la terre un obstacle.

Quand le soc entre profondément, cet obstacle ne peut être qu'une grosse racine de vigne; si la bête est pressée pour la franchir, elle tire avec force et elle ne le surmontera qu'en blessant, écorchant ou rompant cette grosse racine; et la vigne à laquelle elle appartient doit bientôt mourir de cette dangereuse blessure.

Aussi trouve-t-on plus de vignes mortes dans les files latérales aux oullières de blé que dans celle du milieu de l'oullière de vignes.

On doit, pour éviter ce danger, arrêter la bête, lorsqu'on sent l'obstacle qui résiste au soc; relever la pointe du fer, en baissant le manche de la charrue. Ce mouvement facilite au soc de passer par-dessus la racine sans l'endommager.

Il faut que cette œuvre soit faite par le maître paysan, et non par un valet qui n'a pas la même intelligence, ou du moins le même intérêt à la conservation de la vigne.

Indépendamment de ces labours du printemps, on donne encore plusieurs autres labours, après la moisson, aux terres qui ont produit du blé et des légumes, et avant ou après les vendanges aux guérets qui doivent

être ensemencés, quand ils ont été aplanis depuis longtemps, et que les mauvaises herbes en ont pris possession.

Ces labours sont surtout nécessaires pour les terres
qui ont porté des légumes, parce qu'étant préparées et
fumées pour ensemencer le blé, faute de cette œuvre
la terre se dessècherait, s'affaisserait, se serrerait, et
les herbes sauvages dévoreraient la substance du fumier
qui doit servir à féconder le blé.

On ne doit point labourer à la charrue pendant la
canicule, parce que les vignes des files latérales à l'oullière de terre, et leurs fruits seraient exposés, dans les
jours brûlans, à être échaudés et desséchés par le passage de la bête et de l'ouvrier qui les toucheraient ou
les approcheraient de trop près.

Si dans les jours d'été, après la moisson, il tombe
accidentellement quelque pluie qui ait rafraîchi l'air et
humecté la terre, c'est d'après ce salutaire arrosage
qu'il faut se hâter de labourer la terre pour lui conserver, en l'ameublissant, cette bienfaisante fraîcheur.

Enfin, plus les labours sont fréquens plus ils profitent à la terre et aux plantes.

SECTION II.

Des guérets.

Ver adeò frondi nemorum, ver utile silvis ;
Verè tument terræ, et genitalia semina poscunt.
Virg. Géorg. L. ii, v. 323.

Mais le printemps surtout seconde tes travaux ;
Le printemps rend aux bois des ornemens nouveaux :
Alors la terre ouvrant ses entrailles profondes
Demande de ses fruits les semences fécondes.
Traduc. de DELILLE.

Les guérets faits à la bêche sont utiles dans tous les temps ; mais j'ai déjà fait observer que ceux faits avant et pendant le printemps, sont les plus avantageux pour fertiliser la terre et pour féconder ses plants.

Les guérets ont pour objet de préparer la terre pour recevoir les semences, et servent à enterrer les engrais. Ceux faits avant l'hiver ont servi pour ensemencer les fèves, les pois, les lentilles, les oignons, les aulx. Ceux du printemps, ou faits tout de suite après la première œuvre de la vigne, servent à semer les pommes de terre, les pois chiches, les haricots ; dans les terrains frais, on sème une seconde fois des pois qui sont bons à cueillir verts jusqu'à l'été.

Ces mêmes guérets qui ont produit ces légumes servent ensuite en automne pour ensemencer le blé.

S'il reste un intervalle entre la première et la seconde œuvre de la vigne, après avoir fait ces premiers guérets et les avoir semés en légumes, on continue les guérets pour le blé qui doit être semé en automne.

Les guérets ont deux objets, celui de fumer la terre pour les légumes et le blé, qu'on y doit semer, et celui de faire profiter la vigne de ces engrais. Les fumiers enterrés dans le printemps profitent plus à la vigne que ceux enfouis en été et en automne ; la vigne suce les premiers et prend sa part de leurs sucs avant que le blé soit semé.

Les fumiers enterrés en été, s'ils sont trop chauds et mal divisés, nuisent aux racines des vignes plutôt que de leur profiter ; si quelque racine mère est couverte par une grosse motte de ce fumier, que les pluies n'auront pas fondue, elle sera brûlée par la chaleur de ce fumier, et la vigne se desséchera et mourra. Si les engrais sont trop secs, mal pourris et pas assez gras, ils sont nuls pour la vigne, qui n'en reçoit aucune substance et se réduisent en poussière.

Les engrais enterrés en automne peu avant que le blé soit semé, ne profitent qu'au blé, qui est la plante la plus gourmande. Les blés, à la vérité, peuvent être plus beaux ; mais leur vigueur même nuit à la vigne, et comme dans notre sol la production du vin est la plus précieuse, il faut plus travailler la terre pour la vigne, que pour le blé, ou du moins faire le mieux possible pour chacune de ces deux productions.

L'essentiel est de faire les guérets le plus profondément possible : car la profondeur du guéret vaut presqu'autant aux plantes que l'engrais, et vaut mieux que les engrais trop superficiellement enterrés, et de les fumer suffisamment pour que la vigne et le blé en profitent également.

Il convient donc de faire les guérets le plutôt possible, et d'en avoir fait la majeure partie dans le printemps ; le mieux serait de les avoir tous terminés dans cette saison ; dans ceux où l'on sème des légumes avant le blé, il faut mettre plus de fumier.

Les guérets servent aussi à fumer les oliviers, qui se trouvent aux bouts des oullières ; il faut mettre une plus grande quantité d'engrais au pied de ces arbres précieux.

Les guérets doivent être faits à 35 centimètres de profondeur au moins ; mais en fouillant la terre à cette profondeur, on doit prendre garde de ne pas endommager les grosses racines des vignes, qu'on peut rencontrer avec la bêche ; ainsi c'est la profondeur où sont ces racines qui décide souvent de celle des guérets. Lorsque, ce qui n'est que trop ordinaire, le cultivateur ne veut pas prendre la peine de les rabaisser, et de réparer ainsi le mal qu'il a fait lui-même par des guérets de plusieurs années successives trop superficiels, sa négligence en cela est aussi coupable que nuisible : s'il a fait le mal , il doit le réparer , et son intérêt bien entendu l'exige ; mais, je le répète encore, la plupart ne considèrent que l'économie de la main d'œuvre, dans les ouvrages qu'ils font trop superficiellement, et au mépris des règles les plus sagement établies. Si pendant plusieurs années , par cette dangereuse économie de la main d'œuvre, il a fait des guérets trop peu profonds , s'il n'a pas enterré les engrais à la profondeur requise, les racines qui viennent chercher les engrais, montent pour en recevoir la substance , au lieu de labourer profondément ; elles sont plus exposées à être desséchées par l'ardeur du soleil , et grossissant toujours ainsi vers la surface du sol , il est presqu'impossible de défoncer la terre plus bas , sans les endommager, lorsqu'on veut remettre ensuite les guérets à la profondeur requise.

Lorsque cet abus du cultivateur ne s'est pas prolongé pendant plusieurs années, on peut y porter remède, parce que les racines des vignes qui se sont dirigées vers la surface du sol ne sont pas encore assez fortes pour qu'il soit dangereux de les toucher en bêchant et de les couper. Dans ce cas, il faut couper celles qui sont trop superficielles et abaisser les guérets à la profondeur nécessaire, en enterrant le fumier au fond de la tranchée, ce qui engage les racines des vignes à descendre.

Lorsqu'on est dans le cas de remettre à la profondeur requise des guérets, qui pendant plusieurs années de suite ont été creusés trop superficiellement, et qu'à cet effet on est forcé de couper les racines des vignes, qui se sont trop élevées. il est dangereux pour la vigne de faire ces guérets en été. La vigne à laquelle on aura coupé ces racines, qui servent à la nourriture du cep, de ses longs rameaux et de son fruit, n'a pas le temps de les remplacer par de nouvelles ; et le soleil ardent pénétrant si facilement les guérets faits en été, qu'il est impossible d'aplanir jusqu'aux pluies d'automne, qui ameublissent les grosses mottes de terre que la bêche a jetées au-dessus de l'oullière, brûle les racines des ceps qui restent presque à découvert, et tue la vigne.

Par cette raison, lorsque l'on est dans le cas de rabaisser les guérets qui, dans les années précédentes, ont été faits trop superficiellement, il ne faut faire cette œuvre que vers la fin de l'hiver et pendant le printemps, afin que la vigne ait le temps de prolonger ses racines coupées et de profiter de ces guérets, qu'il faut aplanir sur-le-champ, et des engrais, des rosées et des pluies du printemps.

Si l'on trouve superficiellement de grosses racines, qu'il serait dangereux de couper, il faut les déchausser avec soin, les enterrer au fond du nouveau guéret et les bien recouvrir de terre.

Avant de rompre la terre pour faire les guérets, on répand sur sa surface le fumier nécessaire ; on l'enterre au fond de la tranchée ; plus les terres seront fumées, plus elles produiront. C'est une fausse économie que d'en être avare. Les engrais, quoique chers. ne sont qu'une avance faite à la terre, qui en dédommage amplement par la fécondité qu'elle en reçoit.

Il y a une règle pour déterminer à peu près la quantité de fumier qui doit être enterré ; mais elle dépend encore de la qualité des engrais dont je traiterai ci-après. Cette règle est de couvrir la surface du sol du fumier qui doit être enfoui, en le divisant également avec la fourche ou avec la main. On évalue, dans les estimations qui se font des guérets, qu'il doit en avoir été employé environ quarante charges de mulet pour une carterée de terrain : il ne faut pas craindre d'excéder cette règle ; à la rigueur vers la fin juin, c'est-à-dire avant la moisson, on doit avoir fait un tiers des guérets ; ces guérets du printemps sont semés de légumes.

Il y a des règles auxquelles sont soumis les fermiers et métayers, pour ne pas épuiser la terre par les semences en légumes ; on ne doit en semer qu'à raison d'une oullière sur deux.

Cependant il y a des légumes qui sucent moins la terre, tels sont les fèves dont même la tige enterrée est un excellent engrais pour le blé, quoique nul pour la vigne. Quant aux autres légumes, ils sont gourmands ; il faut les semer en réserve, et éloignés de la vigne, et fumer plus abondamment les terres qui doivent les recevoir.

La qualité du sol doit déterminer sur toutes ces précautions, en raison de sa fertilité, un propriétaire qui tient son bien à sa main ; mais lorsqu'il ne le fait pas valoir par lui-même, il doit s'en tenir à la règle, afin que son cultivateur n'abuse pas. Dans les terres fortes et grasses on peut charger davantage les guérets, en les fumant abondamment, sans craindre d'épuiser la terre. Il est cependant reconnu qu'elle a besoin de repos ; nos usages à cet égard s'accordent avec les préceptes de Virgile. Ouvrons ses *Géorgiques*, où il nous dit :

> *Alternis idem tonsas cessare novales,*
> *Et segnem patiere situ durescere campum.*
>
> VIRG. L. I", v. 71.

> Qu'un vallon moissonné dorme un an sans culture,
> Son sein reconnaissant te paie avec usure.
>
> *Traduc. de DELILLE.*

Il est bon d'observer qu'il n'est pas avantageux, comme le dit Virgile, de laisser le sol un an *sans culture ;* la culture n'a jamais pu nuire à la fertilité de la terre. Il aurait dû dire que la terre moissonnée doit dormir un an sans être ensemencée ; mais il sera toujours mieux de la travailler que de la laisser se durcir et se dessécher, surtout pour nos biens qui, divisés en oullières de semences et en oullières de vignes, exigent de fréquens labours pour féconder les vignes.

Virgile défend de semer dans l'année de repos des terres, l'avoine, le lin, mais il permet d'autres grains :

> *Sed tamen alternis facilis lador : arida tantùm*
> *Nè saturare fimo pingui pudeat sola ; neve*
> *Effœtos cinerem immumdum jactare per agros.*
>
> VIRG. Géorg. L. I", v. 79.

> La terre toutefois malgré leurs influences,
> Pourra par intervalle admettre ces semences,

Pourvu qu'un sol usé, qu'un terrain sans vigueur,
Par de riches engrais raniment leur langueur.
>*Traduc. de DELILLE.*

Sic quoquè mutatis requiescunt fœtibus arva ;
Nec nulla intervà est inarotœ gratia terræ.
>Virg. Géorg. L. Iᵉʳ, v. 82.

La terre ainsi repose en changeant de richesses ;
Mais un entier repos redouble ses largesses.
>*Traduc. de DELILLE.*

Sœpè etiam steriles incendere profuit agros,
Atqué levem stipulam crepitantibus urere flammis.
>Virg. Géorg. L. Iᵉʳ., v. 84.

Cérès approuve encor, que des chaumes flétris,
La flamme en pétillant dévore les débris.
>*Traduc. de DELILLE.*

On reconnaît à ces divers préceptes, les règles auxquelles est soumis notre sol. Nous ne pouvons pas, comme le prescrit Virgile, brûler nos chaumes, la position de nos oullières en chaume, latérales à celles en vignes, ne le permet pas ; mais avec les grosses mottes de terre faites dans les guérets de l'été nous faisons des fourneaux auxquels nous mettons le feu. Ces mottes de terre se cuisent ; on détruit ensuite le fourneau, on pulvérise les mottes calcinées par le feu, on étend cette terre cuite sur la surface de l'oullière. Ces fourneaux sont encore meilleurs que la simple inflammation du chaume, qui ne produit qu'un peu de cendres que le premier vent disperse, et cuit moins bien la terre que

nos fourneaux. Il doit être flatteur pour nos cultivateurs de se trouver d'accord avec un maître tel que
Virgile.

Le printemps étant la saison de la régénération, il
pousse surtout, dans les années pluvieuses, une grande
quantité d'herbes parasites dans les vignes et dans les
guérets ; il faut continuellement employer les femmes
pour les arracher, sans quoi elles suceraient toute la
substance des engrais au détriment des vignes, du blé,
et des légumes ; d'ailleurs comme ces herbes sont nécessaires à la nourriture des bestiaux entretenus pour l'exploitation des terres, on doit en profiter. Elles donnent
un foin grossier, mais trop nourrissant ; celles que les
mulets ou chevaux ne mangent pas servent pour faire
des engrais, en les jetant dans les suies à cochon.

Lorsque l'herbe qui croît dans les blés est forte pour
être arrachée, les femmes doivent procéder à ce travail,
qui s'appelle *sarcler*; plutôt l'herbe est arrachée plus les
blés en profitent D'ailleurs, si l'on s'y prend trop tard,
ces herbes ont poussé de profondes racines, elles sont
plus adhérentes à la terre que les premières chaleurs
ont déjà durcie et resserrée, et il est alors impossible de
les arracher à fond Ces racines restent, et ce sont elles
qui sucent la terre au détriment du blé.

Il est souvent nécessaire de sarcler deux fois les blés ;
plus on les soulage de ces plantes qui les étouffent et
les dévorent, plus ils deviennent beaux, et plus le grain
est pur. Cette œuvre des femmes se fait pendant que les
hommes travaillent aux guérets, elles doivent aussi sar-

cler les légumes dès que l'herbe paraît, et les disposer à
être légèrement bêchés.

Les guérets faits en été sont plus coûteux que ceux
faits dans le printemps, parce qu'ils sont plus pénibles
pour les ouvriers ; la surface de la terre est plus serrée
et plus compacte, et chaque coup de bêche qu'il faut
lancer vigoureusement pour percer et fendre cette
croûte de la terre durcie par l'ardeur du soleil, enlève
des quartiers larges et épais, qu'on appelle mottes, il
est alors impossible de les écraser ; on les laisse sur la
superficie du sol jusqu'à ce que les premières pluies
d'automne les aient pénétrées à fond pour pouvoir les
pulvériser facilement, et alors on aplanit à la bêche ces
guérets.

Il est essentiel, pour ensemencer les légumes, que la
terre soit bien meuble, et dans un premier état de chaleur qui facilite le développement du germe, afin qu'il
ne languisse pas dans la terre. Ainsi il faut se garder de
les semer, lorsque la terre est trop humide et délayée
par la pluie ; alors elle se pétrit sous la bêche et sous les
pieds des ouvriers, ou, lorsqu'elle est trop froide, pour
activer la végétation du germe.

Mais s'il pleut après les semailles, toute espèce de
grain germe plus promptement ; les haricots cependant
sortent difficilement, lorsqu'avant de germer il règne
des pluies assez fortes pour serrer et affaisser la terre.
Comme cette espèce de légume pousse son germe avec
le grain dont il ne se dépouille que lorsqu'il est sorti de
terre, il faut que la terre qui le recouvre soit bien meu-

ble et bien légère ; si elle est serrée, et si la pluie, à laquelle ont succédé quelques jours de soleil, l'a durcie, le germe ne peut se faire jour, le grain pourrit et languit. Dans ce cas il faut faire rompre cette croûte par les femmes, pour aider au germe à se faire jour.

Dans tous ces cas divers, il serait avantageux aux cultivateurs de savoir prévoir quand les temps sont disposés à la pluie, afin de pouvoir en profiter, suivant ce qu'exigent les différentes semences.

Virgile, qui n'a rien négligé pour l'instruction des agriculteurs, nous indique les moyens de diriger notre prévoyance ; il nous fait connaître les indices des temps divers, par ces vers si agréables :

SIGNE DE PLUIE.

Nec nocturna quidem carpentes pensa puellæ
Nescivere hiemem, testâ cùm ardente viderent
Scintillare oleum, et putres concrescere fungos.
VIRG. Géorg. L Ier., v. 390.

Le soir la jeune fille en tournant son fuseau,
Tire encor de sa lampe un présage nouveau,
Lorsque la mèche en feu, dont la clarté s'émousse,
Se couvre en pétillant de noirs flocons de mousse.
Traduc. de DELILLE.

SIGNE DE BEAU TEMPS.

Sin ortu in quarto, (namque is certissimus auctor)
Pura (*), nequè obtusis, per cœlum cornidus ibit ;
Totus et ille dies, et qui nascentur ab illo
Exatum ad mensem, pluviâ ventisque carbent.
VIRG. Géorg. L Ier., v 432.

(*) La lune.

Le quatrième jour (cet oracle est certain)
Si son arc est brillant, si son front est serein
Durant le mois entier, que ce beau jour amène,
Le ciel sera sans eau, l'aquilon sans haleine.

*Traduc. de **DELILLE**.*

SIGNE DE PLUIE ET DE VENTS.

Luna revertentes, cùm primùm colligit ignes,
Si ni grum obscuro, comprenderit aera cornu,
Maximus agricolis, pelagoque parabitur imber,
At, si virgineum suffuderit ore ruborem
Ventus erit : vento semper rubet aurea Phœbe.

VIRG. Géorg. L. I", v. 427.

Quand la jeune Phœbé rassemble sa lumière,
Si son croissant terni s'émousse dans les airs,
La pluie alors menace, et la terre et les mers :
Du fard de la pudeur peint-elle son visage?
Des vents prêts à gronder, c'est le plus sûr présage.

Traduc. de DE LILLE.

SECTION III.

Des engrais.

Les engrais sont la nourriture des végétaux ; en vain
ils épuiseraient les sels de la terre, vainement ils rece-
vraient les influences bienfaisantes du ciel, et s'abreu-
veraient des douces rosées et des pluies fécondes, si
l'industrie de l'homme ne préparait avec soin ces matières substantielles qui, en facilitant par leur chaleur

humide le développement des germes et de la végétation, procurent la fécondité.

Les engrais rendent à la terre les sels nutritifs, dont sa bienfaisante prodigalité s'épuise si généreusement en faveur des végétaux qu'elle nourrit dans son sein et qu'elle féconde. Elle reçoit les engrais pour perfectionner leur substance, pour élaborer leurs sucs et pour les mettre dans cet état de fermentation, qui les rend propres à la nourriture des plantes.

Sans les engrais, la terre, bientôt épuisée par l'évaporation continuelle de ses sels et par ses plantes qui se sont nourries dans son sein, deviendrait aride, froide et stérile ; avec les engrais employés avec intelligence, l'agriculteur peut fertiliser toute espèce de sol susceptible d'être ameublé. Le territoire de Marseille en est un exemple : il en est peu qui soit plus généralement aride ; il n'en est point qui dût être plus épuisé par l'antique et perpétuelle production de son sol, qui paraît avoir été le premier cultivé dans tout le midi de la France ; cependant il en est peu, qui, proportionnellement à son étendue si bornée, produise une aussi grande quantité de plantes utiles et fécondes, et d'arbres précieux.

C'est à l'intelligence et à l'industrie de nos pères ; c'est à la protection spéciale et constante du gouvernement, que notre territoire doit sa merveilleuse fertilité.

Mais notre sol s'épuise journellement par ses efforts miraculeux : l'agriculture est plutôt vexée et méprisée que protégée, et le cultivateur malheureux, grevé de toute sorte d'impôts, de ceux même dont sa misère ne peut comprendre le nom ni connaître l'objet, est dans l'impuissance de faire à la terre les avances nécessaires pour la fertiliser, et sans lesquelles, pour peu que dure ce temps fâcheux, la majeure partie de notre sol se détériore à un tel point qu'il sera bientôt impossible d'en exiger aucun produit.

Les avances les plus dispendieuses qu'il nécessite sont celles des engrais ; et dans l'état d'épuisement dans lequel il est, lorsqu'il serait indispensable d'en employer une plus grande quantité, ils ont doublé de prix, par l'exiguité de la mesure dans laquelle les marchands les livrent. Cependant on ne peut s'en passer, et il faut savoir les employer avec intelligence.

La qualité de la terre est aussi utile à connaître, pour le choix des engrais qui lui conviennent, que pour celui des diverses productions qu'elle peut féconder.

La connaissance des terrains est un des principes d'agriculture spécialement recommandé par Virgile :

> *Ventos, et varium cœli prœdiscere morem*
> *Cura sit, et patrios cultusque, habitusque locorum,*
>
> VIRG. Géorg. L. Ier., v. 51.

> Observe le climat, connais l'aspect des cieux,
> L'influence des vents, la nature des lieux,
> Des anciens laboureurs, l'usage héréditaire.
>
> *Traduc. de DE LILLE.*

Les différentes qualités de sol très variées par leur

nature, peuvent se réduire en trois classes ; la couleur de la terre les distingue. La terre noire et grasse est fertile ; la jaune, la grise, celle d'un rouge pâle, celle qui est mêlée de petit gravier sont de médiocre bonté ; la blanche, la sablonneuse, celle qui est caillouteuse, l'argileuse sont les plus mauvaises par leur légèreté, leur aridité, leur stérilité.

Pour employer utilement les engrais ; suivant la qualité des terres, il faut connaître leur composition et la nature des matières.

Les engrais en général se composent de tous les excrémens des animaux et des substances végétales qui, par leur mélange et la quantité d'eau nécessaire à leur putréfaction, acquièrent, par une fermentation suffisante, la qualité nutritive et la chaleur qu'il leur faut pour fertiliser la terre, pour l'amender et pour féconder les plantes. Les uns trop brûlans sont nuisibles dans notre climat, s'ils ne sont employés avec une sage économie ; ceux-là ne doivent être enterrés que dans les terres froides, grasses, humides ou arrosables. Tels sont les engrais composés de fiente de brebis, de poules et de pigeons ; il faut se garder de les enterrer en été, ils brûleraient les plantes, à moins que ce ne fut dans un sol habituellement arrosable ; ils conviennent mieux aux guérets faits en hiver ; parce que les pluies, qui règnent dans cette saison et au printemps, les détrempent, tempèrent leurs chaleurs et développent mieux leurs sucs ; encore faut-il les employer en petite quantité.

Les autres engrais plus froids, plus gras et plus

humides se composent de la fiente d'ânes, de mulets, de chevaux et de toutes matjères fécales mêlées avec la paille et les mauvaises herbes qu'on arrache dans les champs. Toutes ces matières ainsi mélangées dans l'étable à cochons, lesquels y cherchent leur nourriture, se réduisent en engrais de bonne qualité, au moyen de l'eau qu'on y jette pour faciliter et accélérer leur putréfaction.

Quand ces engrais, qui se font dans les campagnes, ont passé quelque temps sous les cochons, on les entasse dans une suie voisine; c'est là qu'ils fermentent en masse et qu'ils acquièrent le degré de chaleur et la substance nécessaire pour être employés ; plus ils restent entassés meilleurs ils sont ; et c'est ainsi qu'on les conserve et qu'ils se bonifient jusqu'à ce qu'on les enterre dans les guérets.

Ces fumiers bien pourris sont très bons et propres à toutes les qualités de terrain ; mais il faut en mettre le double des premiers, il ne faut pas les économiser dans les terres maigres et arides.

Enfin, les engrais généralement employés dans notre sol sont ceux composés de tous les immondices de la ville, qui, ramassés par des hommes, dont c'est la profession, et entassés en grande masse dans des magasins en plein air, s'emploient sans danger avec abondance ; mais ces engrais coûtent exhorbitamment cher, et les marchands abusant du besoin des propriétaires, les fraudent quelquefois sur la qualité et les mesurent en bien petite quantité.

Une quatrième espèce d'engrais est la corne des animaux coupée en écailles. Cet engrais est très abondant en sels; il s'emploie avec économie; il n'a pas besoin d'être renouvelé tous les ans, parce que, plus lent à pourrir, il se conserve plus longtemps sans se décomposer; par cette même raison, il ne convient point aux terres sèches, légères et arides.

Je ne parle pas du fumier de fiente de vache; il y a si peu de ces animaux dans ce pays qu'on ne peut se procurer cet engrais.

Il est enfin d'autres espèces d'engrais, que je nomme imparfaits, parce qu'ils ont moins de substance; ce sont ceux produits par les feuilles dont les arbres et les plantes se dépouillent, que l'on peut ramasser dans les champs et dans les bois, et qui, pourries, se réduisent en terreau; cet engrais est bon pour les petites plantes et pour les fleurs.

Les engrais doivent leur qualité à la substance des matières dont ils sont composés; ainsi, ceux produits par les herbes fraîches, que l'on met en putréfaction dans les suies, sont meilleurs que ceux qui n'ont été faits qu'avec de la paille, qui donne le plus faible de tous les fumiers, parce que, coupée sèche, elle a épuisé toute sa substance pour nourrir les grains qu'elle a portés, au lieu que l'herbe coupée fraîche l'a conservée.

De même les bêtes qui se nourrissent d'herbes fraîches, et qui pâturent, comme les chèvres et les brebis, donnent un fumier beaucoup plus abondant en sels, que les mulets et chevaux nourris avec du foin et de la paille sèche : cependant lorsqu'ils mangent du grain, leur fiente a aussi plus de qualité. Celle de poule ou de pigeon, par cette raison, échauffe extrêmement la terre.

Mais toutes ces matières mêlées et pourries ensemble donnent des engrais excellens. Les cendres du bois brûlé encore vert, et de tous les buissons et arbustes malfaisans, qu'on doit avoir soin de détruire, font un excellent engrais pour le blé ; mais il ne faut pas qu'elles aient servi à des lessives, elles ont alors perdu toute leur qualité, parce que l'eau en a absorbé tous les sels.

La nature, admirable dans sa prévoyance, n'a rien fait, et ne produit rien d'inutile ; après avoir donné la vie à tout, elle fait servir à la végétation toutes les matières et substances auxquelles le temps a donné la mort, et qui se putréfient.

La majeure partie des terres propres à la culture ne produit pas ce qu'on pourrait en espérer, à cause du manque d'engrais. L'insouciance des cultivateurs , l'impuissance d'entretenir des bestiaux faute de pâturages, causent la disette d'engrais. Ceux que le propriétaire est tenu d'acheter sont ruineux ; il doit donc obliger ses fermiers ou métayers d'en faire le plus possible pour en avoir moins à acheter. A cet effet, ils doivent avoir, en proportion de l'étendue du bien, un ou plusieurs cochons et les bêtes nécessaires à la culture, qui font beaucoup de fumier quand on y prend soin ; toute la paille doit être consommée pour leur nourriture, et pour empailler les loges à cochon ; les cultivateurs doivent mettre à profit toutes les mauvaises herbes, arracher les chaumes, pour les jeter aux cochons, mettre dans leurs loges l'eau nécessaire pour pourrir les matières, et les nettoyer le plus souvent possible.

Ceux qui sont laborieux et économes du temps, profitent des jours où la terre est ou gelée ou trop humide pour être travaillée, afin de manipuler, dans les suies, les fumiers faits sous les cochons, et dans les étables et les écuries, et les empailler ; au moyen de ces soins, on peut économiser la moitié des engrais, qu'on est forcé autrement d'acheter si chèrement.

Il ne suffit pas d'avoir connu les différentes qualités et vertus des diverses espèces d'engrais, et les différentes propriétés des terres qui doivent les recevoir, il faut aussi savoir les employer suivant les diverses natures des productions que le sol nourrit.

Les trois principales cultures de notre territoire, sont :

1° Celle de la vigne ; elle est la plus générale et la plus précieuse.

2° Celle des oliviers ; mais ils sont en petite quantité en proportion avec les vignes, et malheureusement l'insouciance des agriculteurs et même des propriétaires, pour cet arbre si précieux pour nous aujourd'hui, par la mortalité qui a frappé depuis plusieurs années tous les arbres de cette espèce dans les territoires qui nous avoisinent, est la cause du peu de soin qu'on en prend et de l'ignorance, j'ose le dire, impardonnable dans laquelle on est encore, du régime qui convient à cet arbre, dont d'ailleurs la culture est peu dispendieuse.

3° La culture du blé, denrée à la vérité de première nécessité, mais d'un si médiocre produit dans la majeure partie de notre territoire, en proportion des frais que coûtent les labours, les guérets, les engrais, les semailles, le sarclage, les moissons, etc , qu'elle ne doit être comptée qu'après les deux autres natures de productions. Toutes les espèces d'engrais ne conviennent pas à ces trois différentes cultures.

Les engrais abondans en sels, et d'une qualité chaude, dont j'ai parlé ci-dessus, sont bons pour le blé surtout dans les terres fortes, compactes et froides, telles que les terres argileuses et glaiseuses ; mais ces engrais chauds et chargés de beaucoup de substances salines sont ordinairement mortels pour les vignes, et ont d'ailleurs trop peu de sucs ; ils sont plus abondans en sels, et moins en substances nutritives ; tels sont les fumiers de fiente de brebis, moutons et chèvres, et ceux de poulets et de pigeons. D'ailleurs, comme à cause de leur chaleur, il faut les employer en plus petite quantité, le blé seul en prend toute la substance, et la vigne plantée dans l'oullière latérale au blé n'en peut profiter.

Les engrais de cendres de lessive, de suie de cheminée, sont excellens pour mettre au pied des oliviers, parce qu'ils éloignent et détruisent les insectes qui dévorent les racines de ces arbres et dont je parlerai dans la seconde partie à l'article du recepage.

Mais ces engrais seuls, très précieux par cette raison,

n'ont aucune vertu nutritive ni fécondante. Il est d'ailleurs difficile de s'en procurer une assez grande quantité pour fournir à un grand nombre d'oliviers et on doit les réserver pour ceux que l'on voit malades et souffrans, et qui à coup sûr, sont attaqués dans leurs racines par les insectes malfaisans.

Mais indépendamment de cet engrais employé comme remède, il en faut d'autres plus substanciels comme nourriture; et ceux qui se font dans nos suies de campagne et dans celles des marchands de la ville sont très bons pour être mis autour des trous des oliviers, et à 125 ou 150 centimètres de l'arbre; ils doivent être enfouis profondément, de manière toutefois à ne pas endommager les racines en bêchant pour les enterrer; et c'est en hiver et dans le printemps qu'on doit les enfouir, afin que les pluies les divisent, les pourrissent et les réduisent en substances nutritives.

On recommande de les enterrer profondément, afin d'obliger les racines de l'olivier à labourer plus profondément la terre pour y aller chercher leur nourriture; cet arbre n'ayant que trop de propension à pousser ses racines superficiellement, ce qui leur est très nuisible et dangereux, soit dans les chaleurs de l'été qui les brûlent, soit dans les froids rigoureux de l'hiver qui les frappent de mort. Enfin, la vigne, étant un arbuste des plus vivaces, qui fait des efforts miraculeux pour produire avec abondance et pour nourrir son bois et son fruit précieux, et qui d'ailleurs a besoin absolument de réparer la perte annuelle de sa sève, qui s'écoule par la taille, la vigne, dis-je, exige, pour entretenir sa fécondité, une espèce d'engrais très substantiel et pas trop chaud ; ceux trop brùlans ont plus de sels que de sucs, et par cette raison feraient périr les vignes dans la canicule ou dessécheraient son fruit.

Les engrais des suies à cochon et des suies des marchands de la ville sont aussi très bons pour nos vignes, surtout si, comme je l'ai dit à l'article des guérets, ils sont enterrés dès que les vignes ont été taillées et bêchées.

Telles sont les différentes espèces d'engrais le plus généralement employés dans notre territoire, et tel est l'usage qu'on doit en faire pour les trois différentes natures de productions principales qu'on y cultive. D'après cette instruction sommaire, l'emploi en serait facile, si la culture de nos champs était disposée en masse, en terres plantées en vignes, en terres semées en blé et en vergers d'oliviers ; mais elle est divisée en planches étroites, dites oullières, alternativement semées en blé, et plantées en vignes, de manière que les racines des vignes sont obligées de labourer l'oullière de blé pour aller y chercher leur subsistance. Nos oliviers sont plantés dans les vignes au bout des oullières et en cordon autour des propriétés. Il faut donc disposer les engrais de manière à ne pas nuire à aucune de ces productions et à les féconder toutes en donnant même la préférence, si l'on ne pouvait faire autrement, à celles qui sont les plus précieuses ; et sans contredit les vignes et les oliviers doivent l'obtenir sur le blé.

Cette disposition de culture en planches ou oullières

alternatives de blé et de vignes, n'a point été établie généralement pour l'agrément d'une symétrie qui flatte l'œil ; mais elle est nécessitée par l'aridité du sol, qui n'est pas assez abondant en substances nutritives pour féconder des plantations en masse. Les oullières de blé ne séparent deux oullières de vignes que pour donner aux racines des ceps un plus grand espace de terrain, où elles puissent se nourrir ; pour faciliter les cultures et pour donner plus de profondeur aux guérets sans endommager le pied des vignes. La culture du blé n'est que subsidiaire pour mettre à profit ce terrain d'intervalle, et il n'est pas douteux que les vignes seraient plus fécondes si on ne semait pas les oullières de blé, et si les guérets étaient seuls réservés à nourrir les vignes ; car il est reconnu que plus les blés sont beaux, plus la vigne est épuisée. Il faut donc s'appliquer principalement à féconder la vigne par les engrais qui lui sont favorables et qui nourriront également le blé. ·

Pour remplir ces divers objets, il faut savoir manipuler les engrais par le mélange de ceux qui sont trop chauds avec ceux qui sont plus froids, de ceux qui ont beaucoup de sels et peu de substances grasses avec ceux qui sont abondans en sucs; et c'est ainsi qu'on peut les rendre propres à toutes nos productions.

Les engrais ne prennent une qualité grasse, substantielle et nutritive que par la putréfaction. S'ils sont enterrés avant que cette putréfaction soit parfaite, ils se dessèchent dans nos terres et le temps les réduit en poussière sans vertu.

C'est dans les suies que les engrais entassés en grande masse acquièrent le degré de putréfaction ; c'est dans les suies que les différentes espèces d'engrais mélangés par couches se communiquent les uns aux autres leurs différentes vertus nutritives et fécondantes ; et ainsi multipliés, entassés et amalgamés, ils doivent y séjourner assez longtemps pour que la fermentation opère la putréfaction parfaite et le mélange des sels et des sucs ; c'est ce qui fait que les engrais qu'on achète aux marchands et qu'on prend dans leurs suies, à Marseille, sont les meilleurs, surtout si on prend de ceux qui ont été manipulés et entassés depuis longtemps ; car lorsque le temps de la grande consommation arrive, et que par cette raison les suies des marchands s'épuisent par des enlèvemens journaliers, on est forcé de prendre ceux qu'ils n'ont pas eu le temps d'entasser, ni de laisser fermenter ; ces mêmes engrais sont très médiocres.

Ces engrais des marchands de la ville ainsi manipulés, reconnus pour les meilleurs, sont la preuve que le mélange des matières et de leurs substances donne aux engrais leurs vertus et perfectionne leur qualité ; car il entre dans la manipulation des engrais de ces suies, toute espèce de matières ramassées dans les rues, dans les ruisseaux et dans les maisons de la ville, dont souvent une grande partie n'aurait aucune qualité sans la manipulation, le mélange, la fermentation et la putréfaction. Il en serait de même des engrais faits dans nos étables à cochon et dans nos suies de campagne, si l'on voulait prendre le soin de les mélanger et de les manipuler ainsi.

L'usage que nous pratiquons de tenir nos cochons dans les étables, au lieu de les laisser errer comme on le fait dans toutes les petites villes et villages de la ci-devant Provence, est très avantageux et économique, par la quantité d'engrais qu'on peut faire dans ces étables où les cochons, en cherchant leur nourriture dans les matières qu'on leur jette en abondance, opèrent la première manipulation.

Mais il faut prendre un soin journalier d'entretenir ces étables de matières propres à faire de bons engrais ; et la plupart de nos agriculteurs, pour qui ce soin serait une perte de temps sans profit pour eux, et qui n'y sont pas intéressés, parce que le propriétaire fournit le fumier, se donnent peu de souci d'en faire, ou s'ils en font parce que le propriétaire l'exige, ils ne prennent pas la peine de le manipuler, et ne font que des engrais froids, secs et sans substance.

Les engrais, pour être bons, doivent avoir deux propriétés principales: 1° celle d'engraisser la terre et de lui rendre les sucs et les sels qu'elle donne si généreusement aux plantes qu'elle reçoit dans son sein , qualité qu'ils n'acquièrent que par la putréfaction parfaite ; 2° celle de produire une chaleur féconde, qui active le mouvement de la sève dans les plantes et dans les arbres , et le développement des germes des grains, vertu qui est propre plus particulièrement à certains engrais, et qui se communique à tous par la fermentation.

Tous les engrais, comme je viens de le dire, ne réunissent pas également ces deux qualités ; et c'est par la manipulation, le mélange, la putréfaction, qu'on peut les leur donner.

M. *de la Quintinie*, un de nos meilleurs auteurs en agriculture, mais qui ne traite principalement que la culture des jardins, méprise fort les fumiers de cochon ; *ils renferment*, dit-il, *une puanteur qui infecte la terre.*

Si l'odeur fétide et puante du fumier était une raison pour ne pas l'employer, il faudrait les proscrire tous et même les meilleurs, parce qu'ils n'acquièrent leurs vertus que par la putréfaction, qui produit nécessairement la puanteur.

Les fumiers faits dans les étables à cochon, ont à la vérité une qualité plus froide que ceux faits dans les écuries des chevaux ou mulets, qui sont nourris de foin, de paille sèche et de grains, qui ont acquis beaucoup de chaleur par la fermentation dans l'estomac, au lieu que les fumiers faits dans les étables à cochon, ne sont que le produit d'une grande quantité de paille et d'herbes fraîches ou sèches, auxquelles il faut un grand mélange d'eau pour les disposer à la putréfaction. Mais s'ils sont faits avec des herbes coupées, vertes et fraîches, ils sont plus abondans en sucs et en sels végétaux; et par cette raison, ils sont très bons pour nos terres généralement arides, brûlantes et maigres, et pour nos productions principales, qui ont spécialement besoin de substances nutritives que notre sol ne pourrait leur donner, s'il n'était fertilisé lui-même par ces engrais gras et fécondans.

Il suffit de corriger la qualité trop froide de nos engrais des étables à cochon, et de la rendre même utile, en la tempérant par la chaleur des autres espèces d'engrais, et c'est par le mélange qu'on y parvient.

Ainsi la manipulation des engrais dans les suies de campagne, faite en disposant par couches l'une sur l'autre les fumiers du cochonnier, ceux des écuries et des lieux d'aisance, ceux des poules et pigeons en petite quantité et ceux des étables à moutons, on est assuré de faire des engrais qui réuniront toutes les qualités nutritives et fécondantes dont nos plantes et notre sol ont spécialement besoin. Si, surtout, ainsi manipulés, on les laisse entassés dans les suies assez longtemps pour que la putréfaction et la fermentation s'opèrent parfaitement; et s'ils sont enterrés, comme je le recommande, pendant l'hiver et pendant le printemps.

On reconnaîtra si ces engrais ont acquis la putréfaction nécessaire, lorsqu'en les sortant de la suie, ils auront pris une consistance grasse, une couleur noire, une odeur fétide et puante.

Le meilleur engrais pour nos terres et pour leurs productions devrait être celui qui serait tellement putréfié qu'il ne laisserait aucune trace visible des diverses matières dont il a été composé, et qui, par la fermentation, serait tellement réduit et si parfaitement amalgamé, qu'il aurait pris une consistance de pâte forte, compacte et graisseuse. Le temps et la quantité d'eau suffisante, mais modérée dans la suie, lui donneront toutes ces qualités.

Pour composer de tels engrais, il faut avoir beaucoup de matières végétales à faire putréfier et à mélanger avec des matières fécales, et c'est surtout la disette de ces matières végétales dont on se plaint généralement, qui oblige le propriétaire à acheter si chèrement les engrais de la ville.

Mais ne serait-on pas fondé à reprocher à nos cultivateurs que leur négligence est cause de cette disette? Combien de matières végétales ne laissent-ils pas perdre dans nos champs, tandis qu'ils pourraient avantageusement utiliser une infinité de plantes sauvages et parasites qu'ils ne prennent aucun soin de recueillir? Les plus soigneux se contentent de jeter dans les étables à cochon de la paille, et cette paille, qui s'est séchée sur pied, a perdu toute sa substance végétale et ne fait qu'un engrais très maigre.

Ce sont les mauvaises herbes, les jeunes tiges des arbustes ou plantes sauvages et rampantes qui dévorent toutes les rives de nos propriétés, qui couvrent et couronnent toutes nos murailles, dont toutes les racines sucent les sucs de la terre aux dépens des plantes utiles qui les avoisinent, qui servent de retraite à tous les insectes et animaux malfaisans, qui donnent à nos champs un air de mauvaise tenue et de culture négligée, qu'on peut très avantageusement employer pour faire des engrais de bonne qualité et même en abondance.

J'ai vu des cultivateurs très intéressés pour eux ,

mais fort peu pour leurs propriétaires, couper soigneusement toutes ces mauvaises plantes, pour les brûler et pour en tirer des cendres, qu'ils vendent pour les lessives, au lieu de les couper fraîches pour les mettre à pourrir sous les cochons.

C'est pendant l'automne, l'hiver et le printemps qu'il faut couper toutes ces plantes et herbes malfaisantes, à mesure qu'on en a besoin, pour garnir les étables à cochon. Toutes espèces de plantes parasites, le lierre surtout qui garnit les vieilles murailles, la valériane, ou lilas sauvage, dite vulgairement *caurelle*, qui se trouve abondamment sur les rochers le long des murailles et dans toutes les rives, les buis et toutes les herbes et plantes odoriférantes qui couvrent nos arides rochers, sont très bonnes à faire des engrais et à être mélangées dans nos étables à cochon, parce que les unes sont très abondantes en sels végétaux et les autres en sucs nourrissans.

Il faut les couper fraîches avec la faucille, les porter auprès des étables à cochon, les couper menues avec une hache, en garnir abondamment les cochonnières avec une quantité d'eau suffisante pour les disposer à la putréfaction ; les cochons les remuent, les retournent, les piétinent, les macèrent pour y chercher leur nourriture. Une semaine de séjour sous les cochons suffisent pour leur donner cette première disposition à la putréfaction.

Il faut ensuite amonceler, entasser toutes ces matières dans une suie voisine, en les mélangeant avec tous les autres fumiers dont j'ai parlé, couche par couche, renouveler cette manipulation chaque fois que l'étable à cochons a besoin d'être curée pour y déposer de nouvelles plantes et pailles, surtout en automne , hiver et printemps , et laisser fermenter cet engrais ainsi manipulé aussi longtemps que l'on pourra ; plus il restera ainsi entassé . plus il se perfectionnera.

Mais pour pouvoir laisser à cet engrais le temps de se faire , avant de l'employer, il faut en avoir une grande provision d'avance   et avoir plusieurs suies vastes et profondes. ·

Le temps de faire provision des engrais , est depuis les vendanges jusqu'après la taille et le bêcher des vignes , et depuis les guérets du printemps jusqu'à ceux avant les semailles ; c'est alors qu'il faut garnir ces suies pour avoir de bons engrais - à employer aux époques où il s'en fait la plus grande consommation.

Les eaux des égoûts des cuisines, des mares, des moulins à huile, même quoique le préjugé les réprouve dans le mélange des engrais, sont bonnes pour leur donner plus de sucs. Quant aux eaux des moulins à huile, il faut avoir attention de les laisser aérer, et croupir longtemps dans la suie pour qu'elles perdent un peu de leur chaleur; et comme nos moulins à huile ne travaillent qu'en automne et une partie de l'hiver, le froid et les eaux pluviales qu'on doit y mêler tempèrent cette chaleur.

Ces eaux provenues des vidanges des enfers des moulins à huile ont beaucoup de parties graisseuses et huileuses qui, pourries avec les autres matières qu'on y jettera, font un bon engrais.

Il faut garnir abondamment la suie où l'on fera écouler ces eaux, de ces herbes et plantes fraîches dont j'ai parlé et les y laisser pourrir. Cet engrais, mélangé par couche avec les autres, leur donne une bonne qualité.

Je le répète encore pour l'avantage de l'agriculture et des propriétaires, avec un soin continuel et suivi , pour mettre ainsi à profit toutes les mauvaises herbes et plantes sauvages dont la plupart des biens sont étouffés, en les coupant vertes et les convertissant en engrais par tous ces procédés de manipulation, on ne serait plus dans le cas de se plaindre de la disette des engrais et des matières les plus propres à chaque espèce de sol et à chaque nature de productions; mais pour s'en procurer l'abondance, il faudrait trouver le moyen d'utiliser tout ce qui, dans les biens, est inutile et malfaisant, en intéressant à ce travail de la manipulation des engrais, le cultivateur par quelque avantage que le propriétaire lui ferait et qui lui reviendrait toujours moins cher que le fumier qu'il est obligé d'acheter.

Charles Delacroix, préfet du département, occupé de faire prospérer l'agriculture dans le territoire de Marseille, vient, par un sentiment de bienfaisance , d'inviter le Lycée, dont il est président, à annoncer, par un programme, un prix de 300 fr., qui sera adjugé à l'agriculteur qui aura trouvé le meilleur moyen d'uti-

liser comme engrais les vases que produit le curage du
port de Marseille et à déterminer les conditions à remplir pour l'obtenir.

Les propriétaires et les cultivateurs intéressés au succès de cette découverte, stimulée par un acte de géné-
rosité, doivent s'empresser de témoigner leur reconnaissance au préfet du département, en cherchant à utiliser
ses vues au profit de l'agriculture, par des épreuves qui
puissent les conduire au succès.

Des traditions anciennes, et même des épreuves déjà
faites pour l'emploi des vases du bassin du port, comme
engrais, les avaient fait proscrire pour cet usage ; mais
on doit espérer que de nouvelles épreuves, conduites
avec plus de soin et d'intelligence, produiront des effets
plus heureux, et, dans cette espérance que l'annonce
d'un prix doit encourager et pourra réaliser, il ne sera
pas inutile de donner ici aux agriculteurs qui voudront
y concourir quelques instructions préliminaires, puisées
dans la théorie des engrais propres au territoire de
Marseille.

L'abbé *Roger*, dans son *Traité du Jardinage*, parle
de la vase de rivière, d'étang, de mares et tout amas
d'eau comme d'un engrais qui peut être employé. Il ne
fait pas mention des vases d'un port de mer, parce qu'il
n'a pas eu occasion d'en faire usage. Quant aux autres,
il prescrit des précautions avant de les employer, il recommande d'examiner la nature des matières dont elles
sont composées, surtout de celles qui dominent, afin de
pouvoir en user avec intelligence suivant les terrains; et

il exige, comme précaution spéciale, de les laisser s'essorer à l'air pendant un an.

S'il a jugé cette précaution nécessaire pour les vases d'eau douce , à plus forte raison doit-elle être indispensable pour celles qu'on extrait des bassins d'eau salée.

Je pense, comme l'abbé *Roger*, que cet examen est nécessaire, et comme lui je décompose et j'analyse ici les diverses matières dont doivent être composées les vases du port de Marseille pour en déterminer le meilleur emploi comme engrais , suivant les différentes qualités de nos terres et natures des productions ; et définitivement je pense qu'on peut les utiliser pour tous les sols, en les manipulant et les amalgamant avec d'autres engrais dans des proportions différentes, suivant la qualité du terrain pour lequel on les destine. Des épreuves faites avec soin et intelligence doivent conduire à des heureux résultats.

On ne peut disconvenir que les vases du port ont beaucoup de qualités nutritives pour les plantes, puisqu'elles sont le produit de tous les immondices de la ville, que les eaux entraînent dans le bassin du port ; et on pourrait le considérer comme une vaste suie qui serait bien précieuse par son utilité , si l'on pouvait parvenir à rendre les boues qu'elle contient propres à féconder la terre ; il serait heureux que tous les cultivateurs du territoire pussent s'y fournir des engrais dont ils ont si grand besoin.

Mais ces matières, qui sans doute seraient très bonnes pour engrais, si elles avaient été déposées dans un bassin d'eau douce, ne peuvent être dangereuses, et ne sont réputées telles depuis si longtemps, malgré la disette des engrais qu'on a toujours éprouvée et malgré la cherté de ceux qu'on se procure, que parce qu'étant imbibées des eaux de la mer, qui loin d'opérer leur putréfaction les conservent, les sels qu'elles contiennent, et qui font leur principale substance, ont une qualité dévorante et brûlante, nuisible au sol du territoire de Marseille, surtout dont l'aridité craint toutes les substances salines, et mortelle pour ses productions principales, qui ont spécialement besoin de substances grasses et nutritives.

Ces matières sont aussi mélangées avec une plus grande quantité de sable et de gravier que les eaux pluviales entraînent dans le bassin du port, et ce sable nourri aussi de sels marins ne peut convenir à la majeure partie de notre territoire, dont le sol est pierreux, graveleux, maigre et léger. Ainsi en se bornant à employer ces matières et ce sable tel qu'il est sortant du bassin, nul doute qu'il serait plus dangereux qu'utile.

Pour utiliser les vases du port comme engrais, il faudrait donc premièrement corriger cette propriété salée, que l'eau de la mer leur a fait contracter, et quant aux parties sablonneuses qu'il serait impossible, sans des frais considérables, de séparer des parties substantielles, on pourrait les atténuer par le mélange avec une certaine quantité d'autres engrais, suivant la nature du sol où l'on voudrait les employer.

Car quant à ces parties sablonneuses, même sans en

extraire les parties salines que l'eau de la mer y a mélangées , elles auraient une propriété utile pour les terres fortes, compactes et argileuses, qui, quoique rares dans le territoire de Marseille, se rencontrent dans quelques cantons, et dont le défaut est d'empêcher l'infiltration des eaux pluviales et des rosées qui fécondent les racines des plantes, et d'être trop humides et trop froides lorsqu'il a régné des pluies qui surnagent sur la première couche du sol , et trop serrées et durcies lorsque le soleil et les grandes chaleurs ont pompé et desséché cette humidité.

Ces sables seraient donc excellens pour diviser ces sortes de terre pour les rendre plus meubles, et les parties salines qu'elles contiennent pourraient aussi les échauffer.

Ainsi cette vase même , sans amalgame avec d'autres engrais , pourrait être utilement employée dans ces sortes de terrains et dans un champ uniquement réservé pour le blé. Elle peut aussi servir d'engrais pour les prés, parce que l'arrosage continuel qu'ils reçoivent doit calmer ce qu'elle peut avoir de trop brûlant, en fondant les parties salines, les divisant et les répandant également sur toute la surface de la prairie.

Mais notre territoire, comme je l'ai déjà dit, est divisé dans sa culture en planches étroites, dites oullières, semées alternativement en blé et plantées en vignes, et il est généralement reconnu que les parties salines contenues dans les vases du port sont mortelles pour la vigne.

La production de la vigne étant la plus précieuse et ne pouvant ici être sacrifiée au blé qui coûte quatre fois plus cher aux cultivateurs que s'ils l'achetaient, il résulterait de ce vice que ces vases ne pourraient être employées en nature dans notre territoire comme engrais. Cependant, il ne s'agirait que de trouver, par le secours de la chimie, un moyen facile et peu dispendieux de neutraliser les parties salines contenues dans cet engrais, sans en altérer ni en diminuer les parties grasses et substantielles.

C'est ce que l'on doit chercher à obtenir par des mélanges avec d'autres matières ayant beaucoup de vertus nutritives et fécondantes ; car si, comme il serait facile, on parvenait à neutraliser ces sels marins par des matières desséchantes ou sans sucs et sans substance, cet amalgame, en détruisant ou atténuant les sucs nutritifs de ces mêmes vases déjà trop altérés par le mélange des parties graveleuses et sablonneuses, ne produirait plus un engrais, mais une terre ou gravier sans vertu, qui ne servirait, employée dans nos terres, qu'à ajouter à notre sol déjà si aride, si maigre, si léger, une couche de plus encore, plus légère et plus aride.

Il n'y aurait donc qu'un mélange avec d'autres engrais froids, mais abondans en substances nutritives, dans une proportion que différentes épreuves faites avec intelligence détermineraient, qui pourrait utiliser les vases du port comme engrais.

Je pense que les fumiers de nos étables à cochons, dont la qualité est plus froide que chaude, mais qui ont beaucoup de substances lorsqu'ils sont faits avec des herbes et des plantes vertes, et coupées fraîches. et surtout mis en putréfaction, lorsqu'on peut le pratiquer avec les eaux des moulins à huile qui ont beaucoup de parties grasses, et par conséquent propres à atténuer les parties salines, pourraient, par un mélange bien proportionné avec les vases du port, leur procurer les qualités désirées et produire un bon engrais.

M. l'abbé *Roger*, dans son ouvrage sur la culture des jardins, indique comme engrais les marcs de raisins et d'olives, principalement pour les climats froids ou tempérés, mais il ajoute que la trop grande abondance nuit.

On doit employer les engrais faits avec les crasses et les eaux des moulins à huile, en les mélangeant avec ceux des suies à cochon naturellement plus froids, et les employer dans les guérets de l'hiver et du printemps après les avoir laissés fermenter ensemble dans la suie pendant quelque temps.

Quant au marc de raisin, on le jette journellement aux cochons, qui s'en nourrissent, et il se mélange ainsi avec l'engrais qui pourrit dans leurs loges.

Je bornerai à ce court exposé mes réflexions sur cette matière trop nouvellement offerte à la culture, à l'intelligence et à l'émulation de nos agriculteurs, pour pouvoir résoudre le problème qui leur est proposé et dont on n'obtiendra la solution que par l'expérience. Ces réflexions ne sont que des premières données pour diriger les premières épreuves que l'émulation et le zèle du bien public doivent provoquer et pour engager les agriculteurs à témoigner leur reconnaissance au chef du département, en aidant sa sollicitude pour le succès d'un projet d'une grande utilité, conçu et encouragé par sa bienfaisance.

Les préceptes de guérets à la charrue indiqués dans ce Chapitre, sont parfaitement justes ; mais ils ne doivent pas être employés dans la plupart des campagnes du terroir de Marseille. Les grandes charrues nouvellement inventées seraient la destruction des vignes. Le travail, dans ces campagnes, doit être fait à la bêche, et s'il est plus coûteux, il est bien plus profitable ; aussi, dans l'ouvrage qui nous occupe, les détails sur ce dernier article, qui doivent être des lois pour tout agriculteur intelligent, sont donnés avec toute la précision possible. Quant à ce qui regarde les engrais, la manière de s'en procurer, les usages suivis à cet égard, il y a depuis lors bien des ressources inconnues jadis ; je mettrai en première ligne l'abondance des eaux du canal, et certes, c'est le moyen le plus sûr d'avoir des engrais de première qualité. Quant à la matière première, elle est plus abondante, puisque depuis cette époque la population de Marseille a doublé, tandis que son territoire est le même ; il y a des escadrons de cavalerie, des quantités de chevaux de voiture et nous avons surtout l'emploi du tourteau, inconnu alors. J'ai employé chez moi plusieurs fois du tourteau et je m'en suis toujours très bien trouvé ; je viens en dernier lieu de l'employer pour semer une prairie neuve. J'ai fumé un morceau de terrain avec du fumier de litière pour voir la différence et on n'en voit aucune ; mais il est à remarquer que le fumier de tourteau ne dure qu'une année et qu'il faut surveiller celui qui le vend, car il y a cent manières de frauder cet engrais qui, bien employé, et dans toute sa nature, est un engrais puissant, prompt et d'un emploi facile.

Je ne sais pas quel fut le résultat de la proposition de M. Ch. Lacroix; mais ce que je sais, c'est que les vases du port ne s'emploient pas. Je crois qu'en faisant subir à ces vases des préparations chimiques, on parviendrait à en neutraliser les parties salines; mais le prix de revient ne serait-il pas plus considérable que l'effet obtenu. Ce Chapitre est un des plus utiles de ce livre, car dans le terroir de Marseille il faut beaucoup de fumier et de bon fumier pour le rendre productif.

CHAPITRE III.

Nec res hunc teneræ possent perferre laborem.
Si non tanta quies iret frisgusque caloremque
Inter, et exciperet cœli indulgentia terras.
    Virg. Géorg. L. ii., v. 343.

Le seul printemps sourit au monde en son aurore :
Le printemps tous les ans le rajeunit encore,
Et des brûlans étés séparant les hivers,
Laisse du moins entre eux respirer l'univers.
    Traduc. de DELILLE.

La salutaire influence du printemps sur la végétation, et la disposition de la terre à féconder tous les germes et toutes les plantes nous dit assez que c'est le temps propice de soulager l'olivier de tout son bois superflu, inutile et taré, pour laisser aux nouveaux rameaux qu'il va produire la liberté de bourgeonner, de croître, de s'étendre, et que c'est aussi le moment de jeter dans le sein réchauffé de la terre les semences de légumes qu'elle attend encore.

SECTION PREMIÈRE.

De la taille des oliviers.

Je vais traiter de la manière de conduire l'olivier, arbre si précieux, et qui le devient tous les jours davantage pour notre territoire, depuis que les froids trop fréquens ont détruit la majeure partie des oliviers en Provence et en Languedoc, où ils ont aujourd'hui bien de la peine à s'acclimater, et ont épargné la plupart des nôtres, et que l'huile par cette raison est montée à un prix qui doit nous rendre cet arbre encore plus cher.

La culture de l'olivier dans notre territoire est cependant encore dans son enfance; on le conduit sans principe et sans intelligence, il est abandonné à la nature que l'on contrarie plutôt dans ses efforts souvent miraculeux, que l'on ne la sert : et cet arbre se trouve si bien dans notre climat qu'il résiste non-seulement à l'intempérie des saisons, mais même à l'ignorance qui l'abandonne et aux abus des cultivateurs qui les dégradent.

Un des motifs de l'insouciance presque générale des propriétaires pour cet arbre précieux, est que le nombre en est peu considérable dans nos domaines, où il n'est planté qu'en cordon environnant chaque propriété ; on préfère la vigne, quoique le vin, année commune, soit à vil prix, et que l'huile soit chère, parce que l'on regarde sa récolte comme incertaine et précaire, et que le peu qu'on en recueille dans chaque propriété ne peut faire un revenu important.

Cependant, dans la majeure partie de notre sol les vignes se dégradent ou se lasse de cette production, et presque partout où la vigne languit, l'olivier, qui serait pour la terre qui n'a porté que des vignes, une production nouvelle, prospérerait indubitablement.

Mais cet arbre est lent à croître et à donner un produit abondant, et comme peu de propriétaires aujourd'hui sont jaloux de tenir leurs biens en père de famille, qu'ils veulent jouir et songent peu à leurs enfans, ils ne plantent presque point d'oliviers et se mettent même peu en peine de soigner ceux qui sont malades et de remplacer ceux qui sont morts, dans la crainte de ne pas jouir de leur produit. Il est vrai que cet arbre croît lentement ; mais la manière de le planter, de l'élever, de le cultiver accélère son accroissement et sa fécondité ; et faut-il bien rendre à nos enfans ce que nos pères ont fait pour nous ?

Que perdrait-on d'ailleurs, si on voulait bien calculer, à substituer à des vignes vieilles, usées, qui ne produisent presque rien, quoiqu'elles exigent des cultures aussi dispendieuses que si elles étaient dans leur plus fort rapport, ou qu'il faudrait renouveler chèrement, sans espoir souvent de les régénérer dans le même sol, des oliviers qui réussiraient à souhait et dont la culture est moins chère que celle de la vigne ?

Il est quelques climats où l'on taille rarement les oliviers et où ils n'en sont pas moins productifs , parce que ces terres privilégiées par la nature sont fertilisées par des pluies fréquentes qui fournissent à cet arbre toute la substance nécessaire pour nourrir son bois et son fruit. Dans ces pays les oliviers sont plus vigoureux, plus élevés, leurs branches sont plus étendues; mais l'huile qu'ils produisent est grasse et de médiocre qualité.

Cependant lorsque l'on est forcé de tailler ces oliviers, ce qui arrive après plusieurs années, soit parce qu'ils sont trop étouffés par les branches, soit que le froid les ait endommagés, on est obligé de les dépouiller de beaucoup de grosses branches, et cette taille est plus dangereuse et épuise plus les arbres qu'une taille réglée et par conséquent plus modérée.

Dans notre territoire dont le sol, quoique propre à l'olivier, est sec et aride, il faut absolument l'émonder régulièrement ; et on est dans l'usage, dont je donnerai raison ci-après, de ne le faire que de deux ans l'un.

Cette taille a pour objet de soulager l'arbre de la trop grande quantité de branches qu'il ne pourrait nourrir à cause de la stérilité de notre sol et de la sécheresse de notre climat.

Cet arbre intéressant, par des causes auxquelles jusqu'à ce jour on a fait peu d'attention, ne donne une bonne récolte que de deux années l'une. Et cela est si

vrai que dans notre climat, soit que les oliviers soient
soignés, soit qu'ils ne le soient pas ou le soient mal,
l'abondance du fruit, respectivement à la bonne ou à
la mauvaise tenue de ces arbres, est proportionnellement générale à la même année ; celle au contraire de
la mauvaise récolte l'est aussi, et les olives sont partout tarées en petite quantité et attaquées par les vers ;
elles rendent peu d'huile et de mauvaise qualité, et
cette mauvaise récolte frappe tous les oliviers plus ou
moins.

Vainement nos sociétés de savans, et même le gouvernement se sont occupés d'éclairer les agriculteurs
sur tous les moyens curatifs de cette maladie régulièrement périodique, ça a été jusqu'à présent sans succès.
L'étude, les recherches et l'expérience m'en ont procuré un certain, que je donnerai au chapitre de la
cueillette des olives, chapitre v, section iii, indépendamment des soins qu'exige la taille des oliviers, pour
empêcher les progrès de cette maladie, et ce remède
est d'autant plus précieux que loin d'être dispendieux
il est avantageux à la production de l'huile et à sa
qualité, et qu'il est si simple qu'il paraîtra étonnant
que toutes les recherches de nos savans n'aient pu encore le trouver.

L'olivier étant un arbre à fruit qui conserve ses feuilles, dont il ne se dépouille que lorsque les feuilles
nouvelles poussent, il ne doit pas être traité pour la
taille comme les autres arbres fruitiers. Il ne faut pas
le tailler en automne et encore moins en hiver; cet arbre

est toujours en végétation et c'est à la fin de l'hiver que cette végétation est moins sensible.

Il serait dangereux de tailler les oliviers en hiver, parce que les blessures faites par la taille, surtout aux grosses branches, les mettraient en danger de périr si elles étaient frappées du froid dans les fortes gelées, et l'olivier étant aussi plus dépouillé de ses petits rameaux et de son feuillage, laisse le tronc plus à découvert et plus susceptible de l'impression du froid.

Il ne faut donc commencer la taille de l'olivier que dans les premiers jours de mars. Cette opération se prolonge sans danger pendant tout le mois d'avril, parce que cet arbre entre plus tard que les autres en végétation sensible, car il bourgeonne plus tard.

La taille des oliviers dans les fonds, dans les terrains humides et aux expositions du nord, doit être plus retardée que celle sur les penchants des côteaux, dans les expositions élevées et dans celles à l'abri du nord; les jeunes oliviers plus délicats doivent être taillés les derniers.

L'ouvrier, avant de porter la main sur l'olivier, doit l'examiner dans son ensemble, en faire le tour, et le considérer sous tous les aspects, pour connaître tout ce qu'il doit conserver pour sa fécondité et pour ne pas dégrader sa forme. Il doit couper toutes les branches mortes jusqu'au vif et conserver les branches saines voisines qui, en s'étendant, doivent remplacer le vide laissé par la branche coupée : nettoyer l'arbre de toutes les branches tarées, cassées, endommagées, des chancres, moignons, chicots, vieux bois malade ; enlever les branches qui se croisent et qui par leur frottement peuvent se nuire, ainsi que les branches gourmandes qui en s'élevant ordinairement de l'intérieur de l'arbre avec plus de vigueur que les autres et verticalement, sucent l'olivier à leur profit et au détriment des branches inférieures et pendantes qui doivent fructifier plus abondamment.

Il doit ravaler l'arbre s'il s'élève trop et s'il se dégarnit par le bas, à moins que par sa position trop abritée du soleil il ne s'élève que pour le chercher, ou qu'étant planté trop près d'autres oliviers, ne pouvant s'étendre, il ne soit forcé de s'élever ; mais hors de ces circonstances il doit le forcer, en le rabaissant, à pousser des branches basses qui sont celles qui donnent le plus de fruit ; ne lui couper de grosses branches que dans l'absolue nécessité, parce que cet arbre recouvre très lentement ces larges blessures, près de l'écorce, sans laisser aucun chicot, pour que la blessure puisse plutôt se recouvrir ; évider l'arbre en dedans, s'il est trop touffu, pour l'obliger à pousser extérieurement ; lui donner une ferme ronde ; couper le moins possible les jets de la tête qui forment le chapeau, mais les rabaisser s'ils s'élèvent trop. Ce chapeau doit servir à ombrager le tronc de l'arbre pour le mettre à l'abri des rayons du soleil d'été ; enfin, l'ouvrier doit ménager le plus possible cet arbre précieux sans l'épargner s'il est malsain.

Il faut avoir soin d'unir tous les tails avec la serpette, pour empêcher que la pluie pénètre et séjourne dans les inégalités qui restent au tail fait avec la hache ou la scie, et qu'elle ne pourrisse le bois.

On a la fausse méthode de dépouiller l'olivier : le proverbe banal du pays fait ainsi parler cet arbre victime de l'ignorance, *déshabille-moi, je t'habillerai ;* ce précepte de nos vieux agriculteurs veut dire simplement de ne pas négliger d'émonder l'olivier lorsqu'il en a besoin, et de le soulager de toutes les branches qu'il ne peut nourrir ou qui le sucent, au détriment de sa fécondité.

Mais les cultivateurs abusent de ce précepte qu'ils ne conçoivent que dans son extrême application. L'olivier doit être traité comme un arbre à fruit, avec cette différence, qu'étant d'une espèce dont les bourgeons à fruit ne poussent que sur le prolongement des rameaux à la seconde année, et jamais sur les prolongemens de l'année, il faut, autant qu'il est possible, conserver ces rameaux de deux ans, et c'est une raison de plus pour ne le tailler que tous les deux ans; enfin tout ce qu'une main maladroite et inhabile coupe inutilement nuit à l'olivier, qui doit faire des efforts pour réparer le mal et diminuer d'autant la quantité de fruit qu'il aurait pu produire.

Ces principes bien conçus, indiquent donc de ne tailler l'olivier que l'année qu'il a produit sa bonne récolte, autant pour le soulager de l'épuisement occasionné par sa fécondité que pour le disposer à pousser de nouveaux jets, qui doivent porter des fruits à leur seconde année, et qu'il ne faut pas le tailler l'année

qu'il a donné peu de fruit , parce qu'on ôterait nécessairement beaucoup de branches à fruit qui doivent
porter la récolte suivante.

Il est reconnu que l'année de la taille, l'olivier travaille à remplacer les bois dont on l'a dépouillé ; il travaille pour lui cette année et celle d'après pour son
maître.

Depuis nombre d'années nos oliviers sont sujets à
une maladie chancreuse qui leur est fort nuisible. Des
vers presqu'imperceptibles percent l'écorce la plus
tendre de toutes les branches, s'y établissent et se multiplient à l'infini, s'emparent de tous les rameaux ,
surtout des plus jeunes, et se nourrissent de la sève de
l'arbre, l'épuisent et le desséchent.

Les trous qu'ils pratiquent profondément dans l'é-
corce occasionnent un grand écoulement de la sève,
parce qu'ils sont très-multipliés. Chacun de ces trous
forme une callosité aux bords de laquelle la sève séjourne, s'étend, se durcit et sèche ; plus cet insecte
pénètre dans le bois, plus la sève s'épanche et son
écoulement devenant plus abondant, ces callosités s'é-
tendent le long de la branche ; l'écorce se gerce , se
durcit, se dessèche dans toute la longueur de la branche
et devient la demeure d'une multitude infinie de ces
petits vers malfaisans qu'on ne peut plus détruire qu'en
coupant la branche qu'ils ont saisie.

Lorsqu'on les a laissé s'établir et prendre possession
de l'olivier, il devient presqu'impossible de les détruire
te l'arbre est en danger de périr. Ces vers attaquent

surtout les oliviers malades dans leurs racines; car on voit communément des oliviers coupés entre deux terres, dont les nouveaux rejetons poussés des yeux intérieurs de la racine mère, sont attaqués dans toute la longueur de leur tige de ces dangereux insectes, qui s'attachent ensuite au fruit, quand il se forme, le dévorent et le dessèchent.

Pour guérir les oliviers de cette maladie qui devient épidémique, il faut l'attaquer dès le principe, avant que les vers aient pris possession de la totalité de l'arbre. On doit, à cet effet, avec la serpette, couper ces callosités et le bourrelet qu'elles forment à ras de l'écorce vive, et avec la pointe de la serpette fouiller dans les trous qui servent de demeure aux vers et à leur famille, les en déloger et les écraser; l'écorce recouvre ensuite facilement cette blessure.

Mais ce remède n'est pas toujours efficacement curatif. Ces insectes, lorsqu'ils se sont invétérés, pénètrent si facilement et si profondément dans le bois qu'il devient souvent impossible de les déloger; lorsqu'il règne de grands froids surtout, ils creusent plus avant pour se mettre plus à l'abri et lorsqu'ils ont attaqué le canal de la sève, l'arbre échappe rarement, et c'est plutôt alors l'insecte qui tue l'olivier que le froid; car on a pu remarquer que les oliviers morts, après des froids rigoureux, sont ceux qui étaient les plus attaqués par ces vers tandis que ceux qui étaient sains n'ont pas du tout souffert du froid.

Il y a un remède pour détruire ces vers, il doit être

fait lors de la taille ; sa composition n'est pas chère,
mais il devient dispendieux par la patience et le temps
qu'il faut employer pour l'administrer : il est bon cependant de l'indiquer.

Remède pour détruire les vers (*)

Faites bouillir sept litres d'eau, quand elle bout bien
versez-la dans un chaudron, où vous aurez mis six kilog.
de suie de cheminée la plus fine, ajoutez-y six litres
d'eau fraîche, faites fermenter le tout au soleil et à l'air
pendant vingt-quatre heures ; tirez cette eau au clair
et jettez-y un pot de vinaigre.

Faites émonder l'olivier, curez avec un instrument
pointu et tranchant tous les trous où nichent les vers,
et avec un pinceau abreuvez-les de cette liqueur, les vers
périront infailliblement.

Il est difficile que l'ouvrier qui taille, et dont la journée est toujours fort chère, ait le temps de faire cette
opération sur tous les arbres lorsqu'il en a beaucoup à
tailler, et lorsque les vers se sont saisis de presque toutes les branches ; mais dès qu'ils commencent à s'y
établir, il est aisé par cette méthode de les détruire.

Si le mal est invétéré, on est souvent obligé de couper
les branches vieilles qui en sont le plus attaquées ; mais
le remède que j'indiquerai au chapitre v, section iii, de
la cueillette des olives est plus facile, ne coûte rien, et
est plus certain.

(*) Ce remède est connu, mais on n'en fait point usage : sa vertu est
dans la suie de cheminée.

Quand on a fait tailler l'olivier, on doit faire enlever tout de suite tous les rameaux coupés ; si, comme beaucoup le pratiquent, on amoncèle ces rameaux coupés au pied de l'arbre, les vers quittent le bois coupé qui se dessèche et se réfugient sur l'arbre où ils pratiquent bientôt de nouvelles demeures.

On ne peut indiquer tous les préceptes qui ont rapport à la taille de l'olivier. Cette opération plus qu'aucune de l'agriculture exige une main adroite, sage et habile ; elle doit être conduite en raison de l'état, de la forme, de l'aspect, de la vigueur ou de la faiblesse de l'arbre ; c'est donc à l'œil de l'ouvrier à en juger, à l'inspection qu'il doit en faire avant de tailler.

Règle générale, il ne faut pas épargner de couper du bois aux oliviers malsains ; il faut émonder légèrement ceux qui sont en bon état.

Une fois que l'olivier a été bien formé par plusieurs bonnes tailles et par une main habile, l'émondage en est facile et coûte peu de bois, il ne s'agit plus que de conserver sa forme et de le soulager du bois superflu.

Les paysans, en général, ont un usage bien faux sur la taille de l'olivier, parce qu'ils ne considèrent que l'intérêt du moment, l'avarice seule les détermine. Les ouvriers qu'ils emploient sont peu soigneux parce qu'ils donnent la préférence à ceux qui font cet ouvrage à meilleur marché ; ils font aussi dépouiller l'arbre pour avoir à vendre beaucoup de gros bois, qui les indemnise au-delà de la dépense de la taille, sans faire attention à la perte du fruit qu'aurait produit chaque branche qu'on aurait dû épargner et qui les aurait dédommagés au centuple.

Le propriétaire doit veiller sur cet abus et s'attacher à faire connaître au paysan ses véritables intérêts, heureux celui qui y réussit; mais comme souvent cela est difficile, il doit se réserver de faire tailler ses oliviers à sa volonté, en prenant à son profit le bois de l'émondage qui paie les frais de la taille ou à peu près.

L'olivier a aussi souvent besoin d'être travaillé dans ses racines lorsqu'on le voit souffrant et malade. Ses maladies viennent toutes des racines tarées ou mortes, des insectes qui s'y établissent, des reptiles malfaisans qui y ont fixé leur demeure et les dévorent. On en trouve de toutes sortes d'espèce.

Cette opération, très essentielle qu'il ne faut pas négliger, si l'on ne veut pas laisser l'arbre exposé à une mort certaine au premier froid un peu rigoureux, se nomme *receper*.

Je donnerai dans le plus grand détail la manière de procéder à cette opération aussi délicate qu'essentielle, dans la Seconde Partie, au chapitre de la plantation des oliviers.

SECTION II.

De la seconde œuvre à donner aux vignes.

Après que les femmes ont arraché toutes les mauvaises herbes qui ont crù dans les vignes et qui doivent être séchées et enfermées pour la nourriture des bêtes de culture, on doit donner aux vignes la seconde œuvre à la bêche, appellée vulgairement *réclauré*, ce qui veut dire recouvrir ou rechausser.

Cette œuvre doit être commencée dès que les nouveaux jets des vignes ont pris assez de force et de consistance pour ne pas craindre de les endommager en travaillant autour des ceps. Cette œuvre consiste à bêcher la vigne pour achever de déraciner toutes les plantes sauvages ; à ameublir la terre en aplanissant les monticules dits bancs que l'on a disposés autour des ceps en donnant la première œuvre ; à chausser enfin le pied des ceps pour qu'ils conservent longtemps la fraîcheur de la terre alors abreuvée des rosées abondantes et des pluies salutaires du printemps, et pour qu'ils soient plus à l'abri du soleil qui déjà commence à être ardent.

Cette seconde œuvre qui se fait légèrement est nécessaire pour disposer la terre à recevoir toutes les influences bienfaisantes de l'air et de l'humidité qui, dans cette saison de la régénération des plantes, fécondent tout ce que la terre produit, et si nécessaires à la végétation qui fait pousser les nouveaux rameaux et développe les grappes.

Si lors de la première œuvre on a oublié ou négligé de nettoyer le pied et la tige des ceps et d'enlever tous les rejetons qu'on devait couper en bêchant, on doit, dans cette seconde œuvre, réparer cette négligence.

Cette œuvre doit être terminée du 20 au 24 juin au plus tard, terme de rigueur.

Il faut observer de ne pas faire ce travail lorsque la terre est trop humide, après des pluies abondantes qui l'auraient détrempée. Il faut, avant d'entrer dans les vignes, que la terre soit séchée suffisamment pour qu'elle puisse facilement se diviser, s'ameublir et s'aplanir.

En règle générale on ne doit jamais travailler la terre lorsqu'elle est dans cet état d'humidité. Le piétinement des ouvriers la pétrit, le soleil ensuite la durcit de manière à la rendre, après qu'elle est séchée, impénétrable à l'air et à la rosée; ce qui nuit essentiellement à la végétation, la terre devant être meuble le plus possible; il faut qu'elle puisse se diviser, se pulvériser, de manière qu'elle soit comme un crible à travers lequel l'air, les rosées, les sels aériens, les pluies et la chaleur du soleil puissent pénétrer facilement.

Lorsque l'on donne cette seconde œuvre à la vigne, il faut attacher avec des fils d'espars ou joncs d'Espagne, dits *auffes*, les nouveaux rameaux des jeunes vignes et des provins aux échalas qu'on a dû planter d'avance contre le pied des ceps. S'il reste encore quelque intervalle de temps entre cette seconde œuvre de la vigne et les moissons, ce qui arrive souvent lorsqu'il n'a pas fait assez de chaleur pour mûrir les blés, les ouvriers emploient ce temps à continuer les guérets des terres destinées à recevoir la prochaine semence du blé, en automne.

SECTION III.

Des œuvres à donner aux terres en légumes et aux blés.

*Strymoniœque grues, et amaris intyba fibris
Officiunt, aut umbra nocet.*

VIRG. Géorg. L. Ier., v. 120.

. . . . Crains pour tes jeunes blés
L'ombre, l'herbe indomptable, et les brigands ailés.

Traduc. de DELILLE.

Ce que Virgile recommande ici pour les blés s'applique également aux légumes. Il est donc nécessaire de purger la terre de toutes ces plantes gourmandes qui dévorent sa substance et se nourrissent des engrais au détriment du blé et des légumes qu'elles étoufferaient bientôt si on ne se hâtait de les arracher ; cette opération s'appelle *sarcler*.

Mais la nature, toujours féconde dans ses productions et prévoyante dans ses bienfaits, n'a point fait germer et croître ces herbes pour être inutiles ; les unes servent à faire les engrais en les mettant à pourrir dans les suies sous les cochons qui aussi s'en nourrissent, d'autres plus fines et plus grainées sont une excellente nourriture pour les bestiaux.

Les femmes arrachent toutes ces herbes gourmandes qui ont crû dans les blés et avant qu'elles aient poussé d'assez profondes racines pour ne pouvoir plus se détacher du fond de la terre sans s'arracher aussi de la motte à laquelle elles tiennent les plantes de blé avec lesquelles elles sont entremêlées.

Quant aux légumes qui, à peine sortis de terre, en sont dévorés dans cette saison, on doit profiter des pluies tardives du printemps et des fortes rosées qui auront rafraîchi la terre pour leur donner une œuvre nécessaire à cette époque et qu'on ne peut retarder.

Elle consiste à gratter ou bêcher légèrement la terre dans l'intervalle des files de légumes plantés à raies pour avoir la facilité de les travailler, de détruire toutes les plantes sauvages qui les suceraient et les étoufferaient bientôt, d'aplanir la terre en chaussant le pied des jeunes tiges pour les entretenir fraîches et pour les faire pousser avec plus de vigueur.

On doit faire ce travail qui exige fort peu de temps

avant que les tiges des plantes soient assez fortes pour empêcher de passer dans les raies, parce qu'on n'aurait pas l'espace nécessaire pour travailler à leur pied sans les froisser ou les rompre.

Les femmes et les hommes doivent avoir attention de n'entrer dans les oullières de légumes, pour les sarcler ou pour les gratter, que lorsqu'il n'y a point d'humidité de rosée ou de pluie ; leurs feuilles sont si tendres et si fraîches que le moindre contact, si elles étaient mouillées, suffirait pour les faner.

Lorsque les hommes sont trop occupés au second travail à donner aux vignes qui se fait dans le même temps, pour ne pas les en détourner et pour pouvoir faire celui-ci lorsque le temps l'exige, les femmes peuvent y travailler avec de petites bêches courtes, étroites et légères ; cette œuvre n'est pas pénible, elle n'exige que de l'adresse et point de force. Quant aux légumes semés à plein, tels que les lentilles et autres, il faut seulement les sarcler comme les blés.

Il faut, dans les oullières de légumes, dès qu'ils sont semés, pendre au bout de bâtons plantés çà et là des haillons de toute espèce et de toutes couleurs marquantes pour servir d'épouvantail aux oiseaux qui viennent dévorer les légumes nouvellement semés ou grainés.

De tous les brigands ailés que Virgile nous désigne comme à craindre pour les blés et pour les légumes, les plus dangereux dans ce pays sont les alouettes, qu'on appelle vulgairement *coquillades* ; on les voit suivre la main qui sème pour dévorer les graines qui sont dans

les sillons, surtout les graines de pois chiches dont elles
sont fort gourmandes, on doit ordonner aux ouvriers
de détruire sans pitié les nids de ces oiseaux tant qu'ils
en trouvent.

Je ferai remarquer dans ce Chapitre une prévision de l'auteur
qui s'est malheureusement vérifiée. Oui, dans le terroir de Marseille le sol est fatigué de produire la vigne, aussi il n'y a pas de
pays où la maladie actuelle, le terrible oïdium, ait donné plus
cruellement que dans le terroir de Marseille. La maladie a tué
les raisins, et ce qui est pis, a tué la vigne. Heureusement l'eau
du canal est arrivée bien à propos pour changer la culture du
terroir et les prairies pourront remplacer avec beaucoup d'avantage les vignobles usés et dont la terre est fatiguée. Tout ce qui regarde la taille des oliviers est de la plus grande justesse, c'est là
que le propriétaire doit surveiller, car les tailleurs ne se sont pas
encore tous départis de cette méthode de dépouiller l'arbre. Oui,
taillez l'olivier souvent, mais nettoyez-le seulement, et presque
tous les ans vous aurez du fruit. Pour moi, je suis ce système
et je m'en suis toujours bien trouvé. Presque toutes les années,
mes oliviers portent et les arbres sont d'une venue magnifique.

CHAPITRE IV.

DES TRAVAUX DE L'ÉTÉ.

At rubicunda Ceres medio suscidïtur æstu.
Et medio tostas æstu terii area fruges.

Virg. Géorg. L. 1er., v. 297

Mais c'est en plein soleil, dans l'ardente saison.
Qu'au tranchant de la faux on livre la moisson,
Que sur l'épi doré le fléau se déploie.

Traduc. de DELILLE.

SECTION PREMIÈRE.

De la moisson des blés et légumes secs.

Lorsque les blés sont parvenus à leur maturité, ce qui dans nos climats est ordinairement à la fin de juin, la moisson commence; on a déjà coupé quelques jours auparavant le seigle, qui est plutôt mûr : peu de jours dans cette saison ardente suffisent pour conduire les blés à leur maturité parfaite et il faut se hâter de les couper parce que les moindres vents, en secouant les tiges, égréneraient les épis ; tous les grains qui tombent sont perdus. Les oiseaux, les insectes en dévorent encore une grande quantité si on leur en laisse le temps : les pluies, les orages qui pourraient survenir en détruiraient une partie : il faut donc employer beaucoup de monde au travail de la moisson.

On reconnaît la maturité des blés à la couleur de la paille, qui est jaune, sèche et cassante et aux épis de blés qui, suivant la qualité du grain, sont dorés ou blanchâtres.

On conçoit que, suivant les expositions ou les abris, les blés, dans la même propriété et même dans le même champ ou oullière, ne sont pas tous parvenus le même jour à la parfaite maturité et bons à être coupés ; il faut donc commencer par ceux qui sont les premiers mûrs ; pendant qu'on les coupe, les plus tardifs achèvent de mûrir.

Les hommes et au besoin les femmes même sont employés à moissonner les blés avec des faucilles rondes ; on ne se sert point de faux dans notre territoire pour abattre les blés, parce que nos oullières sont trop étroites et que la faux n'aurait pas l'espace pour agir, outre qu'ordinairement les bords des oullières, le long de celles des vignes, que l'on nomme *l'ou recaussa*, ne sont pas mûrs en même temps que le milieu que l'on coupe en laissant les bords encore quelques jours.

Des femmes suivent les moissonneurs pour ramasser les tiges coupées et les lier en gerbes. On fait tout de suite dans les oullières des monceaux de ces gerbes

qu'on appelle gerberons et on les arrange de manière
que tous les épis sont au centre du gerberon, et couverts
par la paille, au moyen de ce qu'on élève circulairement le gerberon en lui faisant un chapeau en forme
de toit. Les épis ainsi disposés sont à l'abri d'être
mouillés s'il survient quelque orage qui pourrirait les
grains et les ferait germer s'ils y étaient exposés.

S'il a fait quelque pluie assez forte pour pénétrer
dans le gerberon jusqu'à l'épi, il faut défaire le gerberon et profiter du premier moment de soleil pour étendre toutes les gerbes mouillées et les faire sécher.

On transporte ensuite toutes ces gerbes à l'aire où
elles doivent être foulées, on en forme une gerbière de
chaque espèce de grain de la même manière qu'ont été
faits les gerberons dans les champs, et c'est de là qu'on
tire les gerbes pour les étendre sur l'aire et les faire
fouler par les mulets ou chevaux pour en détacher les
grains.

A cet effet, après avoir coupé les liens de toutes les
gerbes et les avoir étendues sur l'aire, on fait promener
dessus les chevaux ou mulets en cercle, d'abord au pas,
et quand la paille commence à être rompue, on les fait
trotter, et les bêtes, à force de la fouler et de la froisser
en trottant, la rompent, la brisent et le grain se détache
des épis. Lorsque la paille commence à être rompue,
on la retourne avec des fourches et on la remue ainsi
jusqu'au fond de l'aire pour placer sur la couche de
dessus la paille et les épis qui ont échappé au pieds
des bêtes.

Pendant cette opération, les bêtes qui ont foulé se reposent, on les fait ensuite trotter encore et ce travail se renouvelle ainsi jusqu'à ce que le grain soit parfaitement détaché de l'épi et que la paille soit bien brisée.

On sépare ensuite la paille du grain, en la vantant avec des fourches; l'action du vent sur la paille plus légère que le grain l'emporte et le grain qui est plus pesant retombe toujours au milieu.

On continue ce travail jusqu'à ce que la paille soit entièrement séparée du grain, on balaie avec soin les grains épars dans l'aire et on les amoncelle au milieu; on vanne sur-le-champ le blé pour en séparer la poussière, les mauvais grains et les débris de la paille qui restent encore. On se sert pour cela d'un *van*, vulgairement nommé *dray*, et cette opération s'appelle *drayer* le blé.

Lorsque le blé est ainsi bien nettoyé, on le mesure et on le porte dans des sacs au grenier ; la paille est aussi portée au grenier à paille, dit *paillere*, pour faire place dans l'aire à une nouvelle foulée.

C'est aussi dans le même temps qu'on cueille et arrache les légumes mûrs et secs : on les étend à l'aire sur des couvertures pour les faire sécher à fond, on les bat ensuite au fléau ou on les égrène pour être de même triés et vannés et pour être enfermés dans les greniers et gardés pour la consommation de l'hiver ou pour être vendus.

Quand la récolte du blé et des légumes est finie, les

femmes, qui ont peu ou point d'ouvrage à faire dans les champs, doivent s'occuper à tirer tout le blé destiné pour la semence afin d'en séparer tous les mauvais grains et les graines étrangères.

Le choix du blé pour la semence est le premier et le plus important de tous les soins pour se procurer du beau blé et en abondance. Il est évident qu'en ne semant que le blé pur, sans aucun mélange de graines étrangères et parasites, il est moins exposé à être dévoré par les mauvaises herbes qui proviennent de toutes les mauvaises graines qui ont été semées avec lui .

Le choix du blé pour la semence est encore aussi essentiel. L'on doit y réserver le plus beau et le plus pur ; il est reconnu par l'expérience de tous les temps que toutes les semences et surtout le blé dégénèrent et s'abâtardissent étant toujours semés dans le même terrain. Il est donc nécessaire de changer souvent la semence et de faire choix du blé produit par un autre sol ; mais toujours du plus beau grain. Il faut même en changer l'espèce ; chaque espèce de grain se nourrit des sels de la terre qui lui sont propres, et lorsque la même espèce a épuisé ces sels, il faut lui substituer dans le même sol une autre espèce qui y trouvera ceux qui lui conviennent.

Il y a des agriculteurs, aujourd'hui comme autrefois, qui croient avoir des secrets pour préparer les blés de semence, afin de les préserver de s'abâtardir.

Virgile en indique quelques-uns ; mais il les condamne
comme inutiles et impuissans :

> *Vidi lecta diù, et multo spectata labore*
> *Degenerare tamen, ni vis humana quotannis,*
> *Maximâ quæque manu legeret.* . . . . . .
>
> Virg. Géorg. L. Ier., v. 197.
>
> J'ai vu, etc. . . . .
> Remède infructueux, inutiles secrets :
> Les grains les plus heureux, malgré tous ces apprêts
> Dégénèrent enfin, si l'homme avec prudence,
> Tous les ans ne choisit la meilleure semence.
>
> *Traduc. de DELILLE.*

Les blés sont aussi sujets à une maladie nommée le
charbon, ils en sont attaqués lorsqu'ils sont en épis ; le
grain noircit, il semble qu'il a été rôti au feu et il est
effectivement brûlé lorsqu'après la pluie et surtout les
brouillards il survient des coups de soleil ardent, et que
le vent n'a pas pu secouer ni sécher les épis. Les blés
sont surtout sujets à cette maladie lorsque la semence
a été mise dans des sacs où il y a eu de la farine ou du
son et qu'ils en sont encore tout poudreux.

Lorsqu'on voit dans les gerbes de blé des épis ainsi
brûlés, il faut les tirer avant d'étendre les gerbes ; les
grains brûlés en s'écrasant communiqueraient leur maladie aux grains sains ; de même en triant la semence
à la main, il faut tirer tous ces grains noirs et brûlés :
le mieux serait de changer la semence, mais pour la
préserver de cette maladie on peut se servir de cette
recette qui est infaillible.

RECETTE POUR PRÉSERVER LES BLÉS DE SEMENCE, DE LA MALADIE DITE LE *charbon*.

Lavez le blé dans différentes eaux jusqu'à ce que l'eau paraisse bien claire ; l'eau courante est préférable pour ce lavage. Lorsque le grain a été ainsi bien lavé, il est en état d'être mis à la lessive suivante. Le blé qui est net n'a pas besoin de cette lotion, elle n'est nécessaire que pour celui qui est charbonneux ; mais il ne faut pas moins le tremper dans cette lessive pour le préserver de le devenir.

Pour une charge de blé, prenez 48 kilog. d'eau, mettez-la dans une cuve avec 12 kilog. 1[2 de cendres , faites couler à chaud cette lessive pendant huit heures ; lorsqu'elle est bien faite, mettez-la toute chaude dans de grandes cornues et faites-y dissoudre 2 kilog. 400 grammes de chaux vive de la meilleure qualité.

La lessive étant chaude pour y tenir la main sans éprouver une trop forte chaleur, trempez-y le blé : pour cela il faut mettre le blé dans un couffin, ou un panier d'un tissu assez serré pour que le grain ne passe pas à travers. Cette opération se fait par une simple immersion, il faut avoir soin de bien remuer le blé avec la main dans le couffin pendant le temps qu'on le plonge dans la lessive, afin que tous les grains en soient bien humectés et lavés. Au bout d'environ deux minutes, soulevez le couffin pour le faire écouler dans la cornue, étendez ensuite le grain sur des draps pour le faire sécher en ayant le plus grand soin d'empêcher qu'il ne s'échauffe, ce qui arriverait s'il n'était pas bien étendu et bien éparpillé ; le grain qui se serait ainsi échauffé faute de cette précaution ne pourrait germer.

Si l'on a une plus grande quantité de blé à lessiver on doit augmenter à proportion l'eau, les cendres et la chaux vive ; dès que le blé est sec, il peut être semé.

Ce remède contre la maladie du charbon, dont le blé est souvent atteint, a été donné par le dernier évêque d'Apt, où il est pratiqué depuis plus de douze ans avec un succès constant.

Mais évitez de mettre votre blé de semence dans des sacs encore poudreux de farine ou de son, et vous n'aurez pas besoin de cette lessive pour le préserver du charbon : cette recette n'en est pas moins bonne à connaître pour laver et purifier le blé qui est attaqué de cette maladie.

Lorsque la moisson et la récolte des légumes sont terminées, et après les jours caniculaires et surtout s'il survient quelque pluie bienfaisante qui ait rafraîchi l'air et amolli la terre, il faut donner un labour bien profond à la charrue à toutes les terres en chaume. Ce labour est au profit de la vigne dont le fruit peut encore se nourrir de l'humidité et de la fraîcheur qu'aura procurée une pluie accidentelle, et celles qui pourront survenir pénétreront, au moyen de la terre ainsi ameublie, jusqu'aux racines des vignes.

Le temps qui reste libre entre les moissons et les vendanges est employé à achever les guérets qui restent à

faire et à préparer les terres qui doivent être ensemencées.

Les femmes ont peu d'ouvrage à faire alors, s'il y a
des herbes dans les champs, surtout dans les guérets
qui ont portés des légumes et qui doivent être semés en
blé, elles doivent s'occuper à les arracher : ces herbes
sont bonnes pour faire du fumier. On peut aussi leur
faire arracher le chaume pour le même objet si on en a
besoin pour appailler les suies et les écuries.

SECTION II.

De la préparation des caves et celliers pour les vendanges.

Les quinze ou vingt jours qui précèdent les vendanges
doivent être employés à nettoyer et approprier les caves
et celliers ; à mettre en état les engins et ustensiles qui
doivent servir aux vendanges ; à laver et mouiller intérieurement et extérieurement les cuves, si elles sont
de bois, ainsi que les vaisseaux et tonneaux vides s'ils
sont desséchés ; à visiter ceux qui ont besoin d'être
réparés ; à faire faire tous les ouvrages nécessaires par
le tonnelier, afin de n'être pas pressé au moment
urgent du besoin ou souvent on ne peut pas disposer
des ouvriers ; à frotter de graisse tous les cercles de fer
des tonneaux, après les avoir bien frottés à sec ; enfin

à mettre les caves, celliers et futailles en état de pouvoir servir aux vendanges et recevoir le vin nouveau.

Il arrive pendant les vendanges une infinité d'accidens qu'il est souvent impossible de réparer sur-le-
champ et qu'il est souvent fâcheux de n'avoir pas prévu
parce qu'ils font perdre ou gâter beaucoup de vin, ce
qui ne serait pas arrivé si l'on avait pris ces précautions
préliminaires.

On doit deshusser les vaisseaux et tonneaux destinés à recevoir le vin blanc, les bien laver et les husser
de nouveau pour être prêts à recevoir le vin blanc qui
se fait le premier. Il faut faire la même opération à
ceux destinés à déposer le vin des premières cuvées,
en faire écouler le vinaigre que l'on dépose dans le
vinaigrier et les laisser ouverts plusieurs jours afin d'y
laisser pénétrer l'air pour faire évaporer l'odeur et le
goût acide qu'ils ont pu contracter ; enfin les disposer
à être au premier besoin lavés et hussés de nouveau.
On doit aussi préparer avec le même soin les tonneaux
de piquette.

Les précautions préliminaires à prendre avant les
vendanges se bornent à ce court exposé ; c'est ici la
place de traiter l'objet important des caves, des cuves
et des tonneaux, pour faire connaître surtout aux propriétaires l'attention et les soins qu'exigent ces divers
objets et leur importance.

SECTION III.

Des caves, cuves et tonneaux.

Il y a, dans notre territoire, peu de campagnes où il y ait de bonnes caves propres à conserver le vin. La plupart n'ont que des celliers au rez-de-chaussée, parce que nos pères, lors du privilége spécial de l'entrée de nos vins et de la prohibition d'entrée des vins forains, étaient soumis rigoureusement à transporter tous leurs vins à Marseille avant le 25 décembre de chaque année.

Tous étaient donc obligés d'avoir leurs caves en ville, ils n'avaient à leur campagne que des celliers peu vastes, qui ne leur servaient que d'entrepôt et pour le travail de la vendange.

Depuis la perte de notre privilége, l'entrée de nos vins étant libre pendant toute l'année, la plupart des propriétaires ont un intérêt de garder tous leurs vins à leurs campagnes et s'y sont déterminés : il les y vendent en gros, ils épargent ainsi le loyer des caves en ville, l'entretien des doubles futailles qu'il leur fallait à leurs campagnes pour l'entrepôt, quand ils ne pouvaient pas les tirer et porter tout de suite à ras de cuve, et à la ville pour les conserver et les vendre au débit.

Ils économisent aujourd'hui les gages d'un tavernier toujours peu soigneux et rarement intelligent : mais ils sont à la merci, pour ce même objet, de leurs paysans.

Ils se sont mis dans l'usage de vendre leurs vins en gros à leur campagne, ou des marchands débitans à Marseille viennent le leur acheter pour leur compte. Il est vrai que, forcés ainsi de passer par la main des revendeurs, ils obtiennent un moindre prix de leurs vins; il leur en coûtait encore 1 fr. 50 c. par 65 litres pour les gages du tavernier, qui vendait pour le compte du maître; et nos marchands de vin, maîtres aujourd'hui du prix et revendeurs de profession, en gros ou en détail, gagnent sur les propriétaires tout ce qu'ils peuvent, mais jamais moins de trois francs par 65 litres. encore font-ils supporter au propriétaire la charge de l'octroi municipal et du port, tandis que le consommateur voit la denrée augmentée sous le prétexte de l'octroi; ainsi le sort du propriétaire et celui du consommateur est empiré.

Mais l'avantage inappréciable des propriétaires, en gardant leurs vins dans leurs campagnes, est de n'être plus exposés aux abus sans nombre pratiqués autrefois par leur tavernier, de ne voir plus une partie de leurs vins gâtés tous les ans par leur ignorance, leur négligence ou leur mauvaise foi; de pouvoir surveiller leurs vins, de conduire et gouverner leur manipulation pendant la vendange à leur volonté; de les surveiller journellement, d'être à portée de leur donner tous les soins qu'exige leur conservation, et de tenir la main à celle des futailles que les taverniers laissaient toujours dégrader et ruiner à fond.

Mais les celliers de la plupart des campagnes sont peu

propres à conserver les vins ; ce n'était pas leur première destination, et la plupart sont forcés de vendre
leurs vins à vil prix avant l'été, parce que leurs celliers, trop exposés à l'ardeur du soleil, mettent le vin en
danger de s'aigrir ou de tourner.

D'autres temps exigent d'autres soins, tous les propriétaires doivent sentir aujourd'hui l'avantage inappréciable de pouvoir conserver leurs vins pour les vendre
dans l'arrière saison, où ils sont à plus haut prix, et
même de les garder de deux feuilles. Il est bon de connaître comment doit être disposée une cave pour y conserver le vin sans risque. Une cave, pour être bonne ,
doit être placée dans des endroits bas et peu exposés
aux variations de l'air atmosphérique qui, passant accidentellement du froid au chaud, du sec à l'humide, du
pesant au léger, occasionne un mouvement au vin et
une fermentation dangereuse.

L'air des caves doit être tempéré, il faut les garantir
de la chaleur et de l'humidité ; pour cela l'exposition
du midi est dangereuse, et par cette raison celle du
levant et la trop grande profondeur ne leur valent rien :
les expositions au nord et au couchant sont les seules
bonnes.

Cependant, une cave, quoique ouverte au midi , si
elle est abritée du soleil par quelque bâtiment voisin,
et si elle a des ouvertures au nord qui facilitent la circulation de l'air peut être très bonne.

L'air peut circuler librement dans les caves ; plus
elles sont vastes, plus elles sont saines. Il ne faut

pourtant pas que les jours soient trop grands ; afin que l'air extérieur n'y pénètre pas trop facilement; il est bon de faire des ouvertures au nord, l'air qui y pénètre de ce côté est plus sain. Ainsi les caves, pour être propres à conserver le vin, doivent être fraîches sans être humides, sèches sans être chaudes, vastes sans être froides, aérées sans donner trop d'entrée à l'air extérieur et tempérées. L'air extérieur ne doit y pénétrer que par de petits jours au nord et au couchant, autant qu'il est possible, lesquels, resserrant la colonne de vent, donnent à la circulation plus d'action. Sa température doit être égale à celle du thermomètre au degré tempéré.

DES CUVES ET TONNEAUX.

On se sert, pour déposer le moût du raisin au sortir du fouloir, de cuves de bois ou de pierre; celles de pierre ont l'inconvénient, si elles ne sont bien construites, ni bien cimentées, de perdre le vin sans qu'on puisse souvent discerner l'endroit par où il s'échappe. On voit, au contraire, par où une cuve de bois donne issue au vin et on y porte remède à l'instant.

Mais lorsqu'une cuve de pierre est bien faite et a été éprouvée, elle a l'avantage d'être impérissable et elle n'exige pas, comme les cuves de bois, des réparations fréquentes sans lesquelles on est toujours dans l'inquiétude et souvent en danger de perdre le vin sans le savoir.

Beaucoup cependant préfèrent les cuves de bois,

parce qu'elles sont plutòt échauffées par la chaleur du moût que celles de pierre ; mais celles-ci , dès qu'elles ont commencé de bouillir accélèrent la chaleur qu'elles reçoivent, de manière qu'elles gagnent , vers la fin , le temps qu'elles ont resté de moins à entrer en fermentation. Cette chaleur est même plus concentrée et divise mieux les particules du moût dont elle augmente le mouvement.

Si une cuve de pierre est faite dans une juste proportion , c'est-à-dire un quart plus profonde que large, elle donnera au moût une fermentation plus active. On peut aussi laisser bouillir le moût plus longtemps dans une cuve de pierre que dans celle de bois , parce que dans la première , la fermentation est plus tardive et que la chaleur, plus concentrée, s'entretient plus longtemps et s'évapore moins.

Une autre avantage des cuves de pierre sur celles de bois, c'est de ne pouvoir contracter aucun mauvais goût, qu'en un instant elles sont lavées , et qu'elles ne peuvent jamais se dessécher.

DES TONNEAUX.

Deux qualités de bois sont employées pour la construction des tonneaux : le chêne blanc et le châtaignier. Le premier a plus de durée , mais dans les premières années il communique au vin un goût désagréable par son âpreté : le châtaignier n'a pas ce défaut.

Plus les tonneaux sont grands, plus ils sont propres à donner une bonne qualité au vin qui s'y trouve en plus grande quantité. Ainsi on ne doit, autant qu'il est possible, avoir de petits tonneaux que la quantité qu'il en faut pour le vin que l'on veut garder pour sa provision et pour quelques parties de vin que l'on peut vendre plus avantageusement en petite quantité.

Il y a une économie bien entendue à avoir de grands vaisseaux qui contiennent la même quantité de vin chacun, que pourraient en contenir cinq ou six petits tonneaux, à cause que la nourriture, qu'on laisse dans les grands vaisseaux, lorsqu'on les a vidés est toujours en moindre quantité que celle qu'il faut laisser dans cinq ou six petits tonneaux. Il en est de même de ce qu'on appelle la *séme,* vide qui se fait entre le vin et le bondon qui est occasionné par l'évaporation. Les tonneaux de mille à onze cents litres sont d'une bonne proportion pour la conservation du vin et pour la facilité du débit.

Il est bon, pour n'être pas en risque de perdre le vin accidentellement, que les futailles soient cerclées en fer. La première dépense est chère ; mais une fois faite elle économise les réparations annuelles qu'exigent les cercles en bois.

L'usage ici, pour conserver les tonneaux, est d'y laisser, lorsqu'on les a vidés, le vin qui reste dans le bas, depuis le trou de l'husset jusqu'à la plus basse douve. Cette précaution conserve le tartre qui, s'il restait longtemps à sec, contracterait une mauvaise odeur au vin qu'on y déposerait ensuite, et, dans ce cas, il faut faire la dépense de récoler le tonneau.

Ce reste de vin qu'on laisse au fond du tonneau bien bouché entretient, par l'évaporation spiritueuse qui s'y étend dans toute sa capacité, une fraîcheur et une odeur saine et légèrement acide , qui conserve le tartre et l'empêche de se moisir.

Lorsqu'un tonneau a contracté l'odeur du sec , par l'absence de toute la liqueur que l'on a tirée jusqu'à la dernière goutte, pourvu que cette odeur ne tire pas sur le moisi, il faut y mettre, par le trou de l'husset, un bon couffin de raisin égrappé et foulé et fermer hermétique_ment l'husset. Ce raisin fermente quelques jours et purifie le tonneau ; il faut renouveler plusieurs fois ce remède. Veut-on ensuite remplir le tonneau , on le lave avec du vin chaud intérieurement , on le sèche , on place l'husset et ainsi purifié on le remplit de vin.

Lorsque ce tartre dont les parois du tonneau sont tapissés intérieurement est sain , quoiqu'il ait l'odeur du sec , ce remède suffit ; mais si le tartre est vicié, s'il se détache par morceaux , s'il sent le moisi , Il n'y a d'autre ressource que de le démonter et de le récoler.

Les futailles doivent être placées dans les caves , sur des banquettes couvertes de planches ou madriers , et élevées à la hauteur nécessaire pour qu'un bord ou un baril couché puisse passer facilement sous le robinet du tonneau pour être rempli.

On fixe les tonneaux sur ces banquettes , dont l'une les porte par derrière et l'autre par devant et entre lesquelles il doit rester un vide au milieu. Il faut aussi laisser un passage entre le fond du tonneau et la muraille à laquelle il est adossé ; par ce moyen l'air circule tout autour du tonneau, le bois ne peut pas se pourrir, et s'il vient à perdre le vin par quelque endroit que ce soit, la facilité de passer autour et dessous donne celle d'y porter remède.

Le remède indiqué pour le charbon a été expérimenté et sans nul doute il a réussi. Il en est un qui consiste à mettre, au lieu de cendre, du sulfate de cuivre mélangé avec de l'eau. Du reste, on doit se servir des mêmes procédés pour faire ce lavage. Ce remède est tellement en usage qu'il est inutile d'insister davantage. Du reste, la preuve de son efficacité, c'est la diminution et presque l'extinction de cette maladie du charbon, qui autrefois faisait tant de ravage au blé. Les détails qui ont rapport aux tonneaux et aux celliers sont de la plus stricte vérité.

CHAPITRE V.

Des vendanges.

Postremus metito. . . . .
Virg. Géorg. L. ii., v. 440.

Pour boire du nectar vendange le dernier.
Traduc. de DELILLE.

Nous voici parvenus à l'époque la plus importante et la plus pénible de nos récoltes. Le vin est notre principale denrée, et notre manière de le faire tient à une routine générale qui a besoin d'être améliorée. Nos pères, par la facilité que leur donnait leur privilége exclusif de la vente de leur vin à Marseille, toujours à un bon prix, n'ont jamais cherché à faire du bon vin ; ils ne visaient qu'à la quantité et nous souffrons encore de leur ignorance par la grande abondance des mauvaises qualités de raisins qui sont mélangées sans méthode et sans mesure dans les plantations de vignes qu'ils nous ont laissées et que nous ne sommes pas assez riches pour détruire et remplacer tout à la fois. Leur manière de faire le vin était tout aussi vicieuse que celle de planter la vigne et nous tenons encore à cette routine de l'ignorance qui, quoique privée des avantages qu'avaient nos pères pour le débit de leurs vins et dont nous avons été dépossédés ne s'est point encore améliorée. La majeure partie du territoire de Marseille est situé assez avantageusement pour faire du vin exquis si nous savions planter les vignes et faire du vin. Les usages vicieux dont on commence un peu à revenir sont encore généralement suivis à peu de choses près ; je vais établir, dans ce chapitre. les usages qui sont suivis et je proposerai tout ce que je crois pouvoir les bonifier et les perfectionner, soit dans la manière de planter, soit dans celle de faire le vin. Je ne traiterai ici que de la manière de faire le vin ; celle de planter sera dans la seconde partie de ce Traité.

SECTION PREMIÈRE.

Du vin blanc et du vin cuit.

Les raisins blancs généralement trop abondans dans nos domaines étant plutôt mûrs et plus sujets à se pourrir que les rouges, parce qu'ils ont plus de parties aqueuses et moins de parties spiritueuses, on doit commencer de les cueillir pour faire le vin blanc et le vin cuit avant de faire le vin rouge.

Nos pères avaient planté beaucoup de vignes de raisins blancs tant à cause de leur fécondité que parce que les vins clairets étaient à la mode de leur temps. Par la prohibition absolue de l'entrée des vins forains dans Marseille, nos vins seuls étant destinés à la consommation intérieure, les consommateurs ne s'étaient pas accoutumés à ces vins forains épais et chargés en couleur qu'ils ont connus et préférés depuis que tous les vins sont libres pour l'entrée et pour la consommation.

Il faut cependant convenir que nos pères, par une cupidité peu délicate, certains, à la faveur de leur privilége exclusif, de vendre tout leur vin dans le cours de l'année pour la consommation intérieure, et ne cherchant que la quantité, peu soucieux de la qualité, nous ont transmis leurs vignes ainsi mal choisies. Ils mêlaient beaucoup de raisins blancs avec les noirs, ce mélange donnait un vin léger, clair et sans corps qui n'était pas susceptible de se garder.

Aujourd'hui que les vins forains sont en concurrence avec les nôtres, nous sommes forcés de faire du vin rouge plus couvert.

Pour y réussir, il faudrait changer les plans de raisins blancs en raisins noirs, mais comme généralement la quantité en est trop considérable et qu'ils sont entremêlés sans méthode, sans règle et sans mesure avec les noirs, il serait trop dispendieux de faire subitement ce changement.

Nous ne pouvons réparer la faute de nos pères à cet

égard qu'à mesure que nous replantons une vigne vieille épuisée ; alors il ne faut mettre dans la plantation nouvelle que peu ou point de raisins blancs et beaucoup de noirs. Je donnerai dans le chapitre de la plantation la règle proportionnelle à suivre pour le mélange des espèces différentes qui se conviennent et qui peuvent être réunies dans la même plantation.

Pour faire du vin plus couvert, nous sommes donc forcés de faire beaucoup de vin blanc, afin qu'il entre une moindre quantité de raisins blancs dans le vin rouge. Autrefois le vin blanc avait plus de prix, les gens riches l'estimaient et il s'en faisait moins qu'aujourd'hui parce que le peuple aimait aussi le vin moins chargé en couleur et moins épais. Aujourd'hui tout le monde faisant davantage de vin blanc, il a moins de débit et de valeur.

On est dans l'usage, dans presque tout le territoire, de faire le vin blanc en foulant le raisin et passant le moût à travers un crible de fil d'archal pour le recevoir dans un récipient, dit *recebédouire*, d'où on le porte avec des brocs dans les tonneaux. Ce crible sert à arrêter les calottes des grains et tout ce qui n'étant pas bien écrasé a pu échapper sous les pieds du fouleur, afin que le moût soit plus limpide ; mais quelque soin que l'on prenne il en passe une grande quantité et il y a toujours beaucoup de lie dans les tonneaux, laquelle donne au vin blanc une couleur jaune qui le déprécie Cette méthode est donc mauvaise, d'ailleurs elle donne plus de peine, elle prend trop de temps, beaucoup de vin se perd et l'évaporation continuelle qui se fait des esprits l'affaiblit et déprécie sa qualité.

Il faut, pour que le moût soit plus pur et pour que le vin ne s'évapore pas, fouler le raisin blanc et en faire couler le moût dans une cuve comme on le pratique pour le vin rouge, au moyen d'un petit fagot d'arbrisseau piquant qu'on nomme *roumaniou* et qu'on met au fond de la cuve vis-à-vis du trou où se place le robinet; il ne passe point de calotte ni de grains et le moût qui s'écoule par le robinet est pur et a moins de lie.

Les cuves de pierre, plus faciles à laver, sont meilleures pour y déposer le moût que celles de bois dont les douves, ayant contracté la couleur du vin rouge qu'on y a fait tous les ans, peuvent la communiquer au moût du vin blanc. D'ailleurs, comme ce moût ne doit pas fermenter dans la cuve, ce qui lui donnerait une couleur jaune que lui communiquerait le marc du raisin, il convient mieux de le faire dans une cuve de pierre où le vin n'entre pas si tôt en fermentation que dans celle de bois.

Pour éviter cette fermentation dans la cuve, on laisse écouler le vin blanc de la cuve, à mesure que le moût y est déposé et on le reçoit dans des brocs, pour le verser dans les tonneaux.

Au bout d'un ou deux jours, suivant le temps qui règne, le vin blanc commence à fermenter dans les tonneaux. Cette fermentation est bientôt très active, c'est pourquoi il faut laisser le tonneau débouché pour que l'action tumultueuse de la fermentation fasse sortir tous les corps étrangers au vin qui se trouvent dans le tonneau mêlés avec le moût.

Cette évacuation diminue sensiblement la quantité de vin , et pour faciliter cette épuration naturelle , il faut que le tonneau soit toujours plein à verser. A cet effet, il faut remplir tout l'espace vide , ce qui s'appelle *ouiller*, dans les premiers jours de deux en deux heures, puis quand la fermentation diminue , trois ou quatre fois le jour , et sur la fin deux fois dans vingt-quatre heures , puis de deux en deux jours. Enfin on ne cesse d'ouiller que lorsque la fermentation même insensible a cessé et qu'il ne sort plus rien du bondon du tonneau.

On bouche alors légèrement le tonneau et ce n'est que du 8 au 10 novembre qu'on le bouche hermétiquement, après l'avoir ouillé complètement.

Il est d'usage d'ouiller le vin blanc avec de l'eau , parce que s'il fallait le faire avec du vin , il s'en ferait une consommation trop considérable. Cette eau ne peut nuire en rien au vin, elle surnage et sort presqu'à l'instant où elle est versée par l'effet du bouillonnement du vin , qui l'évacue avec les parties hétérogènes que le vin fait fermenter et qui sortent du tonneau avec l'eau qu'on y a mis pour ouiller. Le peu d'eau qui pourrait s'être précipitée dans le vin est consommée par le feu de la fermentation. La dernière fois seulement qu'on ouille pour boucher le tonneau à demeure, il faut le faire avec du vin blanc , parce que ce qu'on y met alors pour remplir le tonneau reste et se mêle avec le vin.

Lorsqu'on n'a pas vendu le vin blanc dans le cours

de l'hiver, il faut le transvaser pour qu'il ne reste pas
sur la lie, qui nuirait au goût et à la couleur du vin ;
pour être bon. il doit être, s'il est possible, clair comme
de l'eau. Cette opération se fait dans le courant de janvier, il faut choisir un jour où le temps soit au nord et
sec, le vin se dépouille mieux par le froid.

Avant de transvaser le vin, il faut faire, dans chaque
tonneau qui doit le recevoir, une fumigation avec une
mèche soufrée, suivant la capacité du tonneau ; on
brûle cette mèche ou demi-mèche en la mettant allumée
par le bondon, la tenant par le bout et bouchant bien
le bondon par où elle sort ; ce soufrage, qu'il faut faire
attention de ne pas faire trop fort, de crainte que le vin
n'en prenne l'odeur et le goût, épure le vin et le conserve.

On fait du vin cuit avec du raisin blanc, soit pour
employer une plus grande quantité de ces raisins, soit
pour le vendre plus cher. Le vin cuit se fait en faisant
bouillir dans de grands chaudrons le moût à un feu clair
et égal, on l'écume soigneusement ; il faut le laisser réduire d'un tiers, lorsqu'il est à ce point, on verse le vin
dans des récipiens, que l'on expose au grand air pour
qu'il se refroidisse, et, pendant ce temps, on doit continuellement le vanter avec de grandes cuillers de cuivre pour faire évaporer la fumée et pour qu'il n'en contracte pas le goût.

Lorsque le vin est refroidi, on le met dans le tonneau
qu'on bouche bien et où il se repose. Vers le 15 novembre on le clarifie avec la colle de poisson ou des blancs

d'œufs ; ce qui se fait en versant la colle ou les blancs d'œufs dans le tonneau ; on remue le vin avec un bâton passé par le trou du bondon, on le laisse ensuite reposer. Cette colle ou ces blancs d'œufs, en se précipitant au fond du tonneau y attirent toute la lie. Enfin on sortira le vin en le transvasant ; cette opération exige un temps froid, le vin alors est bon à boire.

SECTION II.

De la manière de faire le vin rouge.

Le plus essentiel des procédés pour faire du bon vin, c'est de cueillir les raisins lorsqu'ils sont bien mûrs, sans quoi le vin sera vert et âpre ; on reconnaît la maturité du raisin à des signes certains dont on peut aisément s'assurer à l'inspection du fruit sur la souche. Ces signes sont la queue de la grappe plus foncée en couleur ; la facilité de la détacher du cep ; la peau du grain plus molle, plus mince ; l'égrappage plus facile ; le suc plus poisseux et plus savoureux ; l'amande formée dans le pépin.

S'il faut en croire certains auteurs, le déclin de la lune est favorable à la vendange, parce que, selon eux, le vin est plus susceptible d'être gardé ; mais comment se soumettre à cette règle dans nos domaines où il faut plus d'un mois pour vendanger ? On pourrait tout au plus en faire l'épreuve dans une propriété de peu d'étendue où huit ou dix jours suffisent ; mais la maturité et le temps commandent plus impérieusement que l'âge de la lune ; et ce qu'il faut surtout éviter, c'est de laisser le raisin exposé à être pourri par les pluies ou altéré par les gelées, ce qui arrive souvent dans les fonds.

Cueillir le raisin mouillé par la rosée ou par la pluie et le porter au fouloir sans l'avoir fait sécher n'est pas nuisible au vin blanc, mais bien au vin rouge. La quantité de vin peut augmenter d'environ un trentième, si le raisin est foulé encore mouillé, mais la qualité y perd. Ainsi on peut cueillir pour le vin blanc les raisins encore humides : mais pour le rouge il ne faut le cueillir que lorsque le soleil ou le vent du matin les ont séchés.

Un propriétaire d'un grand domaine est souvent contraint, par les temps qui règnent, d'accélérer sa récolte. D'ailleurs, comme il faut faire le vin au goût des marchands qui en procurent le débit, et au goût des consommateurs auxquels ils le vendent, si l'on attendait l'extrême maturité des raisins, on ferait des vins doux, qui ne leur conviendraient pas.

Le vin produit par notre territoire, est en majeure partie pour la classe du peuple, la plus nombreuse et la moins délicate, qui préfère les vins durs. Enfin la saison oblige souvent de passer par dessus toutes ces règles et il est indispensable de se soumettre à ce qu'elle exige sous peine de perdre un tiers de sa récolte.

Mais la méthode très sage de mélanger les vins de

plusieurs cuvées est le meilleur remède. Le goût trop vert des premiers est corrigé par le goût trop doux des autres.

Il y aurait une perte considérable pour les vignobles situés dans les fonds, à commencer leurs vendanges trop tard, le raisin s'y pourrirait le plus souvent avant de parvenir à une parfaite maturité.

Vers la fin d'octobre l'abondance des rosées, la longueur des nuits, l'affaiblissement sensible de la chaleur du soleil ne permettent pas d'espérer, dans certaines expositions, que les raisins puissent acquérir un degré parfait de maturité, s'ils n'y sont déjà parvenus. Quant aux propriétaires dont les vignes sont situées partie en terrains élevés, la maturité du fruit des uns corrige la verdeur des autres en les mélangeant.

Il ne peut y avoir aucun jour fixe pour commencer les vendanges, l'exposition des vignobles, la température d'air qui règne, la maturité du raisin décident du jour qu'il faut choisir. On doit commencer par les plus mûrs, et pendant qu'on fait les premières cuvées, les raisins encore pendans mûrissent. La manière de faire le vin consiste dans les procédés suivans :

Les femmes qui cueillent ne doivent entrer dans les vignes qu'après que les vents du matin les ont séchés, et que le soleil a frappé de ses premiers rayons les grappes encore humectées de la rosée de la nuit ; elles ne doivent pas commencer avant huit heures. Un soin qu'on ne saurait trop leur recommander, c'est celui d'ôter tous les grains secs et pourris avant de mettre les raisins dans leurs cabas.

On porte de la vigne dans le fouloir les raisins cueillis dans les cornues que l'on verse dans le fouloir placé au soupirail de la cave, dont le canal répond à la cuve que l'on veut remplir. Un homme foule aux pieds les raisins et les écrase le mieux possible, il pousse ensuite le moût et les raisins égrenés et écrasés dans la cuve.

L'opération de l'égrappage du raisin est encore un problême dont nous attendons la solution ; mais elle est soumise à toutes les circonstances qui varient suivant le temps, le climat, la qualité du raisin, son degré de maturité et l'espèce de vin qu'on se propose de faire. On ne peut indiquer que des principes généraux dont les agriculteurs doivent faire l'application à tous ces cas. Ainsi, suivant ces diverses causes, on doit ne pas égrapper ou n'égrapper qu'en partie.

Dans les terres humides, qui produisent des vins insipides et sans saveur, on ne doit pas égrapper : la fadeur des vins est corrigée par la saveur un peu âpre de la grappe.

En général la présence de la grappe dans la cuve donne une qualité plus spiritueuse au vin, et par cette raison ne pas égrapper donne au vin plus de garde.

La grappe est un ferment utile qui, déposé dans la cuve avec le moût, donne plus de force et de régularité à la fermentation ; les vins produits sans avoir été égrappés sont plus aisément disposés à fermenter.

Tout cela démontre que la grappe dans la cuve, quoique pouvant altérer le parfum et la saveur du vin, lui donne cependant plus de corps et plus de parties spiritueuses.

Mais il faut toujours égrapper lorsqu'on est forcé de vendanger avant la parfaite maturité des raisins et lorsque le froid les a frappés. C'est vraiment alors que la grappe est âpre et amère, que son suc colorant n'a point encore été perfectionné par la chaleur et qu'elle n'a point acquis les parties spiritueuses qu'elle ne doit qu'à sa maturité.

Lorsque par la qualité des raisins, les vins ont assez de corps pour n'avoir pas besoin de la grappe pour être colorés, il faut égrapper, le vin en sera plus parfumé et plus délicat.

Mais les vignobles où il y a une grande quantité de raisins blancs et qui ne peuvent produire que des vins faibles en couleur, il faut égrapper en partie, en ôtant les grappes des raisins blancs et jetant dans la cuve celle des noirs.

C'en est assez pour diriger l'intelligence des agriculteurs sur cet important objet, à l'égard duquel les opinions sont encore très incertaines.

Lorsqu'on commence une cuvée de vin rouge, les premières foulées doivent être faites avec du raisin noir qu'on n'égrappe pas, ce qui donne plus de couleur au vin et accélère la fermentation. On remplit le reste de la cuve avec les raisins que l'on a, noirs ou blancs mêlés, si l'on n'a pu employer tous les blancs au vin blanc et au vin cuit, on égrappe les blancs seulement. Les dernières foulées, pour achever de remplir la cuve, doivent être aussi de raisins noirs sans mélange de blancs, qu'il ne faut pas égrapper.

Cette méthode est nécessaire pour la plupart de nos vignobles qui sont trop chargés de raisins blancs, afin que le vin ait plus de corps et de couleur et pour qu'il se conserve mieux ; mais on doit tout égrapper quand même il n'y a pas de raisins blancs, lorsque la qualité et la maturité des raisins, comme il est dit ci-dessus, l'exigent ; le vin n'en aura par moins de force et de corps et aura plus de saveur et de parfum.

La fermentation tumultueuse du vin détache tous les sucs spiritueux qui sont dans la pellicule des grains et dans la grappe et colorent le vin ; car la couleur est dans le tissu de cette pellicule et dans la grappe et non dans le jus du raisin.

Le vin, en fermentant, fait monter au-dessus du vin ces peaux des grains et la grappe qui, plus légères que le vin, occupent la partie supérieure de la cuve et tiennent environ le tiers ou le quart de sa capacité, suivant que les raisins sont plus ou moins juteux et la rafle vulgairement appellée *raque* forme un chapeau qui, surnageant sur le vin, ferme presque hermétiquement la cuve lorsqu'on l'a bien également étendue jusqu'aux bords, et concentre ainsi la chaleur.

Une précaution très essentielle pour faire du bon vin et de bonne garde, c'est, lorsque la cuve est pleine, de faire bouillir dans un chaudron la valeur de cent cinquante litres de moût que l'on prend dans le fouloir ou dans la cuve, de le faire réduire d'un tiers et de le verser tout bouillant dans la cuve, en faisant un trou au chapeau, que l'on bouche tout de suite, en étendant la rafle. Cette proportion est pour une cuve de 3,500 litres; on doit augmenter ou diminuer cette quantité à raison de sa capacité.

Ce moût bouilli facilite et active la fermentation et lui donne un mouvement égal et continu, il procure au vin un goût savoureux, consomme les parties aqueuses par la chaleur qu'il communique à toute la cuve; enfin il rend le vin meilleur et le conserve.

Lorsque les raisins sont à un degré parfait de maturité et que les vendanges se font par un temps sec et chaud, cette précaution est moins nécessaire, quoique toujours avantageuse. Les vins produits par les hauteurs et par les terrains secs, et exposés au midi, ont moins de besoin d'être ainsi aidés à la fermentation; mais le moût bouilli ne peut jamais nuire, seulement il en faut un tiers de moins; mais lorsque le raisin est vert, que le temps est humide, cette précaution est indispensable et la dose du moût prescrite l'est aussi.

Quelques agriculteurs se permettent de mêler dans le vin une infinité de drogues, telles que du sel, du salpêtre, de la cochenille, de la fiente de pigeon et autres ingrédiens, pour lui donner ou plus de feu, ou plus de couleur. Il faut bien se garder d'employer les drogues, dont plusieurs sont nuisibles à la santé. Le sel en petite quantité mis dans les vins plats et froids ne serait pas dangereux; mais l'abus en quantité pourrait l'être.

Un autre usage des cultivateurs, c'est lorsqu'ils ont

rempli la cuve, de laver le fouloir avec une trop grande quantité d'eau qu'ils laissent couler dans la cuve ; si l'on en mettait peu comme quinze litres suivant la capacité de la cuve, cette quantité ne pourrait pas nuire; mais plusieurs le font par spéculation et en mettent outre mesure pour augmenter la quantité du vin.

Il est facile de les convaincre de la fausseté de cette méthode, comme spéculation : ils disent pour l'excuser, que la fermentation absorbe toute cette eau. S'il en était ainsi et qu'ils en fussent persuadés, leur spéculation serait nulle et leur procédé sans objet, s'il est faux que la fermentation absorbe toute cette eau ; on peut leur soupçonner un autre motif. Cependant c'est un vieil usage et son utilité n'est pas connue, la plupart ne savent qu'en abuser.

Il est certain qu'une quantité d'eau justement combinée avec toutes les autres parties qui composent le moût, est nécessaire à la fermentation : car il n'y a point de fermentation sans eau, l'eau est le principe de ce mouvement dans les liquides et dans les végétaux ; mais il est également certain, que la trop grande quantité d'eau doit nuire à la fermentation et même l'arrêter.

Des raisins secs, quoique n'ayant perdu des principes du moût que la partie aqueuse, ne pourraient subir la fermentation spiritueuse sans qu'on leur rende l'eau qu'ils ont perdu par la dessiccation.

On peut connaître combien l'eau est nécessaire à la fermentation dans la cuve en observent celle qui s'opère dans les tonneaux où l'on fait la piquette, dans lesquels on dépose seulement la grappe pressée et bien écoulée sortant du fouloir. On met sur cette grappe une assez grande quantité d'eau, et bientôt cette eau bouillonne avec beaucoup de force, et extrait par ce mouvement tumultueux toutes les parties spiritueuses de la grappe qui la colorent, quoiqu'il reste peu de parties vineuses dans ces grappes.

Ainsi l'eau, dans une proportion bien combinée avec les autres parties du moût, étant nécessaire à la fermentation, il serait bon d'en ajouter à la cuve, lorsque l'extrême sécheresse l'aurait tellement absorbée dans les raisins, qu'il leur manquerait la partie aqueuse qui opère la fermentation. C'est ainsi qu'on pourrait excuser l'usage de laver le fouloir avec de l'eau qu'on laisse couler dans la cuve remplie.

C'est ainsi qu'on expliquerait ce phénomène que citent tous nos agriculteurs et dont ils abusent sans réflexion, en racontant qu'il est arrivé qu'ayant oublié le soir de retirer le fouloir du canal de la cuve presque pleine, il survint dans la nuit un orage; que l'eau qu'avait recueilli le fouloir s'était écoulée dans la cuve et l'avait remplie, et que le vin de cette cuve mis à part dans la crainte qu'il ne fût mauvais, et qu'on ne croyait pas pouvoir conserver, fut le meilleur de l'année.

La raison en est que cette année sans doute avait été très sèche, que la nature avait refusé aux raisins l'eau nécessaire à la fermentation, que le hasard la rendit à cette cuvée dans la proportion dont elle avait besoin; la circonstance d'un orage inattendu prouverait assez que le temps avait été au chaud et au sec jusqu'alors.

Ainsi on peut donner pour règle générale , qu'une petite quantite d'eau versée dans la cuve, lorsque les raisins sont trop desséchés par l'ardeur du soleil, et par l'aridité de la saison , pour pouvoir fermenter , est nécessaire ; mais que l'eau peut être nuisible lorsque les raisins ne sont pas secs , qu'ils s'écrasent aisément , qu'ils rendent beaucoup de jus et surtout lorsqu'ils ne sont pas au degré de maturité parfaite.

Il est des années, et elles ne sont pas rares dans notre climat , où la nature donne aux raisins l'eau qui leur est nécessaire dans une juste proportion ; on pourrait sans danger en ajouter une quantité modérée dans les cuves si l'on jugeait l'année trop sèche.

SECTION III.

De la durée de la fermentation dans la cuve ; manière de décuver ; mélange des vins.

Felix qui potuit rerum cognoscere causas.
Virg. L. ii., v. 490.
Heureux le sage instruit des lois de la nature.
Traduc. de DELILLE.

Chaque pays , chaque propriétaire , chaque cultivateur ont leurs usages ou leur routine pour fixer le temps que le vin doit fermenter dans la cuve et y rester , et la plupart , par le plus grande ignorance ou insouciance , mettent fort peu d'importance à la durée plus ou moins longue de la fermentation dans la cuve. Les usages varient même dans le même climat entre trois, cinq, sept et neuf jours, tous sont inconséquens n'étant établis sur aucun principe.

On ne peut donner aucun terme fixe pour la durée de la fermentation dans la cuve, elle varie nécessairement selon la qualité du raisin et du sol qui l'a produit; suivant les temps secs ou pluvieux, froids ou chauds, qui peuvent régner pendant la vendange ; suivant les vents qui soufflent, enfin suivant l'exposition des celliers où sont placées les cuves et suivant la température d'air qui y règne.

L'air extérieur influe essentiellement sur la fermentation, il met en mouvement tous les principes du moût en raison de la chaleur et du volume de sa masse ; mais le concours de l'air extérieur n'est pas cependant absolument nécessaire, sans lui la fermentation aurait lieu, elle serait seulement moins active. Il n'est besoin, pour mettre les parties en mouvement , que d'une chaleur tempérée; cette fermentation serait silencieuse , donnerait à la longue une qualité plus spiritueuse au vin qui perdrait peu par l'évaporation et il n'en serait que meilleur.

Si la chaleur et le volume de la masse sont les deux causes essentielles ou les deux agens principaux de la fermentation, même sans le concours de l'air extérieur, il est important d'en connaître la mesure.

Il serait utile d'avoir dans son cellier un bon thermomètre ; il est reconnu qu'à dix degrés , il marque la
température de l'atmosphère qu'il convient d'entretenir
dans un cellier ; au-dessous le moût fermente difficilement ; au-dessus il fermente trop vîte et l'évaporation
est trop abondante.

Quant au volume de la masse , plus il est considérable, plus il favorise la fermentation. A cet effet les grandes cuves, pourvu qu'elles soient profondes et étroites,
sont les meilleures.

Il serait bon de couvrir la cuve avec un couvercle de
bois qui , chargé d'un poids suffisant , pèserait sur le
chapeau de la cuve en obéissant soit en s'élevant , soit
en s'abaissant au mouvement de la masse. C'est un
moyen sûr de conserver au vin plus de principes spiritueux en empêchant l'évaporation , et d'éviter que
la surface du chapeau ne moisisse et ne s'aigrisse, ce qui
est nuisible au vin quand, en décuvant, le chapeau s'a-
baisse , se fend et se mêle avec la liqueur ; le vin du
pressoir en serait aussi plus spiritueux.

Il est bien essentiel de se déterminer, d'après une
règle sûre, pour fixer la durée de la fermentation. Si le
vin ne reste pas assez longtemps dans la cuve, il ne
peut acquérir ni la qualité , ni la couleur ; s'il y reste
plus qu'il ne faut, il se décompose, s'atténue et prend
un goût âpre que lui communique le marc, et une couleur louche qu'il perd difficilement ; il devient plus faible et cette faiblesse peut se tourner en acidité.

Pour se décider avec sûreté et d'après un bon principe, il faut étudier et suivre la nature dans cette opération et déterminer, d'après l'expérience, une indication certaine pour fixer avantageusement le moment de décuver.

Les grains du raisin contiennent un feu qui se développe dans la cuve et procure cette fermentation. La grappe elle-même, par les parties spiritueuses qu'elle renferme dans son tissu spongieux, y contribue. Cette fermentation, d'abord insensible, ensuite plus active, puis tumultueuse, qui diminue graduellement, redevient silencieuse et occasionne le bouillonement; ce mouvement donne la chaleur. Cette chaleur divise les matières et facilite aux parties acides qui sont embarrassées dans la partie graisseuse ou poisseuse, le moyen de s'échapper. Et l'effet physique de cette fermentation est de détacher, de développer et de réunir toutes les parties vineuses qui sont dans le moût; enfin, d'expulser tous les corps intermédiaires qui s'opposent à cette réunion.

Les esprits enfermés dans le moût travaillent pendant la fermentation, à extraire des grains toute la liqueur qu'ils renferment, et détachent du tissu de la peau des grains et de la grappe la couleur rouge, qui n'est pas dans la chair du raisin et qui colore le vin.

On en sera convaincu en voyant le moût au moment ou on foule les raisins, lorsqu'ils ne rendent que le jus pur de la chair, qui donne une couleur d'un blanc légèrement coloré de rouge; tandis que lorsque le moût a bouilli le vin a pris cette couleur de rubis si agréable à l'œil.

Si cette couleur n'est pas dans la chair du raisin, puisqu'un vin tiré à l'instant ou le grain est foulé, serait clairet et louche, elle ne peut être que dans le tissu de la peau du grain et de la grappe; et la seule fermentation peut l'en extraire par les efforts que font les esprits pour percer, déchirer, briser les ramifications des pellicules qui n'ont pu être écrasées au fouloir. C'est ainsi qu'elle mêle avec le vin, la couleur que les esprits sont parvenus à extraire. Il faut donc laisser à la nature le temps de faire cette opération et ne pas la déranger dans son travail.

Ce temps est plus ou moins long, suivant les causes accidentelles et étrangères de la température de l'air intérieur et extérieur, des vents qui régnent et de l'exposition des celliers. Si pendant la vendange les temps sont chauds, secs et sans pluie; si les vents sont au levant; si les celliers sont aux expositions du levant ou du midi; si plusieurs cuves voisines sont en même temps en fermentation, ce mouvement s'opère plus vîte. Dans les circonstances contraires, et par les causes opposées, la fermentation commence plus tard et dure plus longtemps.

Puisque tant de causes concourent si inégalement à cette opération de la nature, il faut juger l'effet par la cause, et suivre la fermentation dans le mouvement graduel.

Elle commence d'une manière presqu'insensible, le bouillonement fait monter le moût qui, par l'action et la dilatation, occupe un plus grand espace : le mouvement s'accélère et devient tumultueux. Le moût monte toujours davantage et le chapeau de la cuve en surmonte les bords, au point que le moût verserait si la cuve avait été remplie à un demi-pied seulement de la hauteur de ses bords.

Lorsque cette fermentation est à sa dernière période, elle décroît graduellement, le moût s'affaisse et redescend; c'est l'instant qu'il faut saisir pour décuver et pour transvaser le vin dans les tonneaux qu'on a dû laver et préparer à l'avance pour le recevoir.

Les Grecs et les Romains, qui se piquaient de faire les meilleurs vins, et qui le conservaient si longtemps, étaient si attentifs à saisir ce moment, qu'ils faisaient veiller un esclave auprès de leurs cuves pour avertir de l'instant de l'affaissement du chapeau de la cuve.

Cependant la température trop froide de l'air ou du cellier ne permettrait pas d'attendre cet affaissement du chapeau sans que le vin fut en danger de s'altérer par l'évaporation; la fermentation dans ce cas dure trop longtemps.

Les vins du nord produits par des raisins, qui parviennent rarement à une maturité parfaite, ne résistent pas à une longue fermentation. Le moût doit moins cuver, si le raisin est moins sucré, et il n'obtient cette qualité que par la maturité.

Mais la plupart de nos vignobles situés à des expositions qui donnent aux raisins cette maturité nous permettent de laisser fermenter plus longtemps le vin dans la cuve. Seulement les propriéiaires, dont les vignes

sont exposées à une température humide et froide, doivent abréger ce temps.

On peut donner pour règle générale, de laisser fermenter le vin dans la cuve plus longtemps, lorsque le
raisin qui l'a produit est bien mûr et qu'il a un suc
savoureux et poisseux, et de décuver plutôt lorsque le
raisin est vert.

Mais laisser à l'intelligence plus ou moins éclairée,
ou plus ou moins soigneuse de chacun à se décider,
d'après tant de causes si variées, c'est exposer les agriculteurs à se tromper ; c'est laisser le problème presque
sans solution, et c'est ce qu'on peut reprocher à presque
tous les auteurs qui ont écrit sur l'art de faire le vin.

Pour moi, j'ai fait l'expérience que la méthode que
je propose de déterminer le moment du décuvage par
celui où le chapeau de la cuve qui a monté commence
à s'abaisser, est la seule à laquelle on peut se fixer sans
danger dans notre climat ; et doit servir de règle dans
tous les cas relatifs à la température de l'air et à la maturité du fruit, parce que la nature , suivant ces cas
divers, opère plus lentement ou plus vîte la fermentation,
et que l'accident de l'affaissement du chapeau de la
cuve, qui n'a lieu que lorsque la fermentation est à son
période, quelle qu'ait été la vîtesse ou la lenteur de ce
mouvement, est toujours en raison des causes qui l'ont
accélérée ou ralentie.

On pourrait, pour les personnes qui ne sont pas assez
soigneuses pour surveiller la fermentation du vin dans
la cuve, fixer le *minimum* de sa durée à cinq ou sept

jours, et le *maximum* à neuf jours, suivant le temps qui règne.

Il est encore une attention essentielle, et de la nécessité de laquelle il est bien difficile de convaincre nos agriculteurs routiniers; c'est qu'il faut dans un seul jour remplir la cuve, et ne point mettre le lendemain sur la vendange de la veille dans la même cuve ; il vaut mieux ne pas la remplir. Il est sensible que le moût du lendemain, plus froid que celui qui est déjà resté vingt-quatre heures dans la cuve, dérange la fermentation qui peut être déjà en mouvement. Lorsqu'on ne peut pas faire autrement que de mettre deux jours pour remplir la même cuve, on obvie à cet inconvénient en faisant bouillir un chaudron de moût, après qu'on aura mis les trois ou quatre premières charges du second jour.

On soutire le vin de la cuve comme d'un tonneau, par le moyen d'un robinet placé au trou qui est de niveau avec le fond de la cuve. Une précaution essentielle, si l'on veut avoir du vin de garde, est de souffrer le tonneau avant d'y transvaser le vin, de la manière que je l'ai dit pour le transvasement du vin blanc.

Lorsque les caves sont disposées de manière que les tonneaux peuvent être placés inférieurement aux cuves, on les soutire facilement au moyen d'une manche de cuir dont on met un bout au trou où l'on placerait le robinet. Cette manche flexible est assez longue pour pouvoir atteindre à tous les tonneaux, s'adapte par l'autre bout au trou du bondon qu'on veut remplir et on la change ainsi d'un tonneau à l'autre. Cette opération se continue jusqu'à ce que la cuve soit écoulée. L'avantage de cette manière de soutirer les cuves est que le vin ne peut s'évaporer et conserve sa chaleur ; mais nous avons peu de celliers dans nos campagnes ainsi disposés et lorsque les tonneaux sont de niveau avec les cuves il faut nécessairement les soutirer avec le robinet.

On remplit les brocs que l'on vide dans les tonneaux au moyen d'un gros entonnoir de bois mis dans le bondon.

La plupart, au lieu de robinet, se servent d'un long canon de bois et laissent couler le vin dans un grand récipient, dit *recébédouire*, où l'on puise avec de petites écuelles de bois, dites *barnigaou*, pour remplir les brocs. Cette manière, la plus usitée, est très vicieuse, parce que le vin perd sa chaleur et que les esprits s'évaporent: avec le robinet qui remplit les brocs il y a moins d'évaporation.

Lorsque tout le vin de la cuve s'est écoulé, on dispose le pressoir. Un homme descend dans la cuve et remplit des cabas ou des brocs du marc des raisins qui, imbibé du vin dans lequel il a surnagé, et contenant encore beaucoup de parties colorantes, vineuses et spiritueuses, étant pressé, rend encore une assez grande quantité de vin.

Tout le marc qui est dessus, et qui s'est séché doit être jeté aux cochons, parce que l'air lui ayant fait contracter un goût acide, cette acidité se communiquerait au vin si ce marc était mis au pressoir.

Si l'on pouvait avoir dans son cellier un petit pressoir pour presser ce premier marc, au lieu de le jeter, il donnerait un excellent vinaigre.

Lorsque tout le marc a été déposé et aplani sur la grille du pressoir, on le presse au moyen d'une vis que l'on fait descendre sur le marc. On recueille le vin dans des brocs qu'on vide dans les tonneaux. Comme ce vin est plus épais que celui tiré de la cuve, il faut en mettre un peu dans chaque tonneau, en proportion de leur contenance. Il colore le vin, lui donne du corps et contribue à sa durée. Si l'on en mettait trop, il l'épaissirait et le rendrait âpre.

Le marc écoulé, qu'on tire ensuite du pressoir, sert à faire la piquette ; on le met dans une cuve destinée pour cet objet. On y met plusieurs cornues d'eau, en proportion de la quantité de marc ; cette eau fait fermenter cette matière, la fermentation en extrait ce qui reste d'esprit et de parties vineuses, et au bout de quelques jours on soutire cette eau, qui a pris une couleur vineuse, on la met dans les tonneaux destinées à la piquette, qui ne doivent jamais être employés pour le vin. Cette piquette sert de boisson aux cultivateurs pour l'hiver jusques à la moisson.

On fait passer plusieurs eaux sur le même marc, qui donne ainsi plusieurs piquettes. La première est toujours plus vineuse, les dernières sont faibles. Les cultivateurs auxquels les propriétaires laissent en entier la piquette, vendent avantageusement leur superflu, après avoir réservé ce qui est nécessaire à leur boisson. Cette li-

queur qui est toute à leur profit paie les frais des vendanges. On sort ensuite le marc de la cuve, on l'amoncelle dehors, et il sert pour la nourriture des cochons
pendant l'hiver.

Les grappes que l'on a prises au dégrappage, servent
aussi à faire cette boisson. On les met dans des tonneaux
dressés sur leur fond, et par le trou de l'husset, on
remplit ces tonneaux d'eau, en proportion de la quantité
de grappes. Comme il reste encore beaucoup de matières vineuses dans ces grappes, que les paysans ordinairement laissent peu écouler, afin de pouvoir faire plus
abondamment de piquette, qui est toute pour eux, et
que ces grappes n'ont pas passé sous le pressoir, elles
fermentent dans les tonneaux et servent à fortifier la
piquette faite dans la cuve avec le marc tiré du pressoir.

On doit avoir soin de faire bien écouler ces grappes
dans le fouloir, avant de le mettre dans les tonneaux à
piquette, afin de ne pas perdre le vin dont elles sont
encore imbibées, et que le fouleur leur laisse, lorsqu'il
n'est pas surveillé, pour améliorer la piquette ; ces
grappes ne sont plus bonnes emsuite qu'à brûler.

Il est, comme je l'ai dit, avantageux de mélanger les
vins de plusieurs cuvées dans les tonneaux : ce mélange
corrige encore la verdeur des premières cuvées par la
douceur des dernières.

Il est d'ailleurs reconnu que les vins mélangés acquièrent une meilleure qualité. C'est par cette raison que
les moines mendians, qui autrefois faisaient la quête
pendant les vendanges, recueillaient ainsi un peu de vin

de toutes les propriétés, et le mélangeaient fortement dans leurs tonneaux, ils avaient toujours le meilleur vin, dont ils vendaient avantageusement le superflu.

Le vin des cuves mis dans les tonneaux, ayant conservé sa chaleur et les principes de fermentation étant plus concentrés dans le tonneau que dans la cuve, bout encore pendant quelque temps. Souvent il a assez de force pour rompre les cercles; surtout si on bouchait fortement le bondon. Il ne faut donc que poser le bouchon sur le trou du bondon, sans l'enfoncer, et avoir journellement l'œil sur les tonneaux, pour voir s'ils ne perdent pas et y porter remède. Peu d'instans d'inattention suffisent pour faire perdre une grande quantité de vin.

La fermentation qui a lieu dans les tonneaux, diminue la quantité de vin qu'ils contiennent par l'effet d'une évaporation plus ou moins sensible, suivant que la fermentation est plus ou moins active.

Lorsque cette fermentation diminue, le vin s'affaisse et lorsqu'il est dans son état fixe de repos il reste un vide. Il faut donc remplir ce vide, qu'on appelle la *séme*, avec du vin que l'on doit avoir réservé pour cette opération, qui s'appelle *ouiller*.

On doit ouiller les tonneaux tous les jours ou au moins tous les deux jours jusqu'au moment où l'on bouchera à fond le tonneau. Cette méthode est essentielle; on aurait bien de la peine à y soumettre nos cultivateurs, parce qu'ils font tout à la hâte pour économiser la main d'œuvre. Toute opération qui demande du soin et du temps, lorsqu'ils n'en ont pas contracté l'usage, leur paraît onéreuse, quoiqu'ils aient aujourd'hui un intérêt majeur à la meilleure qualité du vin, dont on donne le tiers en nature ; mais la parcimonie du moment les aveugle sur leur propre intérêt qu'ils devraient mieux comprendre.

A mesure que la fermentation dans le vaisseau ou tonneau se ralentit, il faut faire attention de le boucher chaque jour de plus en plus, en enfonçant le bouchon ainsi graduellement, jusqu'à ce que la fermentation soit entièrement calmée ; c'est alors qu'il faut enfoncer le bouchon fortement, de manière qu'il ne puisse donner aucune issue à l'air.

On peut couvrir le bouchon avec de la terre glaise, afin que s'il est poreux, ou s'il a quelque trou, l'air ne puisse s'échapper, ni s'insinuer par les pores, et pour que les moucherons n'en rongent pas les bords, ce qui donnerait entrée à l'air extérieur et issue à l'évaporation et mettrait le vin en danger de s'aigrir.

Il faut faire attention, en bouchant cette dernière fois à demeure les tonneaux, que le bouchon ne touche pas le vin ; il est bon même qu'il y ait un petit espace vide, que je fixerai ci-après.

Dans différentes époques de l'année, surtout lorsque la vigne entre en végétation, lorsqu'elle fleurit, lorsque le raisin se colore, le vin, toujours disposé à se dilater, est sujet à une nouvelle fermentation accidentelle ; on dit alors que le vin rebout. Si dans cette fermentation qui, quoique occasionnée par un effet naturel, n'est cependant pas générale pour tous les vins, qui peut être

aussi l'effet d'autres causes étrangères à la nature de
cette liqueur, et qui est toujours un état de maladie
pour le vin, lorsque le tonneau a été rempli exactement,
le vin qui, par le mouvement et la dilatation, cherche à
occuper plus d'espace, ne trouve pas de vide dans le
haut du tonneau, il est forcé de faire son mouvement
dans toute la capacité du tonneau circulairement dans
tous les sens. Alors il remue la lie qui est au fond, elle
se mêle avec le vin, et si elle ne retombe pas bientôt, ce
qui n'arrive que trop souvent, la lie qui a remonté dans
toute sa capacité trouble le vin, l'épaissit, lui donne une
couleur louche, le vin reste dans cet état sans pouvoir
se clarifier, et il est ce qu'on appelle tourné, il ne peut
se vendre qu'à vil prix pour la distillation.

Si le vin qui a rebouilli ne se repose pas au bout de
quelque temps, il faut le clarifier avec de la colle de
poisson ou des blancs d'œufs, à raison de quatre par
65 litres. On y procède en faisant dissoudre la colle de
poisson dans une petite quantité de vin. Elle forme une
substance gluante, qu'on verse dans le tonneau par le
bondon, et qu'on agite ensuite circulairement, avec
quelques brins de balais attachés au bout d'un bâton
qu'on passe dans le trou du bondon. Si on se sert des
blancs d'œufs, on les verse dans le tonneau et on agite
de même le vin.

Ces substances, glutineuses et pesantes par leur nature,
se précipitent au fond du tonneau, avec les parties de
la lie qu'elles entraînent par leur pesanteur.

Souvent, par l'effort de la fermentation gênée, le vin,

s'insinue dans les pores du tartre dont sont tapissés les parois du tonneau, en détache les parties les plus molles, qui se fendent, se mêlent dans le vin et peuvent le gâter.

Les vins des fonds, ou produits de raisins qui ont plus de parties aqueuses, sont plus sujets à être détériorés. Les vins secs des hauteurs, au contraire, se reposent, se clarifient après cette fermentation accidentelle, et n'en deviennent souvent que meilleurs. Il ne faut pas risquer l'alternative, parce que tout vin, dans ce cas, est dans un état de maladie qui peut lui devenir fatale.

Mais s'il est nécessaire, pour faciliter ce mouvement de fermentation, de laisser un peu d'espace vide entre le vin et le bondon, il ne faut pas en laisser beaucoup. L'air qui resterait en trop grande abondance dans cette espace, ferait nécessairement aigrir le vin : c'est le contact de l'air qui produit l'acidité.

Il se forme sur le vin, lorsqu'il est reposé, une petite pellicule qu'on nomme toilette, qui sert à le garantir de l'impression de l'air. Si l'espace vide est peu considérable, cette toilette est plus épaisse et l'air ne la pénètre pas. Si ce vide est trop grand, cette toilette s'étend davantage en raison de l'espace, elle est plus mince, elle se rompt plus facilement et elle est plus aisément pénétrée par l'air.

Il est un moyen sûr d'empêcher le vin de se tourner, lorsqu'il rebout, c'est de transvaser tous ses vins dans le mois de janvier ; par ce moyen, n'étant plus sur sa lie, s'il vient à éprouver une fermentation accidentelle, il ne court plus le risque de devenir trouble.

Il faut choisir, pour transvaser les vins, un temps sec et froid. Il est clair que par cette opération la liqueur étant séparée de la lie, ne peut être altérée par elle dans sa qualité.

Il n'y aurait que l'inconvénient du tartre qui, par les efforts du bouillonnement, pourraient se détacher des parois du nouveau tonneau ; mais si ce tartre est sain, il est très dur et résiste au mouvement convulsif du vin, et quand le tartre du tonneau est bon, il contribue aussi à la bonne qualité du vin.

On n'a rien à craindre aussi en le transvasant, si le vin a été mis dans des tonneaux récolés à neuf ; mais les futailles et le temps manquent, et c'est un soin pénible auquel les cultivateurs ne voudraient pas se soumettre, si on les obligeait de transvaser tous les vins d'une récolte. Il faut donc s'en tenir au préservatif que j'indique, de laisser environ 4 centimètres de vide entre le vin et le bouchon du bondon.

On pourrait tout au plus transvaser le vin qu'on voudrait garder d'une année à l'autre ; mais comme nos vins se vendent tous dans l'année qu'ils ont été recueillis, et qu'ils sont ordinairement à bas prix, le propriétaire ne peut pas se soumettre à des précautions qui exigent de fortes dépenses. Il lui suffit d'obvier aux accidens qui peuvent détériorer les vins pendant l'année de leur vente.

Quelquefois, lorsque l'année est abondante en vin,

on n'a pas assez de tonneaux pour placer tout ce que rendent les cuves ; dans ce cas, on est forcé de laisser dans la cuve le vin de la dernière cuvée, et il est à craindre que dans peu de temps, l'air qui pénètre si facilement, et en si grand volume dans la cuve découverte ne fasse bientôt aigrir le vin ; il faut alors de toute nécessité faire faire un couvercle en bois épais, qui ferme hermétiquement le haut de la cuve ; remplir avec de la paille bien menue l'espace qui se trouve entre le marc et le couvercle ; affaisser cette paille, en la serrant et l'aplanissant avec une pelle de bois, poser ensuite le couvercle, qui joigne bien partout à la paille et aux bords de la cuve. Cette paille interceptera l'air, et pour plus grande précaution on fera sceller avec du plâtre blanc le couvercle tout autour de la cuve.

Lorsqu'on tire le vin des tonneaux, il faut laisser tout le vin qui reste au fond, entre le trou de l'husset et le fond, ce vin qui contient toute la lie sert à conserver le tonneau. S'il reste encore quelques parties de vin, il n'est pas perdu pour cela, il s'aigrit et devient vinaigre.

Lorsqu'on perce un tonneau pour en goûter le vin, il faut en tirer le moins possible. Il suffirait d'en tirer quatre ou cinq verres de trop, sur un tonneau d'une capacité ordinaire, et moins encore, sur un plus petit, pour que ce déplacement, en faisant descendre le vin qui s'étend davantage, en proportion de ce que l'on en tire, parce que la largeur du tonneau augmente jusqu'à son centre, fasse déchirer la toilette qui se forme sur la surface du vin, ce qui occasionnera l'évaporation des esprits, donnera entrée à l'air et exposera le vin à s'aigrir. Pour connaître l'utilité de toutes ces précautions, il est important de savoir de quoi la nature compose cette précieuse liqueur.

Il est reconnu par l'analyse que les quatre élémens entrent dans la composition du vin : l'air qu'il renferme combiné avec du feu et l'eau occasionne les divers changemens qu'éprouve le vin dans la cuve et dans les tonneaux, jusqu'à ce qu'il soit parvenu à son dernier repos, cause ses maladies et fixe le terme de sa durée.

La terre qui forme la lie, laquelle, au moyen de la fermentation, se détache des autres parties spiritueuses, se précipite dans le fond du tonneau, et forme un sédiment épais, qu'il faut empêcher de se mêler avec le vin. L'eau qui, renfermée dans les parties huileuses ou grasses, ne peut s'en séparer que par la distillation.

Le feu, enfin, qui contient toutes les parties spiritueuses, ou plutôt qui les détache des parties huileuses ou grasses, et qui donne au vin toute sa qualité.

Ainsi tout ce qui tend à faciliter, ou du moins à ne pas contrarier tous les divers mouvemens par lesquels la nature opère les développemens de ces parties contribue à la bonne qualité du vin, ou plutôt à lui conserver celle qu'il tient de la nature : car la qualité du vin est réellement dans le fruit qui l'a produit.

Si les parties terreuses ne se détachaient pas et ne se précipitaient pas au fond du tonneau ; ou si, après s'y être déposées, elles remontaient, le vin serait toujours trouble, épais et de la plus mauvaise qualité. La fraîcheur tempérée de la cuve et la liberté du mouvement, lors de la fermentation, facilitent leur séparation d'avec les autres parties plus légères.

Si l'air est trop comprimé, la liqueur n'aurait plus la liberté de se mouvoir lors de la fermentation, et le développement des parties qui la composent, et qui est nécessaire à son épuration ne pourrait se faire. Il faut donc en faciliter l'action dans le tonneau, en laissant le vide nécessaire entre le vin et le bouchon du bondon.

Si la partie aqueuse était en trop grande abondance, et qu'elle ne put s'évaporer, du moins en grande partie, le vin serait fade, froid, insipide, on doit donc se garder d'ajouter l'eau naturelle et étrangère à celle que la nature elle-même a mise dans le vin, pour l'aider dans ses développemens, à moins que dans une année de sécheresse, les raisins trop secs ou trop musqueux, manquassent de la quantité d'eau nécessaire à la fermentation tumultueuse dans la cuve, et c'est en très petite quantité proportionnée à la contenance de la cuve, et en raison de la qualité de la vendange qu'il faut en ajouter.

Enfin, si l'action du feu, qui sert à rompre, à diviser, à volatiliser toutes les parties huileuses, qui servent d'enveloppe aux parties spiritueuses, était dérangée, ou contrariée, ou forcée, il se ferait une trop grande évaporation des esprits et une trop grande dissipation, et le vin tournerait à l'aigre. Il faut donc laisser toute facilité à cette action naturelle, l'aider lorsque la qua-

lité de la vendange, l'humidité et la température de
l'air la rendent incertaine, lente et paresseuse, et éviter
que la chaleur de l'extérieur ne la contrarie en l'aug-
mentant ou en la provoquant.

Tels sont les procédés les plus simples, les moins dispendieux, les plus à la portée de l'intelligence ordinaire,
les plus faciles à adapter à nos usages, dont on doit se
servir pour faire du vin de bonne qualité et qui puisse
se conserver pendant plusieurs années. Tous les cultivateurs n'ont besoin, pour les employer, que d'un peu
de soin et d'attention ; et pour peu qu'ils veuillent
prendre la peine d'étudier la nature, dont je me suis
appliqué ici à développer les opérations, ils abandonneront par un intérêt mieux entendu les routines igno-
rantes, dont les uns se servent innocemment, ou les
usages nuisibles, et quelquefois frauduleux, que d'autres pratiquent par cupidité.

Voilà, dans ce chapitre, des avis, des conseils bien bons et
bien sûrs pour les vendanges et surtout pour faire le vin d'une
bonne qualité et qui puisse se garder. Si le fléau qui nous détruit
s'arrête, si nous pouvons encore avoir du vin dans le terroir de
Marseille, nous pourrons suivre ces préceptes avec la plus grande
exactitude. Il serait à désirer qu'on les suivit aussi dans les dé-
partemens qui nous environnent, qui ne sont pas aussi malheureux que nous et dont tous les vins viennent arriver à Marseille; mais l'on est venu au point de rechercher bien plus la
quantité que la qualité. N'importe quelqu'agriculteur, quelques
propriétaires pourront profiter de ces leçons et cela suffit pour
qu'elles soient écrites et lues de nouveau.

CHAPITRE VI.

DES DERNIERS TRAVAUX DE L'ANNÉE.

SECTION PREMIÈRE.

Des travaux entre les vendanges et les semailles.

Les jours d'intervalle qui restent entre les vendanges et les semailles, sont employés à mettre toutes les terres en état de recevoir les semences. On a dû aussi, vers la fin août et le commencement de septembre, s'il a tombé quelques pluies, semer des raves, des navets, des épinards, planter des poireaux ; mais s'il a régné une sécheresse constante, comme il n'arrive que trop souvent dans notre climat, ces semences ne réussiraient pas, à moins qu'on n'eût la facilité de les arroser. Les poireaux peuvent se planter plus tard ; si ces légumes semés et plantés à propos réussissent, ils seront bons à manger vers la fin d'octobre et pendant l'hiver.

Si la terre a été suffisamment humectée par les pluies de l'équinoxe d'automne, qui autrefois étaient assez régulières, mais dont nous sommes malheureusement privés depuis bien des années, on doit écraser, pulvériser et aplanir les mottes de terre qu'on n'a pu rompre en faisant les guérets pendant l'été ; il faut profiter pour cela des premiers jours d'humidité. Si on laissait sécher ces mottes, il faudrait encore attendre de nouvelles pluies pour les briser, et on courrait risque, s'il ne pleuvait pas que les terres ne fussent pas prêtes pour les semailles.

On achève aussi, dans ce temps, les guérets destinés à être semés, s'il en reste encore à faire, afin que toutes les terres soient disposées pour profiter du temps propre à la semaille qui approche.

Les jours trop humides, si la pluie avait trop détrempé la terre pour être travaillée, doivent être employés à nétoyer les rives et les murailles des terrasses et de clôture, des arbustes et plantes sauvages qui se multiplient si facilement, lorsqu'on les laisse s'établir, qu'il devient souvent impossible de les détruire, à moins d'effondrer le terrain à fond pour les arracher et le replanter de nouveau. Ces plantes et ces arbustes sauvages dévorent toute la substance de la terre, et les vignes et les oliviers, qui les avoisinent, languissent et souvent meurent.

Il faut aussi nettoyer et curer les ravins et fossés qui servent à l'écoulement des eaux pluviales. Ils sont le réduit de tous les animaux nuisibles, et de tous les insectes malfaisans, qu'il faut en tout temps détruire pour les empêcher de multiplier ; et si on néglige de curer annuellement ces conduites des eaux, elles se comblent, les eaux qu'elles doivent recevoir, lors des fortes pluies , prennent une autre route , se déversent dans les biens, déracinent dans leurs cours les arbres, déchaussent les vignes et emportent, par leur abondance ou leur rapidité, les terres et les semences.

Pendant les vendanges , et même avant , les femmes doivent avoir cueilli journellement les figues à mesure qu'elles mûrissent, pour les étendre sur des claies de cannes, dites *canices*, et les faire sécher au soleil. Cette récolte qui est précieuse dans notre territoire , tant à cause de l'excellente qualité de ce fruit, qu'à cause de la quantité de figuiers plantés au milieu de nos vignes, exige des soins continuels : on doit tous les jours tourner les figues une à une sur les *canices*, à mesure qu'elles commencent à sécher, pour qu'elles puissent bien prendre le soleil. Il faut avoir soin, tous les soirs, avant le coucher du soleil, de les renfermer pour les sortir le matin, lorsque le soleil a séché la rosée; de même si , dans le courant du jour, le temps se dispose à la pluie, il faut les mettre à l'abri.

L'humidité nuit essentiellement à la bonté et à la qualité de ces figues sèches, qui, pour être bonnes et se bien conserver , doivent être d'une belle couleur dorée. Si on les laisse mouiller ou seulement pomper l'humidité, elles moisissent, se pourrissent, et ne sont plus bonnes qu'à jeter aux cochons. Elles prenent aussi une couleur noire qui les déprécie et un goût amer et désagréable.

SECTION II.

Des semailles.

C'est vers le 15 octobre que l'on doit commencer à semer le blé, lorsque le temps a permis de disposer la terre ; le seigle a dû être semé quelques jours plutôt.

Pour pouvoir semer à cette époque, il faut que les pluies aient préparé la terre, de manière qu'elle soit bien ameublie et maniable, facile à pulvériser et à aplanir. Il faut aussi qu'elle ne soit pas humide, parce qu'alors elle se pétrit sous les pieds du semeur et des ouvriers qui recouvrent le grain, en aplanissant les sillons. Il se perd une partie de la semence, et le blé ne peut sortir dans toutes les parties que le piétinement des ouvriers a durci. Il vaut mieux, dans ce cas, retarder de semer pendant quelques jours ; on y est aussi forcé par la trop grande sécheresse, lorsque la terre est trop dure pour être bien pulvérisée et aplanie.

Le temps doit gouverner tous les travaux de l'agriculture ; le cultivateur doit s'empresser de le saisir lorsqu'il est propice, et attendre, s'il est contraire, qu'il change à l'avantage de ses opérations.

Cependant si l'on a pu rompre et aplanir la terre, écraser et pulvériser les mottes à l'avance dans les guérets, il est avantageux de semer dans le sec, surtout s'il survient, quelques jours après, une pluie bienfaisante, ce qui, un peu plutôt ou un peu plus tard, ne manque guère dans cette saison.

Si les temps contraires ont forcé de retarder les semailles, il vient enfin l'époque où il faut semer, comme disent les cultivateurs, mou ou dur, et les semailles se prolongent souvent bien tard, et réussissent mal, parce que si le blé n'a pas pris une certaine force en herbe et en racines, lorsque les gelées de l'hiver commencent, il meurt infailliblement.

Lors donc que la terre est disposée, et que le temps permet de semer, le semeur jette le blé sur la surface de la terre dans toute la longueur et largeur de l'oullière, en observant de ne point jeter le grain trop près des ceps de vignes qui la bordent.

C'est un art de bien jeter le blé, pour ne point semer ni clair, ni épais. Cette œuvre concerne ordinairement les vieux cultivateurs, les chefs de ménage.

Il est avantageux de semer à raie, en ne jetant le blé que dans le sillon ; on épargne de cette manière beaucoup de semence, le blé est moins étouffé, mieux nourri, il est plus facile à sarcler, il étouffe moins les vignes latérales.

On recouvre le blé qui a été jeté sur la surface de la terre de deux manières, soit en labourant le sol à la charrue, soit en l'enterrant et recouvrant la terre avec la bêche, ce qui se fait en bêchant légèrement la terre, et l'aplanissant ensuite.

Il est mieux d'enterrer le blé à la bêche qu'à la charrue ; mais cette manière est plus longue et plus dispendieuse : dans les grands biens on est forcé de semer à la charrue. L'avantage qu'il y a d'enterrer le blé à la bêche, c'est que le grain sort plus également que lorsqu'il est à la charrue ; mais il faut toujours aplanir les sillons avec la bêche.

L'ouvrier qui conduit la charrue doit faire attention de ne point endommager les vignes latérales, et de ne pas faire les sillons des deux bords trop près du pied des vignes. Il est de règle et de rigueur de ne semer qu'à la distance de 25 centimètres du pied des souches. Le blé est une plante dont les racines sucent beaucoup la terre, l'épuisent et nuisent par conséquent à la subsistance des plantes voisines.

On doit de même laisser un espace vide d'un mètre carré au pied des oliviers ; lorsqu'en semant on a négligé ces précautions et qu'il est sorti du blé trop près des vignes et du pied des oliviers, ce que souvent on n'a pu éviter, ce dommage se répare en bêchant les vignes et les oliviers, lors de la première œuvre ; en arrachant avec la bêche tout le blé qui est sorti dans l'intervalle prohibé, entre la vigne et le blé, et trop près de l'olivier ; dans ce cas c'est de la semence perdue. Cela n'arriverait pas si, comme je l'ai dit plus haut, on jetait le blé dans le sillon, au lieu de le jeter sur toute la surface de l'oullière, pour y faire ensuite passer la charrue pour l'enterrer.

M. Delisle, membre du Lycée de Marseille, a fait connaître par un Mémoire, qu'il a lu dans la séance publi-

que du 5 décembre 1801, l'usage d'un nouveau semoir
à la main, et les avantages qu'on peut en retirer principalement dans notre territoire. Il en a démontré l'utilité et a promulgué les succès de l'expérience.

L'objet de ce savant dévoué à la prospérité de l'agriculture, a été de propager l'usage de ce semoir ; il serait à désirer qu'il devint universel. Ses qualités principales sont d'épargner beaucoup de semence, de semer
plus également les grains, de faciliter l'opération que je
recommande ici de semer à raie, plutôt qu'à plein, de
rendre le sarclage des blés plus facile, de les préserver
d'être couchés par les pluies d'orage, d'aider la grenai-
son des épis ; enfin d'en augmenter la production.

On trouvera dans le *Journal du Lycée de Marseille*,
qui rend compte de cette séance publique, le plan de ce
semoir à la main et la méthode pour s'en servir.

On doit semer de meilleure heure sur les hauteurs et
dans les expositions au nord que dans les fonds et au
midi, afin que le blé prenne assez de force pour résister
aux premiers froids, les plus sensibles dans ces expositions.

C'est aussi dans le même temps qu'on sème les lentilles, qu'on plante les oignons ; on peut aussi semer les
fèves et les pois.

SECTION III.

De la cueillette des olives, et des soins pour faire de l'huile.

Lorsque l'on travaille aux semailles, que les hommes donnent leurs derniers soins aux vins dans les tonneaux, et approprient définitivement les caves, les femmes cueillent les olives. C'est ici le lieu d'indiquer le moyen de détruire les insectes, vulgairement appellés *l'ou cavé*, qui attaquent périodiquement les oliviers tous les ans et qui s'attachent aux branches en se multipliant à l'infini.

Il consiste simplement à cueillir les olives de très bonne heure, lors même qu'elles sont encore vertes, et à les porter tout de suite dans les greniers. Ce soin est surtout nécessaire, lorsque les olives sont piquées de ces vers. Pour faire connaître l'infaillibilité de ce moyen curatif, il faut démontrer la cause du mal par la nature de l'insecte qui le produit.

Le vers, dit *l'ou cavé*, qui attaque l'olivier, est un petit insecte qui se multiplie à l'infini. Il a d'abord établi sa demeure sur toutes les branches de l'arbre où il s'est logé dans des trous qu'il a pratiqués lui-même en perçant l'écorce ; il séjourne pendant l'hiver dans ces trous, dont nos oliviers sont presque tous chironés.

Ce petit vers est produit par une mouche, qui dépose

ses œufs dans les trous qu'elle pratique elle-même sur les branches de l'olivier ; ces œufs commencent à éclore dans les premières chaleurs, produisent de petits vers qui, dès que l'olive est nouée, la piquent, s'y logent, et se nourrissent de son suc et de sa chair. Quand le froid survient, le vers sort de l'olive qu'il a presque desséchée, et où il est resté tant qu'il a pu s'y nourrir, et y vivre sans danger de périr ; il se métamorphose en été en mouche très petite.

Ces mouches s'établissent sur toutes les branches de l'arbre, et comme elles multiplient à l'infini, parce qu'il y a au moins un vers dans chaque olive ; l'année d'après que ce fruit en a été piqué, ces mouches s'emparent de tous les trous déjà pratiqués, ou en pratiquent de nouveaux pour y séjourner jusqu'au printemps.

Elles ont, à cet effet, dans la partie de derrière, un aiguillon très pointu ou tarière, dans le prolongement duquel est une espèce de scie imperceptible. Les mouches percent l'écorce de l'arbre avec leur tarière, et travaillent sans cesse à grandir et à approfondir les trous avec la scie et la pointe de l'aiguillon pour parvenir au canal de la sève dont les vers se nourrissent et pour mettre leurs œufs à l'abri du froid et de la pluie lorsqu'elles doivent faire leur ponte.

Avant d'avoir connu comment cet insecte vit et se reproduit, on ne pouvait concevoir, en voyant toujours les branches de l'arbre attaquées de la maladie, qui indique la demeure et l'existence de l'animal, comment périodiquement, une année, et la même année pour tous les oliviers en général, toutes les olives étaient saines, et l'autre année toutes piquées plus ou moins, suivant que l'olivier avait été bien ou mal soigné pour la taille. Je vais expliquer ce phénomène, en faisant mieux connaître cet insecte.

La nature, le régime, la métamorphose et la reproduction de cet insecte malfaisant, m'ont indiqué le moyen de le détruire. Et il est si facile, si simple, et même si avantageux, que personne ne peut refuser de le pratiquer.

Il ne s'agit, comme j'ai déjà eu occasion de le dire, que de cueillir les olives de très bonne heure, et même encore vertes, surtout avant que le vers en soit sorti pour retourner dans ses petits trous, et y attendre, à l'abri des injures de l'air, en s'y nourrissant de la sève de l'arbre, l'époque et la saison où il doit se métamorphoser en mouche.

Il faut porter tout de suite les olives dans le grenier, on verra dans un ou deux jours les vers en sortir, et se métamorphoser en mouches, dont le sol et les murs du grenier seront tapissés.

Il faut faire attention de cueillir toutes les olives, qui sont tombées à terre au pied des arbres, à mesure qu'elles s'en sont détachées et surtout ne point les amonceler comme on a coutume de le faire au pied des oliviers, pour ne pas laisser à l'insecte le temps d'en sortir et de remonter sur les branches.

En laissant les olives sur les arbres, et en ne les cueillant, suivant l'usage, qu'à la fin de novembre ou décembre, on donne le temps aux vers de manger toute la chair de l'olive. Lorsqu'il n'a plus de quoi s'y nourrir, il en sort et retourne dans les trous qui sont parsemés sur toutes les branches de l'arbre, où il attend l'époque de sa métamorphose, qui alors n'a lieu que dans les grandes chaleurs, et comme l'année qu'il se change en mouche, il n'a pas le temps de faire sa ponte assez tôt pour que les vers attaquent les olives, ce n'est que l'année d'après qu'elles sont toutes piquées; c'est ce qui fait que régulièrement et généralement, une année toutes les olives sont saines, et l'autre elles sont toutes piquées de vers; et lorsque cet insecte s'est plus multiplié, il y en a quelquefois deux ou trois dans chaque olive.

Mais en cueillant les olives lorsqu'elles sont encore fraîches, et que les vers y sont encore, et en les portant au grenier, la chaleur du grenier, la fermentation qu'occasionne l'entassement des olives les unes contre les autres accélère la métamorphose, les vers étouffés par cette chaleur se hâtent de sortir de l'olive; et en sortant ils se changent en mouches, qui s'envolent et s'attachent aux murailles du grenier.

Si l'on n'a pu étendre les olives faute d'espace, et si on les a laissées amoncelées dans le grenier, les vers de toutes celles qui sont au-dessus, et les moins serrées, se hâtent de sortir, et deviennent mouches à l'instant; ceux des olives qui sont trop amoncelées, et trop étouffées pour pouvoir monter au-dessus sortent également; mais ils n'ont pas la liberté ou la force de se métamorphoser en mouches, ils meurent, et lorsqu'on vide le grenier, on les trouve morts, où l'on peut les ramasser à grosses poignées ; et il n'en reste pas un dans aucun olive ; la chaleur de la fermentation qui leur est insupportable et le manque d'air les en ont chassés.

Ce vers quitte de même les branches de l'olivier, dans lesquelles il a établi sa demeure, dès qu'à la taille on les a coupées, parce que ces branches qui se sèchent bientôt, ne peuvent plus lui fournir sa subsistance, qu'il ne trouve que dans la sève de l'arbre. C'est par cette raison qu'il est essentiel de faire ramasser les branches de l'olivier, qu'on émonde dès qu'elles ont été coupées, et de ne pas les amonceler et les laisser séjourner au pied de l'arbre, comme on le pratique si inconsidérément partout, pour ne pas donner aux vers qui sortent de leurs trous, le temps de remonter sur l'olivier et d'y établir de nouvelles habitations.

Il est évident qu'en cueillant les olives lorsque les vers y sont encore, et en les portant au grenier sur-le-champ, sans leur donner le temps d'en sortir et de remonter sur les oliviers, ou d'y faire leur métamorphose, on est certain d'avoir détruit l'insecte qui, mourant dans le grenier, ou étouffé par la chaleur de la fermentation, ou après sa métamorphose, s'il l'a pu faire faute de pouvoir se nourrir, ne peut plus retourner sur les arbres, et que par ce moyen on parvient facilement à soulager les oliviers de cet insecte malfaisant qui dévore l'olivier et son fruit.

Ce remède a encore le grand avantage de profiter des

olives, avant que les vers en aient sucé l'huile et dévoré
ou desséché la chair. On recueille par ce moyen autant
d'huile, à peu près, que si les olives étaient saines. Les
vers en sont sortis avant que l'olive ait été macérée et
desséchée et l'huile qu'on en recueille est bonne. Cueil-
lez, au contraire, ces mêmes olives un peu tard, le peu
d'huile qu'elles rendront, très difficile à extraire, sera
grasse, épaisse, moisie, et souvent ne vaudra même rien
pour brûler, en proportion du temps qu'on les laissera
sur les arbres.

Ce remède préservatif et curatif n'a pu être connu
jusqu'à ce jour, parce que les moulins à huile étaient
dans l'usage de ne travailler que vers le 15 ou 25 novembre, et à cette époque, les olives parvenues à leur
dernier degré de maturité et presque desséchées, avaient
été abandonnées par les vers, qui s'étaient réfugiés sur
les oliviers dans leurs anciennes demeures.

Pour s'assurer de ce fait, on n'a qu'à curer avec la
pointe de la serpette les trous qui servent d'habitation
à ces insectes, dans le courant de l'été ; l'année où l'on
voit les olives piquées et tarées, on ne trouvera pas un
vers dans ces trous, parce qu'alors ils sont logés dans
les olives.

Curez de même ces mêmes trous au mois de décembre
et autres mois, vous trouverez des vers dans chacun.

Ayant fait faire un moulin pour mon usage l'année
dernière, j'ai cueilli mes olives vers la fin d'octobre
dans la seule intention de faire de la meilleure huile, et
de ne pas laisser aux vers, dont elles étaient attaquées

cette année généralement, le temps de les dessécher entièrement, et j'ai découvert ce remède innocent, avantageux et facile à l'inspection des olives, d'où j'ai vu les vers sortir et se métamorphoser en mouches. J'ai eu occasion ainsi de démontrer à tous ceux de mes voisins qui l'ont voulu voir, la sûreté de ce remède, à l'évidence duquel nul n'a pu résister.

On doit donc d'abord ramasser les olives qui sont à terre, les laver si elles sont terreuses, les faire sécher au soleil, et les faire porter au moulin. L'huile qu'elles rendront ne sera pas bonne, mais il s'en pourra extraire assez, si on ne donne pas aux olives le temps de se dessécher, et elle sera bonne à brûler; elle pourra même se manger si les olives ne sont pas moisies.

Il est avantageux et même indispensable pour un propriétaire riche en oliviers d'avoir dans sa propriété un moulin pour faire son huile. Il n'est jamais maître de cueillir ses olives, ni de faire son huile au moment qui lui convient, lorsqu'il dépend de la volonté des meuniers des moulins publics. Ceux-là ne tiennent leurs moulins que par spéculation, et comme il leur faut nourrir les ouvriers et les bêtes qui sont nécessaires pour le service du moulin, ils ne peuvent, sans courir le risque de faire des frais inutiles, ouvrir leurs moulins et commencer leur travail que lorsque l'affluence les assure de pouvoir continuer sans interruption. Même lorsqu'ils sont ouverts, cette même affluence est cause que souvent il faut attendre longtemps son tour pour pouvoir détriter ses olives qui, restant plus qu'il ne faut dans les greniers, s'échauffent, fermentent, se moisissent et ne peuvent, en cet état, rendre que de l'huile médiocre en qualité et même mauvaise.

Cependant pour avoir de l'huile fine, il faut cueillir les olives de bonne heure, surtout avant que le froid en ait altéré le goût. Pour faire de la bonne huile, il faut détriter les olives deux ou trois jours, s'il est possible, après qu'elles ont été cueillies. On ne peut en user ainsi que lorsqu'on a un moulin à soi.

Lorsque les olives qui étaient à terre ont été ramassées, pour éviter qu'elles ne se mêlent avec celles qu'on récolte sur les arbres, on commence à cueillir sur les oliviers, en choisissant ceux dont le fruit est plus avancé en maturité, ce qui se connaît à la couleur d'un rouge violet, qui paraît sur une partie de l'olive, laquelle gagne toute l'olive et se change en rouge brun foncé, dont elle se colore lorsqu'elle est à son degré de maturité. Alors l'olive tombe d'elle-même et l'huile qu'elle rend n'est plus qu'une huile commune qui n'a point le goût du fruit et qui ordinairement contracte un goût fort et souvent moisi.

On doit accélérer le travail de la cueillette des olives et de la détritation, si on veut avoir de la bonne huile, afin qu'il soit terminé avant les fortes gelées. L'olive cueillie gelée est toute gercée, elle a perdu une partie de sa substance oléagineuse et n'a plus qu'une chair macérée, qui donne une peine infinie à détriter, et surtout à presser, parce que la pâte est plus sèche, plus froide et plus grasse, l'huile qu'elle rend est piquante et sans saveur. Il y a donc perte en quantité et en qualité, de cueillir ses olives trop tard.

Il est, de plus, essentiel pour la santé des oliviers, de les décharger le plutôt possible de leur fruit, dont l'abondance les épuise, parce que, si les grands froids qui régnent dans le commencement de décembre, les surprennent lorsqu'ils plient encore sous le poids de leur fruit, ils sont en danger de périr.

Il n'y a point d'arbre fruitier qui nourrisse aussi longtemps son fruit que l'olivier et qui en porte en aussi grande abondance; il faut donc l'en soulager le plutôt possible.

Les cultivateurs ont rarement cette prudente prévoyance; l'abondance du fruit les intéresse plus que la santé et la conservation de l'arbre. Et comme la plupart consomment toute l'huile qu'ils recueillent ici pour leur part, ils sont peu délicats sur la qualité, prétendant même que plus l'huile est forte et piquante, moins il s'en consomme dans leurs ménages, de sorte qu'il y a même économie pour eux de faire de l'huile médiocre.

Comme aussi ils n'ont pas le même intérêt que le propriétaire à la santé de l'arbre, ils sont moins soucieux de le ménager; ils ne doutent pas qu'il puisse souffrir de sa fécondité et de nourrir trop longtemps son fruit. Par un autre motif de parcimonie très mal entendu, même pour leurs intérêts, ils cueillent les olives plus tard, dans la fausse persuasion qu'elles rendent plus d'huile.

Ils ne voient pas, et il est même impossible souvent

de leur faire concevoir, que les olives qu'on a laissées trop longtemps sur l'arbre, ne rendent pas plus que celles qui ont été cueillies et détritées à propos. Il est vrai que la motte d'olive qui est la mesure usitée et convenue dans les moulins, rend plus d'huile lorsque les olives ont été cueillies au degré extrème de maturité et qu'on les a laissé longtemps fermenter dans les greniers ; mais ils ne savent ni en distinguer, ni en concevoir la cause.

Ce n'est pas qu'il y ait plus d'huile dans chaque olive, comme ils le croient, car réellement il y en a moins ; mais c'est qu'il entre un plus grand nombre d'olives dans la mesure, lorsque les olives ont été cueillies fort tard, et gardées longtemps dans le grenier. L'olive fraîche, mesurée au moment où elle a été cueillie est plus ferme, plus glissante et occupe plus d'espace, elle ne se serre pas dans la mesure comme celle déjà molle par son extrême maturité, et qui, amoncelée dans le grenier, s'est macérée, écrasée et serrée par le poids et ramollie par la fermentation qu'elle y a éprouvée pendant plusieurs jours. Il doit donc entrer dans la même mesure une plus grande quantité de ces olives tardivement cueillies et tardivement détritées, après avoir été cueillies.

Il n'est pas étonnant que le plus grand nombre d'olives rende une plus grande qualité d'huile, c'est ce que les cultivateurs ne veulent pas concevoir ; mais ils spéculent aussi par économie dans ce procédé et dans cet entêtement, et cette économie leur est cependant désavantageuse, parce qu'ils perdent infiniment plus qu'ils n'y gagnent par la médiocre ou mauvaise qualité de l'huile qu'ils auraient eue en même quantité, mais infiniment plus fine.

Comme les frais de mouture sont à la charge des cultivateurs, ils calculent sur la petite économie qui résulte de la moindre quantité de mottes qu'ils font détriter, lorsqu'il entre plus d'olives dans la mesure, sans mettre en balance le bénéfice bien supérieur du prix de la bonne huile, en comparaison de la médiocre ou de la mauvaise.

Fussent-ils, d'ailleurs, disposés à convenir de la fausseté de cette parcimonieuse spéculation, il ne leur serait souvent pas possible de suivre une meilleure méthode, dépendant, ainsi que le propriétaire, de l'époque à laquelle il plait aux meuniers publics d'ouvrir leurs moulins, et du moment où leur tour vient de faire détriter leurs olives.

Les femmes cueillent à la main toutes les olives qu'elles peuvent atteindre ; elles étendent des draps et des couvertures à terre, au pied de l'olivier, dans toute la circonférence de son chapeau. Les plus jeunes, les plus légères montent sur les grosses branches qui peuvent les porter, pour cueillir les olives des branches intérieures et des plus hautes ; d'autres, montées sur des échelles à pied, font tomber celles de toutes les branches qui forment le pourtour de l'arbre ; tandis que d'autres cueillent celles des branches pendantes vers la terre, toutes font tomber les olives sur les draps étendus au pied de l'arbre. S'il en reste encore quelques-unes qu'elles ne peuvent atteindre, elles les font tomber en frappant légèrement avec des cannes ; mais on doit leur recommander de s'en servir le moins possible. Les coups qu'elles donnent blessent les branches et écorchent l'écorce ; elles doivent, autant qu'il est possible, cueillir les olives à la main et faire attention de ne point casser ni tordre les branches.

Lorsque les femmes ont ainsi dépouillé l'olivier de tout son fruit, elles ramassent les olives qui se sont parsemées à terre hors des draps étendus, puis elles les trient et les ventent pour en séparer les feuilles ; enfin elles les portent dans des sacs au grenier ou au moulin, où elles attendent le moment d'être détritées.

Il faut surtout éviter de cueillir, lorsque les oliviers sont mouillés de la pluie ou de la rosée. L'écorce étant amollie par l'humidité, s'écorcherait par le frottement en montant sur l'arbre, ce qui l'endommage. S'il était possible de cueillir sans monter sur les branches, cela vaudrait mieux ; mais souvent aussi , pour atteindre celles qui sont trop éloignées, on tire à soi les branches qu'on peut atteindre avec la main et on les casse, ce qui est encore pis.

Les olives amoncelées dans les greniers fermentent au bout de deux jours, et plutôt, si elles sont au degré de maturité extrême. Cette fermentation, en préparant la détrition de l'olive, en amolissant et macérant le fruit, donne une plus grande quantité d'huile, comme je l'ai dit, si les olives restent longtemps ainsi entassées, et l'huile en est médiocre ou mauvaise: mais une légère fermentation de deux ou trois jours au plus, surtout si les olives ont été cueillies fraîches, ne nuit pas à la qualité de l'huile et aide beaucoup à la détrition.

Lorsqu'on veut faire de l'huile superfine, il faut cueillir les olives avant qu'elles soient devenues noires et les mettre tout de suite sous la meule, l'huile qu'elles rendent à le goût du fruit; les olives bien mûres portées au moulin et détritées au bout de deux ou trois jours, font de l'huile de très bonne qualité, quoiqu'ayant moins le goût du fruit; mais elle est plus grasse et moins fine. Plus les olives séjournent dans le grenier, plus l'huile se détériore.

Les greniers où l'on dépose les olives soit chez soi, soit au moulin, ne doivent pas être dans un endroit humide, ni trop étouffé, encore moins à terre au rez-de-chaussée, elles s'y moisiraient et donneraient à l'huile un goût de pourri.

On cueille une qualité d'huile qui s'appelle huile vierge, lorsqu'on peut extraire de la pâte des olives détritées, qu'on dépose dans des escortins ou cabas sur les piles du pressoir et sans ébouillanter, de l'huile qui coule sans aucun mélange d'eau, ce qu'on reconnaît à la limpidité de l'huile qui coule naturellement de la pâte; mais il faut que les olives soient d'une bonne qualité pour rendre de l'huile vierge et elles en rendent fort peu.

Lorsque l'huile est cueillie, on la vide dans des jarres, qu'on a préparées et qu'on a soin de tenir bien propres:

car rien ne contracte plus aisément que l'huile le mauvais goût de la jarre où elle est reposée. Il faut séparer les qualités, si l'on veut avoir de l'huile excellente ; car toutes les olives ne rendent pas la même qualité d'huile.

Après qu'on a recuilli, dans la cuve dite l'*espérance*, toute l'huile pure, il reste encore dans les eaux qui ont servi à ébouillanter la pâte sous la presse, et qui ont été mêlées dans l'*espérance* avec l'huile qu'on n'a recueillie qu'après avoir laissé reposer ces eaux, pour donner à l'huile pure le temps de surnager, des parties d'huile en assez grande quantité, et qui, trop grasses et moins légères que l'huile pure, n'ont pu aisément se détacher des eaux.

On recueille ces eaux, on les dépose à part dans des jarres : au bout de quelque temps, l'huile qu'elles contiennent encore surnage, on la recueille légèrement, elle est bonne à brûler.

Enfin on fait bouillir le reste de ces eaux dans un chaudron ; on écume la crasse, on laisse ensuite reposer ces eaux, et on y recueille l'huile qui vient au-dessus. Cette huile, quoique moins limpide que celle qui a été recueillie dans la jarre, est bonne à brûler dans le ménage.

Les procédés de culture, qu'il est important pour tout propriétaire de connaître dans tous les plus petits détails ; (car pour être bon agriculteur, qualité surtout essentielle dans ce pays, pour tout propriétaire jaloux de faire fructifier et de conserver son bien, il n'en faut ignorer aucun) se bornent à cette simple instruction.

Ce sont les seuls propres à notre climat, et à notre territoire ; mais il en est qui sont encore plus essentiels, qui
exigent de plus grandes connaissances en agriculture,
et que les propriétaires ne doivent pas ignorer. Ce sont
ceux qui concernent l'entretien, les renouvellemens, les
défrichemens, les plantations, lesquels je traiterai dans
la seconde Partie ; mais je crois devoir terminer cette
première Partie par une courte instruction sur les
Moulins à huile.

Rien à ajouter à ces réflexions au sujet de la cueillette des
olives. Je joins au Chapitre VII la description du moulin à
huile construit et amélioré par mon père, membre de l'Académie de Marseille. Cette assemblée nomma une commission dont
dix membres se rendirent sur les lieux pour faire un rapport
sur le nouveau moulin. Je le joins ici et je supprimerai le Chapitre VII qui décrit un moulin qui n'est plus en rapport avec les
nouvelles découvertes de la science, s'il ne s'y trouvait une description des presses isolées qui ont remplacé les presses à chapelles.
Ce système de presses a été conservé dans mon moulin, seulement j'en ai mis deux en fer, ce qui rend le travail beaucoup
mieux fait. J'ai fait aussi bâtir un grenier à foin sur mon moulin,
en sorte que la chaleur nécessaire à la distillation de l'huile est
infiniment plus forte. En un mot, je ne crois pas que dans mon
moulin actuellement existant, on puisse faire de l'huile mieux
soignée, soit sous le rapport de la quantité, soit sous celui de la
qualité. Une station du chemin de fer de Toulon, qui est à un
1/2 kilomètre de nos campagnes me fournira les moyens de
prouver aux propriétaires du Var qui voudront m'envoyer leurs
olives, la vérité de ce que j'avance.

CHAPITRE VII.

Avant de passer à la seconde Partie de ce Traité d'Agriculture, il ne paraîtra pas indifférent, sans doute, de dire un mot sur les moulins à huile, et d'indiquer un moyen de perfectionner les engins dont on est en usage de se servir, soit pour extraire l'huile avec plus de facilité et de propreté, soit pour économiser la main d'œuvre.

Pour réduire les olives en pâte, et pour extraire l'huile de cette pâte, deux machines sont nécessaires :

1° La roue qui, mise en mouvement par l'eau ou par une bête de trait, fait tourner une meule de pierre, dont le poids, en roulant sur une autre pierre qui forme le lit de la coupe, écrase les olives qu'un homme, avec une pelle de bois, fait passer successivement sous la meule.

2° Le pressoir sous lequel on met les olives réduites en pâte, pour en détacher l'huile par la force de la pression, en arrosant la pâte avec de l'eau bouillante qui détache l'huile qui reste encore dans la pâte, après la première fois qu'on l'a pressée sans l'ébouillanter.

Les moulins à eau, quoique plus économiques, puisqu'ils épargnent le service que ferait la bête de trait, sont les moins bons pour bien détriter les olives, parce que la force de l'eau fait tourner la meule trop rapidement et la pâte est moins bien pétrie.

Lorsque ce travail est fait par une bête de trait, comme elle tourne plus lentement, la pâte se pétrit mieux, l'homme qui la jette sous la meule, a plus de facilité pour la retourner, et elle est plus maniable, ce qui est essentiel pour en bien extraire l'huile sous la presse.

Il y a deux espèces de machines à détriter, celle dite à *cens* où la bête tourne autour de la coupe, et celle dite à *lanterne* où la bête tourne à côté ou sur le plancher au-dessus de la coupe, mais toujours à côté et en dehors de la coupe. La roue à lanterne a l'avantage, sur celle à cens, d'employer un tiers moins de temps, parce que la meule attachée à l'arbre de la lanterne, dans laquelle s'engrènent les alluchons de la grande roue, fait six ou sept tours, lorsque la bête n'en fait qu'un, proportionnellement à la quantité des alluchons de la grande roue, combinés avec les fuseaux de la lanterne, dans lesquels ils s'engrènent successivement; de sorte que s'il y a soixante alluchons à la grande roue et dix fuseaux seulement à la lanterne, la meule fera six tours lorsque la bête n'en fera qu'un; et c'est la juste proportion qu'il faut prendre pour que la meule ne roule ni trop vîte ni trop lentement. Cette accélération de travail est à l'avantage du moulin qui économise le temps.

Mais c'est surtout le mécanisme du pressoir qui intéresse les propriétaires des olives.

Pour extraire l'huile de la pâte, il faut, la première fois, presser fortement les piles des escortins dans lesquels on a mis la pâte sans l'ébouillanter ; et après cette première pression, qui a fait extraire la plus grande partie de l'huile, on ôte la pâte des escortins, on la repétrit encore avec les mains pour l'y remettre et à mesure qu'on place chaque escortin sous la presse pour monter la pile, on l'abreuve d'eau bouillante, pour détacher de la pâte toute l'huile qui peut y rester encore. Ensuite on presse une seconde fois cette pâte ainsi ébouillantée, et c'est cette seconde pression qui exige le plus de force.

On ne connaît qu'une seule forme de pressoir dans nos moulins, soit à Marseille, soit dans la Provence. Ils sont tous adossés à une muraille, dans l'épaisseur de laquelle ils sont construits. Le banc à travers lequel passent les vis, est soutenu en l'air, soit par des pièces de bois dites jambes de presse, soit par des piliers de pierre de taille, sur lesquelles portent les deux extrémités du banc. L'effort extraordinaire que font les vis en pressant sur les piles d'escortins qui contiennent la pâte pour en extraire l'huile, ferait remonter le banc, s'il n'était solidement fixé ; et à cet effet il faut qu'il soit chargé d'un grand poids proportionné à la force de la pression pour qu'il n'y puisse pas céder. Quelquefois on est obligé d'y faire au-dessus un massif considérable de maçonnerie, qui rarement est suffisant pour fixer le banc.

Le service de ce pressoir, qu'on appelle presse à cha-

pelle, ne peut se faire que par devant, ce qui rend la
pression moins perpendiculaire, parce que cinq ou six
hommes, qui pèsent sur l'extrémité de la longue barre
qui fait tourner la vis, l'attirent en avant, lorsqu'elle a
descendu les deux tiers et plus de sa longueur sur les
escortins, et qu'il ne reste plus que deux ou trois cor-
dons dans les pas du banc, et la pression n'étant plus
perpendiculaire, elle a beaucoup moins d'effet sur la totalité de la pâte, qui n'est pas également pressée. Il faut
à ces sortes de pressoirs une très longue barre, et beaucoup d'hommes pour presser, et on la reconnaît aisément au marc qui reste dans les escortins, lequel un
peu humide encore, contient de l'huile qui est perdue.

Ce qui le prouve, c'est qu'il y a des moulins dont les
meuniers achètent ce marc, dit grignon, le repassent
sous la meule en l'humectant avec de l'eau bouillante,
le remettent ensuite sous la presse, et en tirent assez
d'huile pour gagner avantageusement sur le prix que
leur a coûté ce marc. Ces moulins s'appellent moulin
à ressence; ainsi l'huile qui reste dans ces marcs, et
qu'on aurait pu en extraire, si la presse avait été plus
solide et plus forte, est perdue pour le propriétaire.

De plus, comme l'eau bouillante jetée abondamment, et bien également sur la pâte dans chaque escortin, à mesure qu'on les place pour la seconde pression,
est ce qui détache l'huile, l'opération d'ébouillanter
est la plus essentielle, et dans ces pressoirs à chapelle,
qu'on ne peut servir que par devant, il est impossible

d'ébouillanter également la pâte , toujours mal humectée par derrière.

Pour éviter ces deux défauts de tous nos pressoirs à
chapelle, j'en ai fait construire un dans mon moulin
pour mon usage, qui au lieu d'être adossé à la muraille ,
et enchâssé en forme de chapelle , comme sont tous
ceux de ce pays , est en travers au milieu du moulin ,
de manière qu'on le sert en tournant tout autour.

Ce pressoir a trois vis d'un tiers plus épaisses , et
plus fortes que les vis des pressoirs des autres moulins,
porte un banc d'une force porportionnée aux vis , et
sans aucun massif dessus , il est d'une solidité qui résiste
à la pression la plus forte possible.

Ce banc porte aux deux extrémités, sur deux fortes
jambes de presse , formées chacune d'un gros chêne
enterré de 1 mètre 70 centimètres dans le massif de la
maçonnerie , sur lequel sont posées les pierres froides
dites les piles , et par le moyen de deux entailles de
10 centimètres faites aux jambes de presse vers leur
tête , le banc est enchâssé de manière à ne pouvoir s'en
séparer.

Le banc lui-même, entaillé aux deux extrémités, entre dans les jambes de la presse qu'il embrasse dans
toute leur épaisseur , et est contenu par le moyen des
deux mortaises faites dans les jambes de presse , qui
l'empêchent de monter et de descendre.

Pour consolider ce banc , et l'empêcher de céder à
l'effort de la pression, je l'ai placé dans une espèce de
berceau , entre deux fortes poutres , qui le serrent dans

toute sa longueur, et qui portent dans les deux murailles des deux façades du moulin

Quatre gros boulons de fer traversent de part en part ces deux poutres, la tête des jambes de presse et le banc sont arrêtés à un bout par une grosse tête, et à l'autre par un écrou fortement serré, et qu'on peut serrer à volonté, s'il vient à se lâcher, ils fixent tellement le banc, qu'il ne peut, quelque effort que l'on fasse, se déplacer de 2 millimètres.

Pour plus grande solidité, j'ai posé deux chandelles de fer de 12 centimètres carrés, qui divisent la presse en trois parties formant les trois piles, et qui, posées perpendiculairement sur les piles, traversent en haut le banc de part en part, et son arrêtées au dessus par une forte goupille de fer; elles traversent aussi en bas les piles de pierre froide, et passent à travers une plaque de fer de 4 centimètres et demie d'epaisseur, et de la longueur du pressoir sur 4 centimètres et demie de largeur, posée et noyée dans le massif sur lequel sont posées les piles, et sont encore fixées en dessous par deux grosses goupilles de fer. De sorte que tout le pressoir ainsi lié dans toutes ses parties, ne peut céder à aucun mouvement, et le banc est immobile.

Pour profiter encore de l'avantage de la position de ce pressoir ainsi isolé au milieu du moulin, j'ai formé mes têtes de vis beaucoup plus fortes en hauteur et en épaisseur, de manière qu'au lieu d'être percées de quatre trous, comme le sont les autres, pour recevoir une seule barre, passant seulement d'un côté du devant du

pressoir, elles sont percées de huit trous et cerclées de
trois cercles de fer très épais.

Ces trous sont destinés à recevoir une barre sur chaque façade du pressoir, et deux ou trois hommes au
plus à chaque barre, posés comme ils le sont au cabes-
tan, et pressant à la fois, font descendre les vis avec plus
de force qu'on n'en peut faire dans les autres pressoirs
avec le double de bras.

Ces deux barres passées dans les têtes des vis des
deux côtés, et poussées chacune par le même nombre
d'hommes, font descendre les vis plus perpendiculairement sur les piles. Les vis ainsi, font une pression
égale sur toute la capacité de la pâte contenue dans les
escortins; de manière que toutes les parties de la pâte
étant perpendiculairement pressées, l'huile est forcée
de se détacher et de s'écouler.

Ce pressoir ainsi isolé, et qu'on sert de tous côtés,
donne l'avantage d'ébouillanter les escortins tout autour; la pâte également imbibée d'eau, et si fortement
pressée rend toute l'huile qu'elle peut contenir. Ce
qu'on reconnaît au marc dit grignon, qui, sortant de la
presse, est aussi sec que la cendre sortant d'un fourneau.

La facilité de servir ce pressoir ainsi isolé, a l'avantage de la propreté; l'huile qui coule d'un côté par le
robinet des piles, est recueillie dans des brocs qui sont
dessous, ne peut jamais recevoir aucun mélange de
grignons; parce que l'opération de descortiner, pour
repétrir la pâte avant de recevoir la seconde pression,
se fait sur la façade opposée du pressoir, avantage que

n'ont pas les pressoirs en chapelle, où l'on est forcé de recevoir l'huile dans les brocs du même côté, où l'on descortine, et où les hommes qui font cette opération pour ramollir et repétrir la pâte, et ceux qui ont soin de recevoir l'huile se gênent toujours.

Enfin, ce pressoir ainsi disposé, a encore l'avantage sur ceux à chapelle, de faciliter, en cas d'accident , toutes les réparations qu'il pourrait exiger sans le démolir, ni le remonter, pouvant travailler dessus, dessous, et tout autour des engins.

Tel est le pressoir que j'ai fait exécuter sous mes yeux, sur les plans géométriques que j'en ai faits, par un simple menuisier à journée, qui en a parfaitement saisi toutes les dimensions, et j'en ai encore mieux reconnu les avantages, par l'usage que j'en ai fait depuis trois ans, avec un succès avoué de tout le monde.

FIN DE LA PREMIÈRE PARTIE.

SECONDE PARTIE.

De l'entretien foncier des propriétés rurales.

Principo arboribus varia est natura creandis. . . . .
Virg, Géorg. L. ii., v. 17.

Les arbres, de la terre agréable parure,
Sortent diversement des mains de la nature. . . .
Traduc. de DELILLE.

J'ai parcouru le cercle des travaux ordinaires et non interrompus de l'*Agriculteur du Midi ;* ces travaux constituent toute l'économie rurale du territoire de Marseille. J'ai exposé les règles et les usages auxquels sont soumis les cultivateurs envers les propriétaires qui

fixent leurs intérêts respectifs, qui forment une espèce
de code rural devenu loi par l'antique usage, et d'après
lequel sont jugées toutes les contestations qui peuvent
naître pour faits de culture entre les propriétaires et les
cultivateurs ; j'ai fait connaître les motifs de ces usages
et de ces règles, que l'antique expérience et une pratique réfléchie, et successivement rectifiée ont cru devoir
établir, en raison du climat, de la nature du sol et de
ses productions.

Il me reste à traiter de tout ce qui concerne l'entretien foncier, et du régime créateur et restaurateur de
la fécondtié de la terre ; ce qui consiste dans la manière
de mettre le sol en valeur, et dans les réparations et
améliorations qui sont à la charge des propriétaires,
mais qui intéressent essentiellement la constante fertilité de leurs domaines.

Je vais donc exposer les préceptes sur la meilleure
manière de mettre en produit, et d'entretenir les propriétés rurales dans l'état de culture le plus prospère, et
les méthodes à suivre pour opposer aux détériorations
accidentelles, et aux dégradations du temps, des
moyens de régénération.

L'objet essentiel que je me propose, est de rectifier la
culture guidée aujourd'hui par une routine et par des

préjugés funestes, dans la partie la plus essentielle , qu
est celle de l'entretien foncier des biens ruraux , et de
régénérer, autant qu'il est possible, le sol épuisé par la
plus antique culture et par les ravages journaliers de
l'ignorance, de l'insouciance et des dévastations , suites
funestes de l'inexécution des lois et des crises politiques
qui nous agitent depuis si longtemps.

Nos pères ont pu s'en tenir aux usages qu'une antique
expérience leur avait transmis. La terre moins fatiguée
de produire, les saisons mieux réglées, le climat moins
aride et moins rigoureux , servaient plus favorablement
qu'aujourd'hui leurs travaux , et rendaient moins nécessaires l'étude approfondie de la culture ; mais les
temps présens exigent des propriétaires des soins plus
pénibles, des méthodes mieux réfléchies et des procédés
régénérateurs.

La terre, le climat, les saisons, les évènemens politiques même, tout semble aider la main dévastatrice du
temps, à promener sa faux impitoyable sur notre infortuné territoire qui , quoique paré encore aux yeux peu
clairvoyans de ses antiques atours, a perdu la fraîcheur
de la jeunesse, et ne se montre aux yeux de l'observateur réfléchi, que comme une beauté surannée , qui ne
doit qu'à l'art et à la coquetterie son éclat trompeur.

C'en est assez pour faire sentir l'importance de cette seconde partie de ce Traité d'Agriculture.

Elle contiendra donc les défrichemens, les renouvellemens ou plantations en remplacement ; la plantation de la vigne, celle des oliviers, les pépinières de ces deux espèces, enfin une courte et simple instruction sur les plantes potagères et sur les prairies, les canaux et les écluses.

L'immortel poète de Mantoue me fournira encore la majeure partie des préceptes que je vais exposer ; car on ne trouvera dans aucun auteur moderne, des méthodes de culture si simples, si claires et qui puissent s'appliquer aussi avantageusement que celles qu'il nous donne, à la nature de notre sol, à ses productions, à notre climat, à sa température.

CHAPITRE PREMIER.

DES DÉFRICHEMENS ET RENOUVELLEMENS.

. . . . *Labor omnia vincit*
Improbus, et duris urgens in rebus egestas.
VIRG. Géorg. L. Iᵉʳ., v. 146.

Tout cède aux longs travaux, et surtout aux besoins.
Traduc. de DELILLE.

SECTION PREMIÈRE.

Connaissance des qualités de terrains.

Nunc locus arvorum ingeniis, quæ robore cuique,
Qui color, et quæ sit rebus natura ferendis.
VIRG. Géorg. L. II., v. 177.

Maintenant des terrains distinguons la nature,
Leur force, leur couleur, leurs fruits et leur culture.
Traduc. de DELILLE.

Lorsqu'on se propose de mettre en valeur un terrain quelconque, avant d'entreprendre de le travailler, on doit avoir déjà projeté le genre de production auquel on le destine ; mais on ne peut se déterminer qu'après avoir acquis une connaissance parfaite de la qualité du terrain.

Nec verò terræ omnia possunt.

Virg. Géorg. L. ii., v. 109.

Tout sol, enfin, n'est pas propice à chaque plante.

Traduc. de DELILLE.

Il est donc indispensable de connaître les vertus propres à chaque espèce de terrain, pour choisir les plantes et les arbres qui peuvent y prospérer. Les arbres et les plantes se nourrissent des sucs et des sels de la terre; c'est par l'action du pompement, que les racines aspirent ces sucs. A cet effet, depuis la grosse jusqu'à la plus petite racine, jusqu'au chevelu le plus imperceptible, toutes ont un canal qui se termine en pointe arrondie, à l'extrémité duquel est un trou par lequel elles reçoivent leur nourriture. Pour s'assurer de ce fait, il suffit de couper une racine et de la presser, on verra sortir par le bout une liqueur, qui diffère de qualité et de goût, suivant l'espèce de plante à laquelle cette racine appartient.

Par le moyen de la circulation de la sève, les sucs de la terre élaborés primitivement dans les racines, remontent dans le tronc de l'arbre ou dans le pied de la tige des plantes qui en sont les réservoirs, et de là se communiquent à toutes les parties jusqu'à l'extrémité de la plus petite branche; mais ces sucs et ces sels, dont la terre s'épuise si généreusement en faveur des végétaux, diffèrent entre eux en vertus et en qualité, suivant la nature du sol, et ne conviennent pas également à tous

les arbres et à toutes les plantes; et c'est d'eux que les
herbages, les grains, les légumes, les fruits reçoivent
leur saveur; c'est à eux que tout ce qui croît dans nos
champs doit sa force, sa beauté et sa fécondité. Cependant telle plante, tel arbre dépérit, languit, ou est infécond, là où une autre espèce réussit merveilleusement.

Il est donc essentiel de connaître les différentes vertus de chaque terrain, pour faire le choix des plantes qu'on doit leur confier.

Sans entrer dans un trop grand détail sur toutes les variations que présentent les sols différens et leurs diverses propriétés, on peut, comme je l'ai déjà dit, ranger en trois classes toutes les espèces de terres, et c'est à la couleur qu'on en connaît la qualité.

La terre grasse, la plus fertile, est de couleur brun foncé, et presque noire; c'est la plus propre à féconder les plants qu'elle nourrit; mais elle ne convient pas à toutes les espèces; les fruits qu'elle produit sont plus beaux, mais ils manquent de qualité et de saveur, elle dédommage par sa fertilité, de la qualité moins bonne de ses productions.

Les terres rousses, jaunes, grises, ou d'un rouge pâle, sont de seconde classe et de médiocre bonté; il est cependant des espèces d'arbres qui s'y plaisent.

La terre blanche qu'il ne faut pas confondre avec la marne, est la plus mauvaise par sa légèreté, sa sécheresse, sa stérilité. On peut comprendre dans cette dernière classe les terres pierreuses, sablonneuses, argileu-

ses. Quant à celles qui , moins légères que ces dernières, sont graveleuses, on peut les ranger dans la seconde
classe.

La terre de première classe est bonne pour le blé, les
plantes potagères, les prairies.

> *Nigra ferè, et presso pinguis sub vomere terra,*
> *Et cui putre solum, (manque hoc imitamur arando),*
> *Optima frumentis. . . . . .*
>
> VIRG. Géorg. L. II, v. 203.

> Enfin pour le froment choisis ces terrains forts,
> Pleins de sucs au dedans, noirâtres au dehors,
> Dont la terre est broyée, et pour qui la nature
> Semble avoir épargné les frais de la culture.
>
> *Traduc. de DELILLE.*

Les terrains de la seconde classe conviennent aux
vignes, si l'on a soin de les engraisser et de les travailler
souvent pour les tenir meubles et frais.

> *At quæ pinguis humus, dulcique uligine læta,*
> *Quique frequens herbis, et fertilis ubere campus.*
> *. . . . .*
> *Sufficiet Baccho vites.*
>
> VIRG. Géorg. L. II., v. 184.

> Mais ces terrains féconds que la nature engraisse,
> Qui regorgent de sucs, où croît une herbe épaisse,
> . . . .
> Ils te prodigueront des vins délicieux.
>
> *Traduc. de DELILLE.*

Les oliviers se plaisent dans les terres légères , dans
les coteaux arides, dans le sol argileux et pierreux, qui
sont rangés dans la troisième classe.

Difficiles primùm terræ, collesque maligni,
Tenuis ubi argilla, et dumosis calculus arvis,
Palliadià gaudent silvâ vivacis olivæ.

Virg. Géorg. L. ii., v. 179.

D'abord le sol pierreux de ces arides monts,
D'argile entremêlés, hérissés de buissons,
De l'arbre de Pallas aime l'utile ombrage.

Traduc. de DELILLE.

La situation du terrain , lorsqu'il n'est pas parfaitement horizontal, et que sa surface est en pente, présente différentes expositions , suivant que le soleil frappe les divers aspects des coteaux.

Dans la plupart des climats , où la terre et les plantes ont besoin de la bienfaisante chaleur de cet astre , on doit préférer les expositions au midi et à l'occident ; mais dans notre climat brûlant et aride , où depuis la fin d'avril jusqu'en septembre il pleut si rarement , où la chaleur ardente du soleil d'été dévore et brûle tout , où les vents fréquens de nord-ouest dessèchent la terre jusqu'au fond des guérets, et fatiguent les plantes, on doit préférer les expositions au nord et au levant à celles du midi et du couchant , à moins qu'on ne soit à portée de quelque ruisseau ou source abondante, qui les maintiennent dans un état de fraîcheur continuelle.

Pour qu'un terrain puisse tirer avantage de sa direction et de son aspect, il faut qu'il soit un peu en pente, la vigne y croît et fructifie mieux ; son fruit a plus de qualité et de saveur dans un terrain où les eaux pluviales trouvent un écoulement , pourvu qu'il ne

soit pas trop rapide , que dans les fonds où elles séjournent , et dans les expositions basses et planes toujours plus humides; les vignes, dans ces expositions, sont
en danger d'être gelées , lorsqu'elles bourgeonnent au
printemps. La rosée du matin, très abondante dans cette
saison , s'attache aux bourgeons ; le vent du nord-est
qui souffle ordinairement au lever du soleil, et qui prépare dans cette saison les plus beaux jours , gèle cette
rosée ; toutes les jeunes pousses des vignes imbibées de
l'humidité de la nuit sont gelées par le froid qui les
frappe et la récolte est perdue. Les terrains situés en
pente sur les coteaux ne sont pas exposés au même danger.

Les vignes plantées dans les fonds produisent plus
abondamment , mais les vins qu'on y recueille sont de
médiocre qualité , et ne peuvent pas se garder. Il est
rare qu'ils puissent résister aux chaleurs de l'été, et aux
saisons qui provoquent une nouvelle fermentation, sans
se détériorer. Comme ils sont plus abondans en parties
terreuses, ils produisent plus de lie , et étant aussi plus
chargés de parties aqueuses ils sont moins spiritueux,
moins généreux, et par conséquent moins bons et moins
sains. Les raisins des fonds sont aussi sujets à se pourrir
en automne. Les ceps les plus vigoureux les ombragent,
et leurs larges pampres interceptent la chaleur du soleil et la circulation de l'air , le fruit qui pompe l'humidité de la terre, et qui ne reçoit ni assez de chaleur , ni
assez d'air pour qu'elle sèche , ou s'évapore , se pourrit
ordinairement avant d'être en maturité. La vendange
est nécessairement plus tardive, elle est souvent exposée

aux premières gelées de l'automne, et tous ces incouvéniens ajoutent encore à la mauvaise qualité de ces vins.

Les oliviers aussi réussissent moins bien dans les fonds que sur les coteaux, et l'huile qu'ils produisent est grasse, épaisse et de mauvaise qualité; c'est pour cela que les huiles de la rivière de Gênes ne sont pas bonnes à manger.

J'ai dit que dans notre climat, l'exposition au nord et au levant est la meilleure pour les vignes et pour les oliviers, mais je l'affirme plus fortement pour les oliviers.

Cet arbre, qui ne peut croître et prospérer que dans les climats méridionaux, réussit assez généralement dans le territoire de Marseille; mais on a cru jusqu'à ce jour que, de même que dans un climat plus froid que le nôtre, l'exposition du midi était la meilleure. L'expérience de plusieurs hivers froids, qui depuis trente ans ont fait du mal à nos oliviers, a démontré aux cultivateurs un peu réfléchis, que les oliviers exposés au midi ont plus souffert des fortes gelées que ceux situés au nord.

Nous avons pu observer, dans ces hivers rigoureux, que les oliviers exposés au midi ont presque tous péri, tandis que ceux exposés au nord ont échappé à la rigueur du froid. Ceux plantés sur les penchans de coteaux situés sur la rive gauche de l'Huveaune, et dont l'exposition est au nord parfait, ont peu souffert dans ces hivers meurtriers, tandis que ceux nés sur les coteaux qui bordent la rive droite de cette rivière, exposés au midi et abrités des vents du nord et de l''ouest ont généralement péri, ou ont été fort maltraités. Par suite de l'irréflexion, on a été étonné de cette mortalité presque générale des oliviers exposés au midi, et, sans en chercher la cause, on la regardait comme un phénomène. L'expérience ne suffit donc pas sans la réflexion, qui cherche et trouve la cause physique.

Il est généralement reconnu que l'olivier est un arbre qui n'appartient qu'aux climats chauds ou tempérés. Dans ceux où la température de l'air n'est pas à un degré de chaleur suffisant pour que cet arbre puisse prospérer, il périrait dans toutes les expositions; mais, dans notre climat, il ne craint que les froids accidentels et extraordinaires. Il s'agit de savoir pourquoi, même contre la vraisemblance, ceux exposés au midi et abrités des vents, sont plus en danger que ceux plantés à l'exposition du nord et sur les coteaux frappés par les vents, lorsqu'il règne un hiver rigoureux.

Cette assertion, qui paraît un paradoxe, sera généralement avouée, lorsque la cause physique en aura fait connaître la vérité.

Les froids excessifs qui, quoique pas annuels dans notre climat, ne sont que trop fréquents et sont presque toujours humides. C'est surtout lorsqu'il tombe de la neige que les oliviers sont en danger.

Mais, pendant ces fortes gelées, lorsque le soleil a pompé l'humidité de la nuit, ou commencé à fondre la neige par la seule action de ses rayons ardens, sans que l'atmosphère soit dans un moindre degré de froid, les arbres frappés de cette chaleur, reçoivent pendant le jour l'influence vivifiante de cet astre ; leur sève se dilate, et se met en mouvement ; tandis que cette même sève se concentre par l'effet du froid sur les arbres situés au nord, et plus à l'abri du soleil, ceux-là sont moins en végétation.

La neige qui séjourne sur les oliviers, qui sont toujours touffus, parce qu'ils conservent leurs feuilles en hiver, se fond pendant le jour aux rayons du soleil, dont les arbres exposés au midi sont frappés." Elle se conserve sur ceux exposés au nord, qui attendent que le retour de la chaleur de l'atmosphère vienne à leur secours. Cependant la nuit survient, et le froid est glacial ; il règne alors sur tout l'horizon, il frappe également tous les arbres dans toutes les situations. Ceux exposés au midi, à qui la chaleur passagère du jour a procuré une végétation plus active, sont plus dangereusement éprouvés par le contraste du jour à la nuit, et par le passage subit du chaud au froid ; tandis que ceux situés au nord, n'en ressentent pas si douloureusement l'effet. Le froid pour eux est moins dangereux, et s'il se prolonge, s'il augmente progressivement pendant plusieurs jours, ce qui arrive ordinairement, les arbres exposés au midi y sont plus sensibles, au lieu que ceux plantés au nord, s'accoutument peu à peu au froid, s'acclimatent, pour ainsi dire, et résistent à l'intempérie de la saison. Les oliviers à l'aspect du midi, sur lesquels la neige s'est fondue pendant le jour, et dont les branches sont imbibées d'eau, subitement frappés du froid de la nuit, sont nécessairement gelés par cette humidité qui se glace sur toutes leurs branches. Les vents même qui régnent dans ces fortes gelées, sont avantageux à ceux plantés sur des coteaux exposés au nord ; parce qu'étant continuellement agités, la neige dont ils sont couverts tombe sans se fondre, et l'humidité se dessèche par l'effet du vent ; et comme le mouvement est toujours un obstacle à la congélation, les branches de l'arbre sans cesse secouées par le courant d'air toujours plus actif sur les hauteurs, sont moins exposées que dans les situations abritées, à être frappées de l'impression du froid. Ainsi les oliviers exposés au midi, et dans les fonds peu aérés, sont dans une situation plus longtemps dangereuse.

Il est donc préférable de planter les oliviers au nord. J'en ai acquis l'expérience, en plantant un grand nombre de ces arbres sur les coteaux, au pied des murs de soutènement des terres, et abritées du midi par ces terrasses en amphithéâtre, je n'en ai perdu aucun dans les époques des froids désastreux de 1789 et 1793, ni depuis.

Il y a un autre avantage à planter ainsi les jeunes oliviers au pied des murs en terrasses sur nos coteaux c'est que la fraîcheur et l'humidité, si nécessaires à ménager pour nos arbres dans notre climat constamment sec et aride, se conservent mieux et plus longtemps au pied de ces murs que le soleil frappe peu, et que la terre y est rafraîchie et abreuvée par l'écoulement des eaux pluviales du terrain supérieur, ce qui profite aux oliviers.

On voit, au contraire, ceux qu'on a l'habitude de planter sur les terrasses, chétifs et rabougris, parce que leurs racines desséchées peuvent à peine les nourrir.

La réflexion et l'expérience s'accordent donc, pour faire adopter la plantation des oliviers dans les terrains élevés, et sur des coteaux situés au nord, au pied des murs de soutènement des terres formant la pente des coteaux dirigée du sud au nord.

SECTION II.

Des défrichemens.

Prima Cérès ferro mortales vertere terram
Instituit, quam jàm glandes, atque arbuta sacræ
Deficierent silvæ, et victum Dodona negaret.
VIRG. Géorg. L. Ier., v. 147.

Quand Dodone aux mortels refusa leur pâture,
Cérès vint des guérets leur montrer la culture.
Traduc. de DELILLE.

Les premiers travaux qui ont fertilisé la terre ont été les défrichemens, ils consistent à mettre en valeur les terres, qui n'ont jamais porté que des herbes et des plantes sauvages, ou qui pendant un long espace de temps ont été abandonnées à la simple nature.

Ces terrains que la main de l'homme n'a pas creusés, qu'aucun instrument aratoire n'a encore retournés.

ni ameublis, ou dont la culture abandonnée a laissé prendre possession aux arbres et arbustes sans produits, et aux plantes parasistes, lorsqu'ils ne sont pas trop dégradés par la chute trop rapide des eaux pluviales, et qu'il reste une couche de terre assez profonde pour pouvoir être effondrée, peuvent recevoir des riches semences ou des plants de vignes et d'arbres précieux.

Ils sont d'autant plus avantageux à cultiver, que n'ayant jamais été asservis à la main de l'homme, ou jouissant depuis longtemps d'un repos infécond, surtout si pendant leur longue stérilité ils ont produit des arbustes dont la dépouille annuelle leur a servi d'engrais bonifiés par les pluies, ils n'ont fait encore aucune dépense des sels nutritifs réservés par la nature pour féconder les plantes utiles.

Il y avait autrefois des terres de cette nature à mettre en valeur dans notre territoire. L'infatigable industrie de nos pères, depuis plusieurs siècles, ne laissait rien d'inculte; heureux effet des lois protectrices de l'agriculture dont ils jouissaient, et des encouragemens qui stimulaient l'intérêt; mais depuis longtemps, le poids terrible des charges publiques, l'abandon de l'agriculture, l'insouciance, le découragement, la cherté excessive des travaux, le manque des moyens, ou toutes ces choses réunies, ont fait abandonner des terres qui, par les soins de nos anciens agriculteurs, étaient fertilisées, et qui peuvent être remises en valeur.

Il est peu de propriétés d'une certaine étendue, où l'on ne trouve quelques-uns de ces terrains qui n'ont

pas été défrichés , ou dont on a abandonné la culture ;
mais comme les défrichemens sont très dispendieux, il
faut, avant de les entreprendre , sonder le terrain pour
s'assurer s'il est susceptible d'un produit assez avantageux pour indemniser de la dépense.

Ce serait une véritable folie, que de pousser l'agromanie au point de dépenser sans certitude de produit, et
pour le seul plaisir de faire quelque chose de singulier
et d'extraordinaire.

Il y a cependant peu de terres, à moins que le tuf, le
safre, ou le roc ne soient à nu , dont on ne puisse tirer
parti. Souvent dans ces lieux qui paraissent ingrats, au
simple aspect de leur superficie , on peut trouver au
pied même des rochers , des cavités parsemées çà et là,
dont il serait avantageux de profiter pour y planter des
oliviers, qui y réussiraient à souhait.

Mais l'excessive cherté de ces travaux sera toujours
un obstacle à ces utiles améliorations de l'agriculture
dans notre territoire. On ne doit plus espérer que les
propriétaires s'y livrent , si le gouvernement ne leur
donne pas des encouragemens, et tels qu'ils puissent vi-
vement stimuler l'intérêt, premier mobile du travail, et
s'il ne vient pas efficacement au secours de l'agriculteur
méprisé et ruiné. Heureux encore , si l'abandon des
terres en produit, ne se multiplie pas annuellement par
tant de causes qui énervent, qui tuent l'industrie agricole.

Dans les terres qui sont susceptibles d'être creusées
profondément , on peut planter des vignes qui y pros-

pèrent, parce qu'un sol vierge leur convient. Dans celles qui ne sont couvertes que d'une légère couche de bonne terre, on peut avec des travaux peu coûteux, et quelques labours à la bêche , ou à la charrue, si elles ne sont pas trop pierreuses, semer du blé, des légumes, ou au moins du seigle , qui croît sans engrais dans le sol le plus maigre.

Mais dans tout terrain neuf, où la terre est vierge, et peut être ameublie, creusée et retournée à la profondeur de 75 centimètres à 1 mètre, quelle que soit la dépense de défrichement, on en sera indemnisé par sa fertilité.

Si la terre est légère et maigre, il faut la bonifier par des engrais ; si elle est forte et grasse , elle peut s'en passer pendant quelques années.

Mais il faut attendre pendant plusieurs années le produit des avances que demande cette terre pour être fertilisée ; et il n'existe plus de propriétaires en état de faire le sacrifice de ces avances , et du retard de l'indemnité, ce qui fait qu'on n'entreprend plus de ces travaux.

Cependant les défrichemens sont profitables à l'État , comme aux particuliers , le Gouvernement doit les encourager ; et ce serait une spéculation très sage en finance, que de donner pour prime d'encouragement, ou d'indemnité une diminution de contribution foncière , proportionnée à l'étendue et à l'utilité du défrichement, et même d'une amélioration , à tout propriétaire qui prouverait avoir employé son industrie, ses épargnes et ses sueurs à un travail si avantageux à la prospérité de l'agriculture.

SECTION III.

**Des renouvellemens des vignobles épuisés par le temps
ou par défaut de culture.**

. . . . *Sic omnia fatis*
In pejus ruere, ac retro sublapsa refferri.
Virg. Géorg. L. Ier., v. 199.

Tel est l'arrêt du sort, tout marche à son déclin.
Traduc. de DELILLE.

Les meilleures terres s'épuisent ; les plantes qu'elles
ont fécondées vieillissent ; la terre dont ils ont dévoré
les sels nutritifs finit, après un certain temps, par leur
refuser les sucs dont ils ont besoin. On les voit annuellement se détériorer et leur produit diminuer sensiblement, quoiqu'on ne leur refuse aucune culture ; enfin
l'état d'épuisement parvient au point que leurs fruits
ne paient plus les frais du travail. Il serait plus avantageux au propriétaire d'abandonner un terrain ainsi
épuisé, une plantation ainsi stérile, que d'en entretenir
la culture sans profit. Souvent la mauvaise culture,
pendant plusieurs années de suite, est cause de cette
détérioration, qui devient enfin irréparable, quel qu'en
soit le principe. Il est indispensable de remettre ces
terrains en rapport, sous peine de voir successivement
un riche domaine totalement dégradé.

On sait que dans les bons terrains, dont les plantations n'ont point été renouvelées, les vignes doivent
durer plus de cent ans. Dans les terres maigres et arides elles durent moins ; mais comme, dans le territoire
de Marseille, les défrichemens datent des Phocéens, nos
aïeux, qui ont porté dans nos climats l'art de la culture,
les biens, pour plupart, sont complantés en vignes de
temps immémorial ; il est peu de terres qui n'aient été
replantées, leur fécondité cesse plutôt.

Les vignes, dans notre territoire ; ne durent guère
que cinquante ou soixante ans en rapport ; et nous
avons ce désavantage sur les vignobles des territoires
voisins, qui naguère étaient couverts de bois, ou qu'il
n'était pas permis de complanter en vignes, lorsque le
sol était propre à produire du blé, qu'ils sont encore dans
leur premier rapport. Il n'y a que des terres rares et
privilégiées par la nature et par leur qualité, où les vignes n'éprouvent pas une aussi prompte détérioration.

Ainsi, en règle générale, sauf quelques exceptions
locales, un propriétaire qui entretient son bien en père
de famille, doit renouveler ses vignes à raison d'un
cinquantième ou soixantième par an. Heureux encore
si, par la négligence des cultivateurs auxquels il l'aura
confié, il n'est pas forcé de faire des renouvellemens plus
fréquens et plus considérables. Les travaux pour le
renouvellement des vignobles sont aujourd'hui très
dispendieux par la cherté de la main-d'œuvre et par la
non jouissance momentanée du produit d'une terre
replantée, qu'il faut attendre pendant plusieurs années,

quoiqu'on en paie annuellement la culture, les charges et la contribution.

On peut assurer que le propriétaire qui renouvelle aujourd'hui un vignoble, en le replantant, paie son sol aussi chèrement qu'un autre qu'il achèterait tout planté et en bon rapport, et le calcul en est facile.

Il est d'un usage généralement avoué, indispensable, de laisser reposer pendant cinq ans au moins le terrain dont on a arraché les vignes, pour le replanter. La vigne ne peut compter pour sa production qu'à la cinquième année ; voilà donc dix ans de non jouissance, entre le repos et la reproduction. Une carterée dans des terrains ordinaires, complantée en vignes dans leur rapport, donne 350 litres de vin, qui à 18 c. le litre font un produit annuel de 63 fr., les dix ans de non jouissance montent donc à 630 fr., les frais de la nouvelle plantation coûtent au moins 300 fr., la culture estimée à 72 fr. par carterée par an, coûtent pendant les cinq ans 360 fr. Voilà donc pour ces trois articles 1290 fr. au moins, que coûte cette vigne renouvelée, à quoi il faut ajouter la contribution foncière qu'elle continue toujours de payer, quoique la terre soit en repos et sans produit.

Or une carterée du meilleur terrain, et dans le rapport le plus abondant, n'est pas estimée plus de 12 à 1400 fr. de prix foncier. Il est donc vrai de dire que les renouvellemens des vignobles coûtent plus au propriétaire qui a le courage de les entreprendre que l'achat du même sol planté et en bon rapport. La plantation

devient encore bien plus dispendieuse , s'il faut effondrer un terrain difficile et pénible à ouvrir, et à creuser
à la profondeur nécessaire.

Quelque soin que l'on prenne en faisant ces renouvellemens, les nouvelles vignes , dans leur plus grand rapport , ne produiront jamais autant que celles qui sont
nées les premières dans un sol nouvellement défriché.

La terre s'ennuie , pour ainsi dire , de nourrir les
mêmes plantes , les mêmes espèces de productions. La
raison physique en est qu'elle épuise les sels propres
aux plantes qu'elle nourrit pendant trop longtemps, elle
est encore moins propre à féconder ces mêmes espèces,
si les plants qu'on aura arrachés de son sein y ont contracté des maladies ou y sont morts de misère ou de
vieillesse.

Les nouveaux plants de même espèce qui remplacent
les vieux, languissent dans ce même sol , où leurs prédécesseurs , premiers nourrissons de cette terre , ont
longtemps prospéré. Lorsque les racines des nouveaux
plants viennent , en s'étendant , à rencontrer quelques
vieilles racines des plants qui les ont précédées , si on
n'a pas eu le plus grand soin de les trier en creusant de
nouveau la terre , ils contractent la maladie des vieux
plants qu'ils ont remplacés.

Il en est de même, lorsque les racines des plants nouveaux vont se nourrir dans la terre, où ces vieilles racines malades prenaient leur substance , si on n'a pas eu
soin de la purifier , en l'exposant à l'action salutaire et
épurative de l'air et du soleil.

En règle générale, les racines de tous arbres ou arbustes malades, ou morts dans le sol où ils ont vécu,
sont un poison mortel pour ceux de la même espèce qui
les remplacent.

D'après ces observations, on voit que la manière de
procéder à ces renouvellemens de vignobles n'est point
aussi indifférente qu'on le pense, et que la routine que
l'on suit sans réflexion est, sinon dangereuse, du moins
très incertaine ; mais que ces travaux les plus impor-
tans de l'agriculture, dans notre sol, exigent de la part
des propriétaires des connaissances et les plus grands
soins. Nos aïeux ont défriché un sol vierge ; leur méthode a besoin d'être améliorée par nous, qui renouvel-
lons un sol épuisé. Je donnerai celle qui doit être suivie,
et dont on peut espérer le plus de succès, lorsque je
traiterai de la manière de préparer le terrain au Chapitre de la plantation qui suit.

CHAPITRE II.

Principio arboribus, varia est natura creandis.
Virg. Géorg. L. ii., v. 19.

Les arbres de la terre agréable parure,
Sortent diversement des mains de la nature.
Traduc. de DELILLE.

SECTION PREMIÈRE.

Préparation du terrain.

Bacchus amat colles. . . . .
Virg. Géorg. L. ii., v. 112.

Le soleil sur les monts cuit la grappe dorée.
Traduc. de DELILLE.

Pour obvier à l'épuisement de notre sol, on est dans l'usage, après avoir arraché une vieille vigne, de la remplacer par une nouvelle plantation, de laisser reposer la terre pendant cinq ans au moins, et de la semer en blé tous les ans.

Cette méthode ne peut qu'être avantageuse à l'amendement du terrain, pour le rendre propre à féconder les nouveaux plants. Cette terre, à laquelle on donne chaque année plusieurs labours à la charrue et à la bêche, se purifie et se bonifie par l'influence de l'air et des pluies, et le blé qu'on y sème détruit le chiendent, qui est une des herbes sauvages les plus nuisibles à la vigne; mais le blé, dans notre sol, est d'un si mince produit, surtout dans les terres où la vigne se plaît le plus, qu'il paie à peine les engrais et les frais de culture; et laisser ainsi reposer une terre à vigne, c'est perdre réellement son revenu pendant les années de repos.

Si cependant on ne veut pas se priver de cette jouissance, il y a moyen de rendre à cette terre sa vertu, de la purifier et de mettre en action les nouveaux sels qui n'ont pas été épuisés par la vigne qu'elle a déjà portée, ou de réparer la déperdition qu'elle en a fait.

A cet effet, il faut effondrer le terrain plus profondément qu'il ne l'avait été pour la plantation de la vigne précédente : et comme les premiers défrichemens ne se faisaient qu'à 75 centimètres de profondeur, en effondrant à 1 mètre, on donnera 25 centimètres ou 30 centimètres de terre vierge qui, par l'opération du nouveau creusement, se place dessus. En creusant à cette profondeur dans les terrains situés sur les coteaux, on donne plus de 25 centimètres de terre vierge, parce que, comme la terre a perdu par la pente du sol depuis son premier défrichement, l'ancienne terre qui avait été creusée à 75 centimètres, se trouve réduite à 60 centimètres ; tout ce qui se trouve au-dessous est donc terre vierge.

La vigne nouvelle plantée dans cette première couche de terre vierge, y trouve de nouveaux sels, que l'air. le soleil, les pluies fertilisent, et la vigne y croît comme dans une terre neuve.

Lorsque les racines de la jeune vigne ont percé jusqu'au fond du terrain défoncé, elles y trouvent la vieille terre qui, plus meuble. s'est bonifiée par les pluies qui ont filtré à travers la première couche de terre vierge, par la chaleur du soleil qui l'a pénétrée, par les sels purs de la terre vierge qui se sont amalgamés avec elle, au moyen de l'infiltration des eaux.

Il faut faire attention, en effondrant le terrain, de trier toutes les vieilles racines de la vieille vigne ; et pour obtenir plus sûrement ce soin des ouvriers, il faut les y engager par l'intérêt, en leur abandonnant tout le bois produit par ces vieilles racines.

Si cette méthode est plus dispendieuse au moins d'un tiers, que celle qui est pratiquée presque généralement, on en est dédommagé par une jouissance anticipée de cinq ans.

Il ne faut jamais être arrêté dans une plantation si importante, par la dépense, lorsqu'elle est nécessaire. C'est placer à gros intérèt, que de ne rien épargner pour faire un bon travail ; c'est en perdre le fruit que d'être parcimonieux ; il vaut mieux ne pas cultiver que mal cultiver. L'argent qu'on dépense pour de mauvaises cultures, s'il profite pendant quelques années, est toujours perdu pour nos enfans. Un célibataire âgé peut bien faire des spéculations de parcimonie ; un père de famille doit travailler pour ses enfans plus que pour sa propre jouissance.

Avant d'effondrer un terrain pour le planter , il faut bien examiner le sol, voir s'il est bien horizontal ou s'il est en pente , et comment la pente est disposée ; si elle est trop rapide, on doit faire des banquettes ou murailles de soutènement, pour adoucir ces pentes et soutenir les terres de niveau.

Je préfèrerais soutenir les terrasses , qu'on est forcé de construire sur les coteaux dont la pente est trop rapide , par des mottes de gazon ou de grosses touffes d'herbes placées en talus, au lieu de murailles de pierres qu'on est dans l'usage de faire. Ces murailles, montées en pierres sèches . sont d'un entretien extrêmement dispendieux , parce que chaque pluie d'orage les détruit en partie, et à tout moment il y a des brèches à réparer. Les arbustes et plantes sauvages y naissent , y croissent , y multiplient à l'infini ; leurs racines , qui pénètrent à travers les joints des pierres, labourent dans la terrasse supérieure, dévorent la substance des terres que ces murailles soutiennent ; leurs rameaux , qui croissent rapidement, étouffent bientôt les plants qui les avoisinent. Il faut sans cesse les tondre , ou si on veut les arracher à fond, on est obligé de démolir la muraille et de la relever à neuf Les joints des pierres sont aussi le repaire de tous les insectes et de tous les reptiles malfaisans.

Les terrasses soutenues par des couches de gazon, ou touffes d'herbes bien enracinées, disposées en talus, n'auraient aucun de ces inconvéniens. Une fois que ces mottes de gazon battues et sapées contre la terre auraient pris racine, la terrasse ferait bientôt corps et ne s'écroulerait plus.

Mais la difficulté est de se procurer ces mottes de gazon, elles sont fort rares, surtout sur nos coteaux, où les pierres qui toujours embarrassent sont employées utilement aux murailles des terrasses; si cependant on peut se procurer de ces mottes de gazon ou d'herbes courtes et touffues dans leurs racines, je conseille de les employer, comme je le dis, au lieu de murailles en pierres sèches.

Le terrain horizontal n'étant pas sujet à perdre par la rapidité des eaux dans les fortes pluies qui entraînent les terres en pente, n'a pas besoin d'être creusé si profondément que les terrains des coteaux. Il suffit d'effondrer le premier à 1 mètre, le second doit l'être à 1 mètre 25 centimètres ou 1 mètre 50 centimètres dans la partie supérieure, qui doit perdre par l'écoulement des terres vers la partie inférieure. La nécessité de cette méthode est sensible.

Pour commencer le travail de l'effondrement, on est forcé d'ouvrir une large tranchée à la profondeur que l'on se propose de creuser ; pour y verser les terres de la seconde tranchée et ainsi successivement d'une tranchée à l'autre jusqu'au bout du terrain. L'usage est d'ouvrir cette première tranchée transversalement dans la largeur du terrain et de cette manière les terres sont toujours placées dans la même direction qu'avant le défrichement.

Une meilleure méthode à substituer à celle-là, c'est d'ouvrir la première tranchée dans un des angles de la partie supérieure du terrain, de manière que toutes les autres tranchées ouvertes, en se prolongeant successivement jusqu'au milieu du terrain, soient dans la direction diagonale, et se raccourcissent aussi successivement depuis le milieu jusqu'à l'angle opposé à celui où la première tranchée a été ouverte.

L'avantage de cette méthode est de mélanger ainsi, en changeant la disposition ancienne des terres, celles des anciennes oullières de blé, avec celles qui étaient plantées en vignes, qui toutes deux coupaient longitudinalement le terrain, et d'augmenter la terre dans la partie supérieure, qui doit perdre par l'entraînement des eaux.

On ne fait ordinairement ces sortes de renouvellemens, qu'on appelle *effrondades*, qu'après les vendanges, pour planter au fur et à mesure qu'on a ouvert cette tranchée. Cet usage n'a été imaginé que par un faux calcul d'économie de main-d'œuvre, et est très mauvais pour les terres planes et surtout pour les fonds.

Comme en automne la terre est moins compacte, moins serrée, moins dure à rompre, et plus facile à travailler; après les premières pluies de cette saison, qui l'ont détrempée profondément, et l'ont rendue plus meuble qu'elle ne l'est en été, lorsque la sécheresse l'a durcie, et comme par cette raison', elle est plus facile à effondrer, les propriétaires ont calculé le bénéfice qu'ils croient faire sur le moindre nombre de journées d'ouvriers à employer, mais leur calcul est faux ; car les journées étant plus longues en été qu'au milieu et à la fin de l'automne, il y a un bénéfice d'un quart pour chacune, ce qui doit compenser la difficulté du travail. Mais ce bénéfice ne fut-il pas réel, il y a un trop grand inconvénient à effondrer en automne, surtout dans les terres grasses, fortes et humides.

Cette saison, dans notre climat, est celle des pluies les plus abondantes, la terre trop détrempée est moins maniable, se pétrit sous les pieds et sous l'outil de l'ouvrier. Il perd un temps considérable à nettoyer sa bêche de la terre qui s'y attache chaque fois qu'il l'enfonce dans le terrain. Il a plus de peine à arranger la terre qui est plus lourde à enlever. Le fond de la tranchée qui a reçu et retenu les eaux pluviales se pétrit aussi sous les pieds des ouvriers, ainsi que la terre supérieure qu'il y fait tomber ; et cette terre ainsi pétrie, une fois recouverte, ne s'ameublit jamais.

Lorsque les racines des plants ont pénétré jusqu'à cette couche de terre ainsi durcie, elles ne peuvent plus s'y insinuer, et l'on a perdu le bénéfice du creusement, qui cependant a coûté si cher. Il aurait mieux valu ne travailler que lorsque la terre était sèche, et même la creuser moins profondément par un temps sec, parce que les jeunes racines des plants se seraient plus facilement insinuées dans la terre vierge du fond, qui n'aurait pas même été remuée, que dans cette couche de terre pétrie sous les pieds , et qui devient aussi dure que du mortier.

Le propriétaire est souvent arrêté par cette considération, lorsqu'il fait effondrer en automne et suspend le travail lorsqu'il croit que la terre est trop humide; mais il est pressé pour sa plantation , par la saison qui s'avance, et par les ouvriers qui ne veulent pas perdre des journées pour attendre que la terre se sèche ou s'essuie, ils veulent employer le temps. Le propriétaire séduit, forcé même par ces deux motifs, passe sur la considération essentielle et le travail se fait mal. Aussi voit-on des vignes plantées dans des terrains effondrés à contre-temps, dépérir à vue d'œil au bout de dix ou douze ans, lorsqu'elles devraient être dans leur première fécondité et dans leur première vigueur, sans que le propriétaire lui-même, qui ne se souvient plus de sa mauvaise méthode d'effondrer , sache à quoi attribuer le dépérissement de sa plantation.

Cet inconvénient est moindre , sans doute, dans les terres situées sur les hauteurs et sur les coteaux , dans celles qui sont légères , sablonneuses ou graveleuses ; mais il n'est que du moins au plus ; car il est impossible d'empêcher, lorsqu'il pleut, que la tranchée ne se remplisse d'eau et que la terre du fond ne soit mastiquée par le piétinement des ouvriers.

C'est donc une fausse et préjudiciable économie d'effondrer en automne; il est plus avantageux sous tous les rapports de faire ce travail en été ; mais le bénéfice inappréciable de ce travail d'été, consiste principalement en ce que la terre vierge sortie du fond de la tranchée, et étendue sur la surface du sol, et formant la couche supérieure s'épure, se bonifie, se fertilise par les pluies, par l'action de l'air, par la chaleur du soleil, qui dilatent ses sels et lui ôtent sa crudité, par une fermentation continuelle, quoiqu'insensible, et qui communiquent par l'infiltration leur vertu aux terres versées dans le fond de la tranchée.

Les eaux pluviales pénètrent cette première couche de terre, comme à travers un crible, et communiquent au fond de la tranchée une fraîcheur et une humidité qui l'amollissent et ajoutent ainsi à la profondeur du guéret. Cette fraîcheur s'entretient longtemps, et elle est avantageuse à la végétation et à l'accroissement des racines des plants qui doivent s'y nourrir.

A cet avantage, il faut ajouter celui de détruire par l'ardeur du soleil d'été, toutes les racines et germes des plantes parasites, qui se dessèchent et meurent, au lieu que dans les défrichemens d'automne, ces mêmes racines et germes profitant de la fraîcheur de la terre, n'y prospèrent que mieux, et sucent la majeure partie des sucs dont elles privent les jeunes plants, non encore bien enracinés ; l'on a beau les arracher, il est impossible de les détruire. La moindre racine, le moindre germe suffisent pour les multiplier à l'infini.

Enfin l'air et la chaleur du soleil, la fraîcheur des nuits, les rosées, les pluies purifient la terre de tout le venin morbifique qu'ont pu lui communiquer les racines des vieilles vignes mortes dans son sein.

et lui donnent de nouveaux sels et une nouvelle vertu.

Tant d'avantages d'un côté, tant de dangers de l'autre , doivent déterminer à préférer la méthode d'effondrer la terre en été , à celle de faire ce travail en automne.

SECTION II.

Disposition du terrain avant la plantation.

Collibus an plano, meliùs sit ponere vitem
Quære priùs. Si pinguis agros metabere campi,
Densa serè ; in denso non segnior ubere Bacchus :
Sin tumulis acclive solum, collesque supinos,
Indulge ordinibus ; nec seciùs omnis in unguem
Arboribus positis secto via limite quadret.
Virg. Géorg. L. ii., v. 273.

Mais avant de creuser, de peupler les sillons,
Il faut choisir d'abord de la plaine, ou des monts,
On peut presser les rangs dans les rases campagnes,
On doit les élargir au penchant des montagnes :
Enfin dans les vallons, comme sur les coteaux,
Qu'ils soient distribués en espaces égaux.
Traduc. de DELILLE.

Le terrain effondré en entier, il faut l'aplanir suivant la pente naturelle du sol , et le plus horizontalement possible ; on le dispose ensuite, pour recevoir les avantins, dits *mayaux*, qui doivent être plantés. A cet effet, il faut tracer avec un cordeau les oullières des vignes et celles du blé, et marquer la place que doit tenir chaque avantin.

On doit, autant que le terrain le permet, disposer les files d'avantins, dans la direction du levant au couchant. Cette disposition peut mieux garantir les vignes des petites gelées du printemps, qui brûlent les bourgeons naissants. Celles disposées du nord au sud y sont plus exposées; parce que les bruines, qui s'élevent dans cette saison au lever de l'aurore, viennent toujours dans la direction du nord-est au sud-ouest, et que lorsque les vignes sont dans cette même direction, ou à peu près, elles se préservent mutuellement. Le soleil levant qui vient les frapper, après que la bruine s'est attachée aux jeunes bourgeons ou rameaux, et qui fait alors tout le mal en les brûlant, avant que l'air ait pu les sécher, donne plus à plein sur les vignes disposées en files tirant du nord au sud; n'ayant que deux ou trois files à traverser; au lieu que celles plantées dans la direction du levant au couchant, s'ombragent mutuellement dans toute la longueur de l'oullière. La preuve de la bonté de cette méthode, c'est qu'on a remarqué que, lorsque les matinées froides et humides du printemps ont frappé les vignes, celles des files du milieu dans les oullières de trois à quatre files disposées du nord au sud, ont toujours été moins endommagées que celles qui, n'étant point ombragées, ont reçu les premiers rayons du soleil.

Cette direction des files du levant au couchant garan-

tit aussi les vignes des coups de vent d'est et d'ouest,
qui cassent les jeunes rameaux ; parce qu'ainsi disposées,
elles se soutiennent mutuellement en s'entrelaçant et
se servant d'abri, étant traversées par ces vents de long
en long ; au lieu qu'autrement disposées, ces vents
prennent l'oullière en travers.

Mais on est, à cet égard, subordonné à la forme du
terrain, étant obligé, pour la facilité des labours et de
tous les autres travaux, de disposer les oullières dans la
direction de la longueur du sol et non dans celle de la
largeur.

L'épuisement de notre sol ne permet pas de planter
les vignes à plein, comme dans presque tous les pays de
vignobles, et nous sommes réduits à les planter par
planches ou allées, dites oullières, séparées l'une de
l'autre par des oullières de terre qu'on destine au blé.
Ces oullières de terre à blé doivent être de la largeur de
2 mètres 50 centimètres au moins, jusqu'à 3 mètres
50 centimètres au plus, suivant le terrain, afin de pouvoir les labourer à la charrue, sans endommager les
files latérales des vignes.

A mesure de la détérioration progressive de notre
sol ; nous avons vu varier nos plantations. Lors des premiers défrichements on a planté, comme ailleurs, les
vignes à plein, parce que la terre neuve et dans sa première vigueur pouvait les nourrir toutes. Depuis longtemps on s'est réduit à les planter en planches ou oullières, pour laisser entre chacune un espace vide où la
vigne puisse trouver sa substance. Mais on a planté

d'abord assez inconsidérément depuis huit jusqu'à quatre files ; et on en est venu à planter à trois , et finalement à deux files.

Cette dernière méthode à deux files a généralement prévalu ; on y tient par préjugé , mais elle a ses inconvénients et ses dangers.

Le motif qui avait déterminé cet usage, était que chacune des files de vignes bordant ainsi les oullières latérales de terre à blé , profitent des engrais qu'on y enterre, et des labours et guérets fréquents qu'on est obligé d'y faire pour les légumes et pour les blés. Ce motif paraît bien conçu , mais cette méthode n'a pas tous les avantages que l'on croit , et elle a de grands inconvéniens.

Si l'on pouvait faire toutes les œuvres des oullières à blé à la bêche, et jamais à la charrue , et les fumer toutes au printemps, pour n'y semer le blé qu'en automne, la vigne profiterait pendant six mois à elle seule des engrais , et les œuvres à la bêche lui seraient très profitables; mais nos divers genres de travaux, multipliés à l'infini, ne laissent pas le temps de disposer ainsi ce travail.

On est souvent forcé d'achever les guérets pour ensemencer le blé , très peu avant la taille de la vigne : un tiers des guérets a dû être fait dans le printemps , et le reste en été ou au moment de semer. Tel est l'usage, et le propriétaire le plus rigoureux ne peut exiger de son métayer que le tiers des guérets faits au printemps, et quel est celui qui veut et peut agir à la rigueur ? Il ne peut donc y avoir tout au plus qu'un tiers des guérets faits au printemps, dont la vigne puisse profiter ; car ceux faits en été et en automne, nuisent plus, en général, aux vignes qu'ils ne leur profitent. Ceux même fumés au printemps sont en partie, et souvent en totalité, semés sur-le-champ en légumes qui en dévorent la substance. Ainsi la vigne ne profite qu'en partie des guérets même du printemps, et nullement de ceux faits après la moisson et en automne.

Quant aux labours, comme ceux faits à la bêche sont très coûteux et très longs, on est obligé, au printemps et en été, et même plus souvent si on le peut, de donner deux labours à la charrue ; et comme je l'ai déjà fait observer, les vignes qui bordent l'oullière du blé, est souvent endommagée par la pointe du soc de la charrue, surtout si celui qui la conduit n'a pas intérêt d'y faire attention, ou est un maladroit ; et, dans tous les cas, les vignes plantées à deux files seulement, trop souvent endommagées par les labours, ne profitent que faiblement des guérets toujours trop tardifs, quoique ce soit le prétexte qui a établi l'usage de planter à deux files, de préférence à trois.

Il résulte un autre danger de la plantation à deux files. L'ardeur du soleil d'été, et la violence des vents d'est et d'ouest si fréquens dans notre climat, sont les plus dangereux ennemis de nos vignes, lorsqu'elles sont plantées à deux files seulement. Chacune est alternativement frappée dans le courant du jour par des coups de soleil brûlant, qui souvent dessèche le fruit, et brûlent le cep ; de même s'il règne des vents d'est et d'ouest, toujours violens, chaque file de vigne exposée transversalement à ces coups de vent furieux, est battue et fatiguée par leur violence dans les deux sens opposés; car il est ordinaire que les vents d'est, que deux gouttes de pluie appaisent, quelques violens qu'ils soient, sont en un instant suivis de vents d'ouest ou nord-ouest encore plus furieux. Ces vents cassent les jeunes rameaux, ce qui détruit la récolte et dégrade le cep, que souvent on ne peut plus tailler que sur un rejet de la tige ou des racines, et que plusieurs années de taille soignée ont bien de la peine à mettre en rapport.

Les vignes plantées à deux files seulement ne peuvent pas assez couvrir leur cep et leurs raisins, pour les garantir du soleil ardent d'été qui les dessèche, ni des coups de vents impétueux qui brisent et cassent leurs rameaux ; souvent par toutes ces causes la vigne meurt, et n'y ayant point de file au milieu, il devient difficile, ou même impossible de la remplacer par des provins, seul moyen de la régénérer.

Ici, l'intérêt du cultivateur nuit encore à la vigne; il est rare qu'il n'abuse pas des premiers guérets, en les surchargeant de légumes au commencement de l'hiver et au printemps ; et lorsqu'il sème le blé pour en recueillir davantage, il jette la semence trop près des vignes; il laisse rarement l'intervalle requis entre le blé et les pieds des ceps, qu'on appelle le *récausse*. Alors le blé épuise, étouffe nécessairement la vigne ; car il n'y a pas de plante plus gourmande que le blé.

Ainsi, la plantation à deux files, si elle a quelque avantage en théorie, a de grands inconvéniens en pratique.

Bénéfice des engrais, prétexte spécieux pour cette plantation à deux files, et qui n'est pas plus avantageux que pour celle à trois files, parce que la file de vigne du milieu peut, aussi bien que les files des bords de l'oullière, aller se nourrir dans les guérets de l'oullière à blé ;

Risque inévitable d'être échaudée et brûlée par le laboureur et les mulets qui, en traçant les sillons, longent souvent de trop près la file des vignes, et difficulté de provigner pour les remplacemens des vignes mortes, souvent dans les deux files qui se touchent ;

Danger des vents d'est et d'ouest, qui trouvant les vignes à deux files moins soutenues que celles à trois files, et incapables, en s'entrelaçant mutuellemeut, de leur opposer la même résistance, et de se mettre à couvert de leur violence et des rayons brûlans du soleil.

Tels sont les inconvéniens de la plantation des vignes à deux files seulement, et si l'on ne veut pas être aveuglément esclave d'une méthode, par cela seul qu'elle est plus généralement usitée, qu'on aille visiter des vignes ainsi complantées à deux files, on en trouvera de l'âge de vingt-cinq à trente ans qui est celui de leur plein rapport, dans un état de dégradation pire que celles de quatre-vingt et cent ans, plantées à trois et même à quatre files.

En réfléchissant sur l'usage qui s'est introduit, il y a environ quarante ans, de ne planter les oullières des vignes qu'à deux files, on en peut connaître le motif secret, et mieux juger la fausseté du prétexte, et c'est ce qu'il est important de dévoiler pour rectifier une méthode dangereuse à laquelle on tient par préjugé.

L'intérêt des métayers caché sous un prétexte spécieux de fécondité en faveur de la vigne, qui intéresse plus spécialement les propriétaires, les a séduits.

Les métayers ont, pour leur part, dans le partage des récoltes avec les propriétaires, la moitié du blé, et ils n'ont qu'un tiers du vin. Les frais de culture pour les guérets sont, comme ceux de la vigne, à la charge du métayer; mais l'achat des engrais est pour le compte du propriétaire. Les métayers n'ont, pour leur part dans la récolte du vin, que le tiers; et ce tiers, il y a huit ou dix ans, ne leur était pas donné en nature. Le propriétaire le leur rachetait à un prix convenu, toujours inférieur de deux tiers, au prix réel de la vente. L'abondance du blé dont les métayers ont la moitié, leur convenait donc mieux que celle du vin, dont il ne leur était payé réellement que le tiers du prix de la vente.

Il entre moins de vignes, et plus de blé dans un terrain planté à deux files, que dans celui planté à trois ou à quatre. D'après ce calcul, il ne faut pas s'étonner que les cultivateurs aient suggéré aux propriétaires de planter à deux files, plutôt qu'à trois ; peut-être même, sous le prétexte séduisant de la prétendue fécondité de la vigne, parviendraient-ils un jour à les déterminer à ne planter qu'à une seule file.

Si dans la plantation à trois files, on ne peut pas obvier. plus que dans celle à deux files, au danger de la charrue et à la maladresse de celui qui la conduit, pour les vignes qui bordent l'oullière de blé ; on pare certainement à celui des vents et des coups de soleil. Trois vignes de front se couvrent mutuellement, s'entrelacent, se soutiennent, s'ombragent, et sont par ce secours mutuel de leurs fils et de leurs rameaux, moins exposés à la violence des vents et aux rayons brûlans du soleil dans la canicule. En cas de remplacement, la file du milieu, toujours moins endommagée que les files latérales, peut toujours fournir aux provins des deux autres files ; ainsi la plantation à trois files doit avoir la préférence.

Le terrain ainsi tracé en oullières à blé, et en oullières à vignes à trois files, il s'agit de fixer l'espace qu'on doit laisser en tout sens d'un avantin à l'autre.

L'usage généralement suivi, est de donner aux avantins 87 centimètres de distance entre eux. Cette méthode est encore pratiquée sans réflexion, il est facile de concevoir que tous les terrains n'étant pas de la même fertilité, on doit espacer diversement les plants, en raison de la qualité du sol. Virgile nous le prescrit comme un précepte de rigueur.

Ainsi dans les terres grasses et fertiles, on peut planter les avantins à 83 centimètres l'un de l'autre dans tous les sens. Dans les terrains maigres, il faut leur donner un mètre d'intervalle.

Il serait avantageux de disposer les avantins en échiquier, leurs racines se nuiraient moins entre elles ; mais la culture en serait plus difficile pour l'ouvrier.

La plantation tracée d'après ces principes, il ne reste plus qu'à faire le choix des plants, à les préparer et à les mettre en terre aux places qui doivent leur être destinées.

SECTION III.

Choix des avantins.

At, si quos haud ulla viros vigilantia fugit,
Antè locum similem exquirunt, ubi prima paretur
Arboribus seges, et quó mox digesta feratur ;
Mutatam ignorent subitò ne semina matrem.

VIRG. Géorg. L. II., v. 265.

Si tu le peux encor, que le cep transplanté
Retrouve un sol pareil au sol qu'il a quitté ;
Le jeune arbuste ainsi jamais ne dégénère,
Et ne s'apperçoit pas qu'il a changé de mère.

Traduc. de DELILLE.

Il est facile de suivre ce précepte de Virgile dans le choix des plants, et on en conçoit l'utilité parce qu'il est dans la nature.

Des agriculteurs curieux ont fait venir souvent des pays lointains des avantins pour les planter dans notre sol. On doit leur savoir gré de cette recherche utile en général à l'agriculture, parce qu'elle peut naturaliser des plants étrangers, que nous n'avons pas, et s'ils réussissent , et que l'espèce soit bonne , elle multiplie bientôt.

Le choix des plants est ce qu'il y a de plus essentiel, puisque c'est du fruit qu'ils doivent produire que dépendent la fécondité de la vigne et la qualité du vin. Je dois cependant faire observer, quant aux plants qu'on voudrait tirer de l'étranger, que ceux nés dans les climats plus froids que le nôtre réussissent mieux que ceux des pays plus chauds.

Nos pères mélangeaient dans leurs plantations toute sorte d'espèce de raisins ; s'ils le pratiquaient ainsi par négligence ou inattention, c'est une faute ; si c'était avec intention, c'est une erreur. Le mélange des espèces dans une même plantation ne peut être qu'une mauvaise méthode.

Il est constant que toutes les différentes espèces de raisins ne mûrissent pas à la même époque. Si on les mélange dans la plantation, comme on est forcé de cueillir de suite une oullière, et que les femmes qui vendangent ne sont pas susceptibles de distinguer le raisin mûr pour le cueillir, d'avec le raisin non encore en maturité, et que d'ailleurs ce soin ferait perdre un temps infini, on vendange le vert et le mûr, et on ne peut nier que ce mélange est contraire à la qualité et à la conservation du vin.

Nous avons dit, en traitant de la manière de faire le vin, que le mélange des différens vins produits par plusieurs cuves, en les vidant pour être mis dans les tonneaux, peut donner une meilleure qualité au vin ; mais mêler le raisin vert dans la cuve avec le raisin mûr, est bien différent au mélange des vins. Chaque cuvée faite à un ou deux jours de distance l'une de l'autre, à mesure de la maturité du fruit, peut être mélangée avec avantage dans les tonneaux ; tous les raisins, dont ces différentes cuves sont le produit ayant été cueillis à leur point.

Il ne faut donc pas, dans la même plantation, mélanger les espèces, il est au contraire essentiel, par les raisons qui viennent d'être exposées, de ne planter dans le même terrain que des espèces de raisins qui, quoique différentes, mûrissent en même temps, et dont les qualités vineuses, savoureuses et spiritueuses, pouvant se combiner ensemble avantageusement, donneront des vins plus délicats.

DES RAISINS BLANCS.

L'*Araignan muscat* a le grain plus petit que l'*Araignan blanc ;* sa pellicule est transparente à peu près comme celle du *Clarette*, sa pellicule est plus longue, ses grains sont plus serrés.

L'*Araignan blanc*, ainsi que l'*Araignan muscat* sont très bons à manger.

Le *Clarette* a le grain ferme, pointu par le bout, et donne un joli vin. Il est excellent pour le vin blanc, on peut le mélanger avec le vin rouge, mais seulement dans la proportion d'un cinquième.

L'*Uni-roux* a la peau fine, molle ; beaucoup de sucs roux dans sa maturité, et donne du vin délicat. On peut le mêler avec le *Clarette* pour faire du vin blanc ; mais il ne faut pas qu'il domine, il donnerait au vin une couleur tirant sur le jaune qui le déprécierait.

Le *Muscat blanc* et celui d'Espagne, s'ils parviennent à une maturité parfaite sont excellens ; mais comme rarement ils sont assez mûrs dans notre climat pour faire du bon vin muscat, il n'en faut planter que ce qu'on en veut pour manger.

Toutes les autres espèces ont peu de qualité ; telles que le *Pascau blanc* qui est hâtif, et se pourrit facilement sur la plante. Il en faut planter très peu, et seulement dans les terrains secs, élevés et aérés, et point dans les fonds humides.

L'*Aubier* dont la peau est mollasse, le suc plat est aussi sujet à pourrir.

Le *Verdau* n'a point de qualité.

Le *Rondeau* mûrit difficilement ; sa peau est dure, son goût insipide ; il fait du mauvais vin.

La *Pance* n'est bonne qu'à sécher pour manger en hiver, il en faut seulement pour la provision du ménage.

Le *Junin* ou raisin de la Magdelaine, n'a d'autre mérite que de mûrir à la fin de juillet, ou au commencement du mois d'août.

Le *Raisin des Demoiselles*, ou raisinet aussi mauvais à manger par sa verdeur qu'à faire du vin.

Le *gros Guillaume*, raisin de pure curiosité, dont la peau est épaisse, le suc insipide, et toujours un peu vert.

Le *Barbaroux* ou Grec fait un vin grossier.

L'*Olivette*, très bonne à manger et à conserver.

De ces quatorze espèces de raisins blancs, le *Clarette* et l'*Uni-Roux*, sont les deux seules bonnes à faire du vin. Parmi les autres, on ne doit planter de ceux qui sont bons à manger, que la quantité qu'on veut conserver pour sa table en hiver.

Quant à ceux qui sont sans qualité, on doit absolument les proscrire ; il suffit d'avoir pour son ménage, ce qu'il faut de raisins bons à manger et à conserver pour l'hiver. L'excédant serait d'un produit nul, et exposé à être mangé et volé journellement sur la plante.

DES RAISINS NOIRS.

Le *Mourvéde* nous vient de Bourgogne, c'est le meilleur raisin pour le vin rouge, la vigne qui le produit est féconde, mais il lui faut un bon terrain. Les terres maigres et légères ne lui conviennent pas, elle est moins tardive à porter que les autres vignes, d'un à deux ans; elle abonde en raisins ordinairement de deux ans l'un, rarement deux ans de suite ; ses raisins ont les grains ronds et de médiocre grosseur, assez serrés ; leur couleur est rouge foncé; la pellicule forte et d'un tissu serré, ce qui l'empêche de pourrir en automne; le vin qu'il rend est excellent, d'un beau rouge, de bonne garde, il soutient même un long trajet.

Le *Brun fourca*, est une espèce de *Mourvéde*, et lui ressemble si bien, qu'il est aisé de le confondre : mais

son grain est un peu plus gros et plus noir ; il donne
du vin excellent ; il est abondant ; il a sur le *Mourvéde*
l'avantage de réussir dans les terrains légers et caillouteux, et sur les coteaux.

L'*Uni-rouge* a le grain rond de couleur vermeille ; la
pellicule mince, la chair peu chargée de filamens et est
tout jus ; il est très abondant en vin ; la vigne qui le
produit est toujours féconde ; son bois est vigoureux ;
ses racines s'étendent loin ; ses grappes sont longues ;
il fait un vin délicat mêlé avec le *Mourvéde* et le *Brun
fourca*. Le seul défaut que l'on puisse reprocher à la
souche qui le produit, est que son bois est cassant, et
que les vents impétueux qui régnent vers la fin du printemps, la dépouillent souvent de tous ses nouveaux
rameaux, toujours plus vigoureux que ceux des vignes
d'autre qualité ; mais on est dédommagé par sa fécondité.

A ces trois espèces de raisins noirs, qui sont les meilleurs, on ajoute le *Bruno* et le *Catalan*, qui tiennent du
Mourvéde; mais qui lui sont inférieurs, parce que, transplantés des pays plus exposés au midi que notre climat,
il leur manque la chaleur qui leur est nécessaire.

L'*Espagnen,* ou raisin d'Espagne est bon à manger,
et n'est pas bon pour le vin ; parce que la chaleur, qui
n'égale pas ici celle de l'Espagne ne le mûrit pas assez;
on n'en doit planter que pour être mangé en automne,
ne pouvant se garder pour l'hiver.

Le *Bouteillau* est précieux, il donne beaucoup de vin
et de bonne qualité ; il est fécond ; ses raisins sont longs

à gros grains noirs, et très juteux ; il réussit, surtout sur les hauteurs et les coteaux, et dans les terrains légers.

Parmi ces huit espèces, quatre sont excellentes pour le vin rouge. Le *Mourvéde,* le *Brun fourca,* l'*Uni-rouge,* le *Bouteillau.* Il est bon de réunir dans la même plantation ces quatre espèces, savoir : dans les terrains gras les trois premiers, et dans les terres légères et sèches les trois derniers. Ces raisins mûrissent en même temps, et peuvent être foulés ensemble ; le vin qu'ils produiront sera exquis et de bonne garde.

Il faut planter ces espèces dans la proportion d'un tiers de chacune, et si l'on plante à trois files, comme je le prescris, mettre l'*Uni-rouge* à celle du milieu, parce que la vigne qui le produit, pousse des rameaux plus longs et plus pamprés, qui s'étendent sur les vignes des files latérales, se lient avec elles, les garantissent d'être échaudées par les coups de soleil et d'être brisées par les vents. Son raisin mûrit facilement, et par cette raison la place du milieu lui convient mieux. Enfin ses racines s'étendent en raison de la longueur de ses rameaux, et peuvent plus facilement aller chercher leur nourriture dans les oullières latérales, bêchées et fumées pour les légumes et pour le blé.

CHAPITRE III.

Nec tibi tàm prudens quisquam persuadeat auctor,
Tellurem Boreâ rigidam spirante movere :
Rura gelu tùm claudit hiems, nec semine jacto
Concretam patitur radicem affigere terræ.
Optima vinetis satio est, quam verè rubenti
Candida venit avis, longis invisa colubris ;
Prima vel autumni subfrigora, quum rapidus sol
Nondùm hiemen contingit equis, jàm præterit æstas.

Virg. Géorg. L. ii., v. 315.

Tu n'iras pas non plus, quand le froid la resserre,
Confier vainement tes vignes à la terre :
Alors son suc oisif, glacé dans ses canaux,
Refuse de nourrir les jeunes arbrisseaux.
Avec plus de succès les vignes sont plantées,
Soit, lorsque déployant ses ailes argentées,
L'ennemi des serpens (la Cigogne) vient après les frimats
Retrouver les beaux jours dans nos riants climats ;
Soit, lorsque le soleil sur son char plus rapide,
De l'été vers l'hiver conduit l'automne humide.

Traduc. de DELILLE.

SECTION PREMIÈRE.

Cueillette et préparation des avantins (*).

Le précepte de Virgile sur le temps propre à planter
la vigne, doit nous confirmer dans l'usage suivi dans
notre territoire.

(*) Vulgairement dits *Mayaux*.

Ce maître si intéressant dans l'art de l'agriculture, nous laisse l'option entre les derniers jours de l'automne et les premiers jours du printemps, et prohibe de planter en hiver.

Nous en usons sagement de même ; cependant, comme les plantations ont besoin d'être fécondées par les pluies, et que trop souvent elles sont peu fréquentes et peu abondantes dans la saison du printemps ; et que l'automne au contraire est plus habituellement pluvieuse, il nous convient de planter en automne plutôt qu'en printemps.

Si Virgile laisse l'option entre ces deux saisons, c'est que dictant ses lumineux préceptes pour la partie de l'Italie la mieux arrosée par les fleuves et les rivières qui la traversent et par les pluies qui la fécondent, ces deux saisons étaient également propices pour les plantations, que cette humidité salutaire favorisait.

Plus aride et plus sec, notre climat, moins fertilisé par les influences célestes, ne nous permet pas d'être indifférens sur le choix de ces deux saisons ; lorsque l'homme sage ne veut pas courir le risque presque certain d'une sécheresse du printemps, suivie de la brûlante aridité de l'été.

Il faut donc planter en automne, saison plus ordinairement pluvieuse, et suivie de l'hiver et du printemps, qui pourraient réparer la sécheresse accidentelle de l'automne.

Mais pour planter, il faut avoir coupé sur la vigne vieille les plants dont on a besoin ; et cette opération exige quelques connaissances, ainsi que la préparation de ces jeunes plants, avant de les confier à la terre.

En choisissant les espèces qu'on s'est proposé de planter, il faut faire attention de couper les plants sur des vignes en bon rapport, de l'âge de vingt à vingt-cinq ans; ceux coupés sur des vignes trop jeunes ou trop vieilles auraient trop de vigueur. Le sarment coupé sur une vigne jeune étant tendre et poreux, risquerait de pourrir dans la terre; celui pris sur une vigne vieille, ou en état de dépérissement languirait sans force.

S'il est important de choisir les plants les plus vigoureux, on peut aussi facilement se tromper à l'aspect des ceps et de leurs rameaux où l'on peut les couper. Une vigne qui, quoique saine, ne produit point de fruit, est plus forte en bois, ses sarments sont plus longs et plus épais que ceux de la vigne féconde en raisins. La raison en est que la première s'épuisant pour nourrir son bois, n'a plus la force de féconder son fruit. Les raisins dont la grappe sort du bourgeon, et se développe au printemps, laissent couler la fleur et ne nouent pas, leurs grains avortent, et l'on voit toutes ces vignes, qu'on peut appeler gourmandes, vulgairement nommées *déflouraires*, porter de longues grappes, où il n'y a que huit ou dix grains chétifs et petits, et dont tous les autres n'ont pu nouer.

Cela arrive toujours aux vignes plantées trop profondément, jamais elles ne fructifient. Il faut donc ne pas se laisser tromper par leur vigueur apparente, et se garder de couper des plants sur ces ceps gourmands, et toujours inféconds ; on les reconnaîtra aux grappes égrenées qui leur restent et qu'on n'a pas pris la peine de cueillir.

On reconnaît aussi celles qui sont fécondes en fruit, aux tiges des grappes des raisins qui ont été cueillis, et qui restent adhérentes aux sarments que les cultivateurs appellent *l'ou pécou*.

Il faut donc confier le soin de couper les plants à un ouvrier qui soit capable de ce discernement ; mais pour ne pas être exposé à son ignorance, pour un objet aussi essentiel que l'est une plantation dispendieuse, et qui doit durer si longtemps, on peut, lorsque les raisins sont encore sur la souche, faire marquer les sarments qu'on devra couper en automne, en y attachant des fils d'espars ou quelqu'autre signe visible. On s'assurera ainsi autant des espèces que de la bonne qualité des plants. Le plus ignorant ne pourra se tromper en les coupant, guidé par ce signe.

Les plants ainsi coupés exigent une préparation qui n'est point usitée, soit parce qu'elle n'est pas connue, soit parce qu'on n'en sait pas apprécier le motif, soit qu'on veuille épargner un surcroit de travail que cette préparation exige. Elle est cependant essentielle, et c'est faute de n'avoir pas connu cette méthode que la plupart de nos vignes dépérissent dans l'âge où elles devraient être encore en bon rapport. Il sera facile de juger de l'avantage de cette méthode, par l'exposé raisonné de l'opération qui doit être faite aux avantins, avant de les planter.

Au bout du sarment coupé sur le vieux cep, il tient un morceau du vieux bois, qui est le bout de la taille précédente, duquel le nouveau sarment a poussé, et qui est au-dessus de l'œil, ou bourgeon d'où il est sorti.

Le bout du sarment nouveau adhèrent à ce vieux bois, étant l'endroit où le bourgeon de l'année s'est formé, et où la sève s'est réunie pour fournir à son accroissement, est, par cette raison, plus gros que le canon du sarment, et forme, dans cette partie, un *nodus* rond, court et serré, appelé *crossette*. Ce *nodus* est très essentiel à conserver, parce que c'est de cet endroit que pousseront toutes les racines mères du nouveau plant ; mais la partie du vieux sarment qui lui est adhérente, n'est qu'un morceau de vieux bois sec et mort, et si on met ainsi en terre ce vieux chicot de bois mort, qui n'est bon à rien, et qui ne peut produire aucune racine, il pourrira dès la première année. La pourriture gagne bientôt la *crossette* qui lui est adhérente, et le mal suivant progressivement le canon du sarment devenu cep, la vigne languit et meurt, étant ainsi gangrenée dans la partie la plus essentielle et la plus vivifiante. Il est vrai qu'il faut bien des années pour que le cep meure, parce qu'il vit encore de toutes les racines qui ont poussé des yeux qui ont été mis en terre en le plantant ; mais il languit longtemps et n'échappe pas à cette maladie de ses racines.

Pour éviter ce danger qui est incontestable, il y a des cultivateurs qui regardent comme indifférent de conserver la *crossette*, et la coupent.

Le plus grand nombre la croit nuisible, parce qu'en arrachant de jeunes plants morts, ils l'ont trouvée pourrie ; sans réfléchir que la mortalité lui a été communiquée par le morceau du vieux bois mort adhérent qui s'est pourri. Cependant, il résulte de cette méthode à peu près le même vice, si le sarment, avant de le planter, n'a pas été coupé juste au-dessous du dernier œil.

Le bout de ce plan dont on a retranché la *crossette*, et qui se trouve au-dessous de l'œil qui doit être mis en terre, ne pousse pas plus de racines que le vieux bois adhérant à la *crossette* : comme lui, il sèche et pourrit dans la terre : les racines du jeune plant ne partent que des yeux du sarment. Ce bout inférieur, et par conséquent inutile, est la partie du canon du sarment la plus molle, la plus poreuse ; l'humidité y pénètre et pourrit la partie moëlleuse et le bout du sarment. Cette maladie gagne l'œil et les racines qu'il a poussées, et la vigne périt nécessairement ; ceux qui procèdent ainsi connaissent peu l'heureuse propriété de la *crossette*.

Cette extrémité du sarment, cette *crossette* qui doit être enfouie dans la terre, est l'endroit d'où doivent partir les racines mères ; en l'observant avec un peu d'attention, on trouvera tout autour du *nodus* qui la forme, des yeux d'où doivent sortir toutes les racines ; c'est pour ainsi dire le cœur de l'avantin, c'est le réservoir où viennent se rassembler les sels nutritifs et la sève, pour de là, par l'effet de la circulation, se répandre dans toutes les racines et monter dans tous les rameaux de la vigne. En supprimant donc cette *crossette*, on prive l'avantin du principe de vie ; elle est trop précieuse pour n'être pas conservée avec soin ; plus dure, plus serrée, plus compacte que le canon du sarment auquel elle tient, elle forme ce *nodus* qui lui donne la figure d'une petite boule ; elle ne pompe l'humidité de la terre que pour en élaborer les sucs et pour les distribuer aux racines et aux branches, et moins poreuse que le canon du sarment, elle ne se pourrit pas. Le tail qu'on lui fait, en la séparant du vieux bois, se recouvre, elle croît et grossit en proportion des racines et de la force du cep. L'eau n'y séjourne pas, et les racines qu'elle pousse de tous les petits œilletons qu'elle à tout autour, la recouvrent et forment un calus dur et compacte, qui la conserve toujours saine.

C'est donc une bonne méthode, que celle de séparer le vieux bois mort et inutile de cette *crossette* ; mais l'opération doit être faite par une main habile et adroite.

Tenant d'une main le sarment appuyé par la *crossette* sur un bloc de bois, on enlève d'un seul coup d'une petite hâche bien tranchante le vieux bois jusqu'au vif. Ce coup doit être donné net et bien assuré, pour ne pas écailler le bout de la *crossette* ; ensuite, avec une serpente bien éguisée, on unit le tail pour qu'il soit bien lisse.

On lie en gerbes les avantins de chaque espèce ainsi préparés ; on les fait tremper dans l'eau ; ils peuvent y rester huit ou dix jours sans prendre mal, pourvu que

l'eau ne gèle pas. Vingt-quatre heures suffisent, si l'on
est pressé de les planter ; on peut enfouir les gerbes
ainsi trempées dans la terre, si l'on ne veut pas planter
sur-le-champ.

Si l'on ne doit se servir de ces avantins que pour les
planter au printemps, ce qui réussira rarement dans
notre climat, il faut, après qu'ils ont trempé dans l'eau
pendant quelques jours, les enterrer dans des tranchées,
où ils seront espacés à 12 centimètres de distance l'un
de l'autre, et recouvrir la tranchée avec de la terre ; on
procède ensuite à la plantation de la manière qui va
être indiquée dans la Section suivante.

SECTION II.

Manière de planter les Avantins.

Ausim vel tenui vitem committere fulco.
Virg. Géorg. L. ii, v. 289.

Dans un léger sillon la vigne croit sans peine.
Traduc. de DELILLE.

Le terrain qui doit recevoir les plants des avantins
étant disposé, espacé, tracé et marqué comme il est dit
à la Section II du Chapitre II, il s'agit de les enterrer

aux places marquées, et de ranger dans chaque file les espèces de plants qu'on s'est proposé d'y placer.

On procède à cette opération de deux manières, soit en plantant au pieu dit *pau*, soit en ouvrant des tranchées pour y placer les plants.

Manière de planter au pieu dit pau.

Le pieu est un fort piquet de 10 centimètres de diamètre dans son épaisseur, épointé par le bout, et garni de fer au bout épointé, jusques à la hauteur de 60 centimètres.

On enfonce perpendiculairement le pieu à la place marquée pour chaque avantin, jusques à la profondeur où l'on veut l'enterrer ; en enfonçant le pieu, on le remue pour agrandir l'orifice du trou.

Le pieu doit être marqué à la hauteur jusqu'où il doit être enfoncé, pour ne pas entrer plus profondément, afin que l'avantin qui doit y être placé ne soit pas trop enterré. Cette profondeur doit être de 50 centimètres, pour les terrains à surface exactement plane, et de 56 centimètres pour ceux en pente et dans la partie supérieure, qui doit perdre par l'entraînement des eaux pluviales.

Lorsque le trou est ainsi fait, on retire le pieu, et on y met l'avantin ; on se sert, pour l'y introduire, d'une fourchette de fer qui, en accrochant l'avantin par la *crossette*, le fait descendre et l'accompagne jusqu'au fond du trou. On remplit ensuite le trou de bonne terre grasse, bien pulvérisée et bien meuble, et qui doit avoir été passée au crible.

Avec cette même fourchette de fer, on fait descendre cette terre jusqu'au fond du trou ; on remue avec elle, et on ameublit le mieux possible la terre dans toute la circonférence du trou, que l'entrée forcée du pieu a serrée, on range, presse et serre cette terre contre la tige de l'avantin dans toute la profondeur du trou.

Manière de planter à tranchée.

Lorsqu'on ne veut pas planter au pieu, on ouvre une petite tranchée à la profondeur où doivent être enterrés les avantins ; on les place dans cette tranchée, à la distance indiquée pour les diverses natures de sol, Section II Chapitre II ; on les recouvre ensuite de 2 centimètres, on étend dessus un peu de fumier, et on achève de combler la tranchée avec la terre de celle qu'il faut ouvrir pour planter la seconde file ; on recouvre enfin la troisième file avec la terre de l'oullière qui ne doit pas être plantée, et qui, destinée pour le blé, reste vide ; on suit ce même procédé pour les files suivantes jusqu'au bout de la plantation.

Lorsqu'on effondre le terrain en automne, on plante les avantins à mesure que l'on ouvre les tranchées successives pour creuser à la profondeur requise, et après les avoir recouverts de terre, et mis le fumier nécessaire, on comble la tranchée avec la terre de celle qui suit.

De ces trois méthodes, la première est la meilleure et la plus sûre pour espacer bien également les plants et pour les enterrer à la profondeur requise ; ce qui est le plus essentiel de la plantation. Il faut faire seulement attention, lorsqu'on plante au pieu, que la terre ne soit pas trop humide, parce que le pieu étant enfoncé avec force, et serrant la terre dans le trou qu'il fait en entrant, il la pétrirait tout autour.

La terre grasse est passée au crible, dont on remplit le trou après y avoir placé l'avantin, sert de fumier pour la première année ; mais au printemps suivant, il est à propos de fumer les oullières de terre, afin que les nouvelles racines des jeunes plants en profitent.

A cet effet, il faut enterrer le fumier assez profondément, pour que les racines-mères travaillent dans le fond du guéret, plutôt que de monter vers la superficie du sol, ce qui arriverait si le fumier n'était pas assez enterré.

Pour mettre à profit ces oullières de terre, qu'on ne doit semer en blé qu'à la troisième ou quatrième année de la plantation, pour laisser le temps à la vigne de prendre assez de force, pour n'être pas étouffée par le blé, on y sème des légumes pour être recueillis verts, tels que les fèves, pois, haricots, melons, pastèques, courges, etc.; mais il ne faut pas surcharger cette oullière de semences et de plants, qui ne doivent pas approcher les files d'avantins de plus de 50 cent., pour ne pas sucer leur subsistance.

La seconde manière de planter à tranchée un terrain,

qui aura été effondré en été est bonne ; mais elle est plus longue et par conséquent plus dispendieuse , et il est impossible d'espacer les plants si régulièrement et de les mettre à leur juste profondeur comme lorsqu'on plante au pieu.

La troisième méthode de planter à mesure qu'on effondre, quoique presque la seule usitée , ne vaut absolument rien. L'ouvrier qui place les avantins , ne prend jamais assez de soin pour qu'ils soient enterrés à leur juste profondeur. Comme la tranchée , pour effondrer le terrain , doit être creusée à 1 mètre au moins et qu'il faut le combler à moitié avant d'y placer l'avantin , souvent l'ouvrier, en le plaçant à vue d'œil , l'enterre trop. C'est de là que l'on voit dans nos plantations tant de vignes qui poussent en bois et qui ne peuvent jamais nouer leurs fruits , et qu'on appelle *déflouraires*. Ou il ne le place pas assez profondément , et dans ce cas , les racines , trop près de la superficie du sol dans les premières années , sont brûlées par les chaleurs de l'été.

Il ne faut , comme je l'ai déjà dit , planter l'avantin qu'à 50 centimètres de profondeur , à moins que ce ne soit dans un terrain en pente ou la terre perd, c'est-à-dire où sa superficie est entraînée de la partie supérieure vers la partie inférieure par les fortes pluies ; alors on doit planter dans la partie supérieure 6 centimètres plus profondément que dans la partie inférieure.

On peut s'assurer de l'utilité , ou plutôt de la nécessité de cette méthode. Croyons-en Virgile, qui nous dit :

Dans un léger sillon la vigne croit sans peine. Mais on peut facilement se rendre raison de ce précepte, par une épreuve que tout le monde peut faire.

Qu'on fasse chausser les vignes en fécond rapport, de 18 centimètres ou 12 centimètres de terre, on verra qu'elles pousseront toutes en bois, et qu'elles abandonneront leur fruit et finiront par se pourrir dans leurs racines-mères, par l'humidité, si le terrain est bas et par le manque de chaleur.

Lorsqu'on plante un terrain d'où l'on a arraché de vieilles vignes, il faut le fumer dès la première année, comme je l'ai dit ci-dessus; mais si c'est dans un sol neuf, on peut se dispenser de le fumer pendant deux ans, à moins que la terre ne soit trop maigre.

Après avoir planté les avantins, on les taille à deux yeux seulement, et pour cette opération il faut serrer le plan que l'on taille, en posant un pied contre sa tige pour la soutenir, afin qu'en donnant le coup de serpette, on ne le dérange pas de sa position, et que le trou où il a été placé ne prenne pas de jour.

Quelque petite que soit une plantation, quelques précautions qu'on prenne, tous les avantins ne réussissent pas, il en manque toujours qu'on remplace en provignant.

Mais il faut attendre à la troisième année au moins, pour coucher les jeunes plants aux places vacantes. On peut, si on ne veut pas attendre, planter au pieu de nouveaux avantins, aux places où ils ont manqué ; mais ils ne réussiront jamais aussi bien que les provins.

Les arbres, de quelque espèce qu'ils soient, portent
un grand dommage aux vignes, s'ils en sont trop près,
ou s'ils naissent, ou sont plantés au milieu d'elles,
quoiqu'en puissent dire les cultivateurs avides des fruits
qui leur profitent toujours plus qu'au maître. Ces arbres
dévorent à leur profit seul la subsistance de la vigne et
l'ombragent de leurs feuillages, la privent des bienfaits
de l'air, des petites pluies et des rayons du soleil. De
plus, ceux qui vont en cueillir le fruit, qui plus souvent
est volé, plus occupés de choisir qu'intéressés à ne pas
endommager la vigne, ayant les yeux fixés sur l'arbre,
écrasent et rompent les ceps sous leurs pieds et échau-
dent les raisins.

Aussi ne verra-t-on jamais une vigne située au pied
d'un arbre fruitier produire du raisin, ou le conduire à
maturité. Les arbres plantés aux pieds des vignes sont
un appât pour les enfants et pour tous les maraudeurs,
qui d'abord ne viennent que pour en voler les fruits, et
qui volent aussi les raisins des vignes voisines. Ainsi il
ne faut planter des arbres fruitiers, quels qu'ils soient,
qu'à portée des habitations, ou en cordon sur les rives
des champs plantés en vignes.

SECTION III.

Des Pépinières d'Avantins.

Scilicet omnibus est labor impendendus; et omnes
Cogendæ in sulcum, ac multâ mercede domandæ.
VIRG. Géorg. L. II, v. 61.

Tous les arbres enfin ont besoin de culture,
Que tous soient transplantés, rangés dans des sillons,
Et qu'à force de soin on achète leurs dons.
Traduc. de DELILLE.

Pour avancer la jouissance des plantations de vignes projetées, d'une ou de deux années, on peut faire des pépinières d'avantins. A cet effet, après les avoir préparés, comme je l'ai dit, pour être plantés, on choisit un bon terrain, on ouvre une tranchée transversale de 75 centimètres de profondeur, on y place les avantins à la profondeur de 45 centimètres, espacés à 25 centimètres l'un de l'autre, puis on recouvre cette tranchée avec la terre de la seconde, qu'on ouvre à 37 centimètres de distance de la première, et ainsi de suite jusqu'au bout du terrain destiné pour la pépinière.

Il faut, vers le mois d'avril, lui donner une œuvre à la bêche, et si on n'en transplante pas les plants après la première année, il faut les tailler comme la jeune vigne et lui donner les mêmes œuvres.

Ces plants ne doivent pas rester plus de deux ans dans la pépinière , comme ils y sont serrés , leurs racines se nuiraient mutuellement. Si on les transplante au bout d'un an , dans une plantation à demeure , on avance d'un an la jouissance ; si c'est au bout de deux ans , on gagne deux ans pour leur produit.

Lorsqu'on veut transplanter les jeunes avantins, il y a des précautions à prendre pour les arracher et les replanter. Les ouvriers , par ignorance et pour avoir plutôt fait , se contentent de les prendre par le haut de la tige et les arrachent en tirant avec force ; de cette manière leurs jeunes racines se cassent , souvent la tige de l'avantin sera tordue et ébourgeonnée.

Il faut déchausser la dernière file , en ouvrant une tranchée à la profondeur où les plants sont enterrés , et on les enlève ainsi sans les endommager.

On doit ensuite nettoyer légèrement et rafraîchir avec la serpette tout le chevelu et les racines tarées. Ces plants se nomment plants enracinés , ou vulgairement *mayaux abarbas*. On doit mettre au rebut tous ceux qui ont mal réussi.

Ces plants ainsi arrachés ne peuvent être plantés au pieu ; on endommagerait les racines en les insinuant dans le trou fait par le pieu ; il serait impossible de les y étendre et de les serrer contre la terre. Il faut donc , pour les placer dans la plantation , ouvrir la tranchée dans la direction à donner à chaque file à la profondeur qu'ils doivent être plantés et les y disposer à la distance requise , arranger leurs racines de manière qu'elles

s'étendent sans se croiser, les recouvrir ensuite de bonne
terre passée au crible, serrer avec le pied cette terre,
pourvu qu'elle ne soit pas humide, contre les racines,
et finir par combler la tranchée avec la terre de celle
qu'on ouvrira pour les autres files, enfin les tailler à
deux yeux.

La vigne pourrait se multiplier en semant des pépins
de raisins ; c'est le moyen que la nature lui a donné
pour se reproduire ; mais la vigne qui en provient est
sauvage, son fruit est âpre et ne parvient pas à mâtu-
rité, elle est longtemps à produire, enfin il faudrait la
greffer. L'industrie de l'homme a imaginé de renouveler la vigne par bouture, ce qui est la plantation
d'avantins. La vigne ainsi reproduite est plutôt en rapport et ne dégénère pas.

Voici la partie pratique de l'ouvrage et, à mon avis, la plus
intéressante. Depuis cette époque, la culture du terroir de Marseille a bien changé, mais il y a encore bien des localités où on
plante la vigne et où, par conséquent, les conseils, je dirais
même les préceptes indiqués dans cette partie de l'ouvrage sont
de la plus grande utilité. Je vais même ajouter un exemple frappant de la vérité et de l'expérience qui ont dicté ces chapitres :
il existe encore dans une propriété une vigne assez considérable
plantée par l'auteur de l'ouvrage ; cette vigne a très peu souffert
de la maladie, très peu de ceps ont été tués et c'est encore la
meilleure de toutes celles qui existent dans la propriété et qui,
très probablement, n'avaient pas été plantées avec tous les soins
indiqués plus haut. Peut-être cela vient-il de ce que ces vignes

étaient plantées dans un sol qui n'avait pas assez reposé et qui était épuisé et fatigué de produire la vigne. Je crois donc que c'est là le plus utile de tous les préceptes indiqués plus haut. Depuis un temps immémorial, le terroir de Marseille produit de la vigne, il faut, si vous voulez en replanter, que le sol soit depuis longtemps sevré de cette culture. J'ai fait planter des vignes qui, je crois, réussiront bien ; mais pendant près de dix ans j'ai fait semer cette terre en céréales ou légumes, et après je l'ai faite défoncer à une profondeur très-considérable. La terre est donc renouvelée et pourra rendre à la vigne les sucs qui lui sont nécessaires. Le choix des raisins, la manière de planter les aventins peuvent être suivis avec exactitude. J'ajouterai, pour ce qui regarde le semis des vignes, que j'en ai fait l'expérience et qu'au bout de plusieurs années j'ai été obligé d'arracher cette vigne qui, malgré qu'elle ait été greffée, n'a jamais rien produit. Peu de personnes maintenant plantent sur 3 ou 4 rangs ; je crois, néanmoins, que si l'on veut faire une véritable plantation de vignes, on doit planter comme l'indique l'auteur ; si l'on veut avoir blés et raisins, ne planter que sur une seule ligne pour gagner du terrain, on risque bien de n'avoir plus de vignes au bout de quelques années. Si vous plantez sur une seule ligne ou même sur deux, il ne faut pas avoir d'oullières, il faut tout cultiver à la bêche et ne pas mettre de charrue, alors seulement vous pouvez compter sur la réussite de vos plants.

CHAPITRE IV.

Contra, non ulla est oleis cultura, nequè illæ
Procurvam expectant falcem, rastrosque tenaces.
Quum semel hæserunt arvis, aurasque tulerunt ;
Ipsa satis tellus, quum dente recluditur unco,
Sufficit humorem, et gravidas cum vomere fruges.
Hoc pinguem, et placitam paci nutritor olivam.

Virg. Géorg. L. ii, v. 420.

L'olivier par la terre une fois adopté ,
De ces pénibles soins n'attend pas sa beauté.
Fouille à ses pieds le sol , qui nourrit sa verdure ;
C'est assez. Dédaignant une vaine culture ,
Et la serpe tranchante, et les pesans rateaux ,
L'arbre heureux de la paix voit fleurir ses rameaux.

Traduc. de DELILLE.

Il ne faut pas prendre à la lettre le précepte de Virgile , lorsqu'il dit que l'olivier n'a pas besoin de la serpe tranchante ; on pourrait croire qu'il prohibe la taille, et l'olivier , comme toute autre espèce d'arbre fruitier , a besoin d'être taillé, soit pour le soulager d'une trop grande abondance de bois , qui l'étouffe et qu'il ne peut nourrir , soit pour le mettre à fruit , en supprimant le bois gourmand qui aspire à lui seul sa subsistance, soit pour retrancher le bois mort , ou les branches malades, soit pour entretenir sa forme.

Virgile donnait ses préceptes pour un climat favorisé par les influences célestes, pour un sol fertile ; et dans une aussi heureuse situation , cet arbre exigeait moins de soins ; la nature le servait favorablement, il pouvait nourrir facilement son bois touffu et ses fruits abondants sans s'épuiser.

Dans notre territoire , au contraire , dont le sol est infertile, aride, ingrat, et qui est si longtemps privé des influences célestes, qui favorisent la végétation, l'olivier a plus besoin que partout ailleurs d'être émondé, et surtout, comme je l'ai dit au Chapitre de la taille , après qu'il a donné une récolte abondante. Mais cette leçon de Virgile nous apprend que l'olivier doit être taillé avec ménagement et intelligence.

Si les propriétaires ruraux de notre territoire , observateurs réfléchis de l'influence du climat et des saisons qui règnent depuis douze ou quinze ans sur les productions de la terre, étaient attentifs à ce qu'éprouvent les territoires voisins de Marseille ; s'ils connaissaient bien la nature et l'épuisement de notre sol , et combien il se lasse de l'antique culture de la vigne , qui se détériore annuellement et diminue sensiblement le produit , ils donneraient la préférence à la culture de l'olivier, qui trop faiblement estimé, en proportion de la vigne , est en très petite quantité dans nos domaines , et qui serait, pour la plus grande partie de notre territoire , une production nouvelle qui lui donnerait une grande valeur.

Les froids qui ont régné dans le siècle passé, qui ont été plus fréquents depuis soixante ans, qui se sont désastreusement multipliés depuis quatorze ans, et qui deviennent presqu'annuels, à cause de la licencieuse dévastation des bois et des forêts, qui laisse un libre cours aux vents impétueux du nord et aux frimats qu'ils nous apportent, ont dénaturalisé l'olivier dans la majeure partie des territoires situés au nord de la ci-devant Provence, ont détruit, sans espoir de régénération, ceux du Languedoc et du Dauphiné, et douloureusement endommagé ceux des communes à l'est et au nord du territoire de Marseille, où cet arbre précieux a été presque généralement épargné, et aurait encore moins souffert de l'intempérie des saisons, si sa culture n'était pas encore dans l'enfance ; car il est certain qu'un olivier bien soigné, bien conduit et gouverné avec intelligence depuis sa plantation jusqu'à son plein rapport est plus sain et plus vigoureux, et que les oliviers sains résistent, dans notre climat, aux froids rigoureux qui lui causent la mort dans notre voisinage.

L'huile devient, pour les propriétaires du territoire de Marseille, une denrée d'autant plus précieuse, qu'ayant considérablement diminué en quantité dans les pays où elle abondait, par la mortalité des oliviers, elle augmente journellement de prix ; tandis que le vin, auquel nous donnons par habitude une préférence peu réfléchie et mal calculée, est pour nous une production qui diminue de prix tous les ans d'une manière sensible, et qui ne peut entrer en concurrence avec les vins des territoires qui nous avoisinent, la plupart plantés depuis peu, et dont les vignes trouvant un terrain neuf pour elles , sont de la plus grande fécondité. Nos sources de vin s'épuisent, des fleuves de vin coulent chez nos voisins ; leurs ruisseaux d'huile tarissent , nous pourrions facilement faire naître dans notre sol des sources de cette précieuse denrée , qui deviendrait annuellement plus abondantes.

On ne saurait donc trop s'adonner, dans le territoire de Marseille et dans ceux qui l'entourent , à la culture de l'olivier. Tout nous invite , et nous devons donner avec d'autant plus d'empressement asile à cet arbre précieux , que la rigueur des hivers force à émigrer des territoires où il était le plus choyé , que la quantité des plants que nous offrent ces pays dévastés par le froid , et qu'on n'ose plus y replanter, sont à très bon marché , en comparaison de ce qu'ils coûtaient autrefois , que la production de cet arbre , qui nous sollicite , devient annuellement plus précieuse , enfin que sa culture est infiniment moins dispendieuse que celle de la vigne.

Mais cet arbre est lent à croître et à produire , et c'est en général ce qui dégoûte les propriétaires, qui sont trop peu fortunés , ou trop gênés pour faire le sacrifice de plusieurs années de jouissance.

Le gouvernement devrait donc donner des encouragemens pour en propager la culture et il doit d'autant plus la favoriser que la France est menacée de perdre cette si précieuse production , dans les territoires où elle était la plus abondante , et qui ne peuvent plus espérer le retour de la température d'air si favorable à leurs oliviers dont ils jouissaient autrefois.

SECTION II
Choix des différentes espèces d'Oliviers.

Nec pingues unam in faciem nascuntur olivæ.
VIRG. Géorg. L. II, v. 85.

L'olive ainsi qu'au goût est différente aux yeux ,
En des moules divers la nature la jette ,
En globes l'arrondit , ou l'allonge en navette
Traduc. *de DELILLE.*

On cultive dans le territoire de Marseille plusieurs espèces différentes d'oliviers , et le choix en est généralement bien fait. Ceux qui y réussissent le mieux, qui produisent le plus, dont le fruit est bon à saler et à manger , ou qu'on doit préférer pour la qualité de l'huile sont : le *Picholin* , l'*Espagnen* , l'*Aglaudau* ou *Cayanne* , le *Salonen* ou *plant de Salon* , le *Rouget* , le *Ribier* ou *Mourau*.

1° L'olive *Picholine* est grosse, oblongue, bonne à mariner ; mais elle est trop charnue pour produire beaucoup d'huile ; un ou deux arbres de cette espèce suffisent dans un domaine , ces olives n'étant bonnes qu'à manger ou à vendre vertes. Et il est rare que les fruits, qu'il est si facile de cueillir et de vendre profitent au maître ; ils sont presque toujours volés.

2° L'*Espagnen*. Cet arbre est très gros , très étendu, son olive est la plus longue et la plus pulpeuse de toutes les espèces ; l'huile est âcre, épaisse et par conséquent de mauvaise qualité ; ainsi que la *Picholine* , elle n'est bonne qu'à saler, il n'en faut, pour la même raison, qu'un ou deux arbres.

3° L'*Aglaudau* ou *Cayanne*. Cet Arbre a une jolie forme ronde et de médiocre grandeur, le vert de ses feuilles est pâle, il porte presque tous les ans. Son olive est petite, ronde, mais un peu plus grosse et mieux arrondie que la *Salonenque* ; elle donne une huile très fine, elle est fort adhérente et c'est un avantage précieux, parce qu'il en tombe moins avant qu'on les cueille. Cet arbre exige une taille fréquente, il réussit mieux que les autres espèces sur les hauteurs et dans les terrains secs.

4° Le *Salonen* ou *Plan de Salon*. Ses feuilles sont longues et blanchâtres, ses rameaux droits ; l'olive est petite ou plutôt moyenne et un peu allongée, elle donne une huile un peu grasse, qui cependant s'épurant dans la jarre devient limpide et est de bonne qualité ; elle rend beaucoup d'huile.

5° Le *Rouget*, appelé ailleurs *Sayernes*. Ses rameaux sont droits, ses feuilles fort grandes et d'un vert foncé ; l'arbre est bien arrondi, son bois même, en vieillissant, conserve longtemps l'écorce lisse, elle est d'un gris clair. L'olive, dans sa maturité, est d'un rouge tirant sur le violet foncé, elle a la forme d'une toupie terminée par une pointe qui se détache facilement en la touchant. L'olive mûre est couverte d'une fleur comme les prunes.

6° Le *Ribier* ou *Mourau*. Cet arbre est très touffu, à larges feuilles et fermes, et plus rondes que longues, d'un vert brun obscur ; il se dépouille facilement de ses feuilles et les renouvelle de même ; il fait beaucoup d'ombre ; l'olive est noire de bonne heure , elle est ronde et molle , elle demande à être cueillie plutôt que les autres , parce qu'elle tombe facilement au premier vent , et se ride au premier froid.

L'*Aglaudau* ou *Cayanne* , et le *Rouget* sont les deux espèces qui conviennent mieux dans les terrains secs , légers et sur les coteaux.

SECTION II.

Préparation à faire aux Oliviers avant de les planter.

Les oliviers qu'on se propose de planter , ou sont extraits des pépinières , ou arrachés des pieds des vieux oliviers , qui ont poussé des rejetons autour de leurs racines ; ces plants s'appellent chevilles.

Les plants qu'on enlève des pépinières doivent en être extraits avec soin , sans endommager aucune racine , en les déchaussant profondément tout autour et en enlevant toute la souche , s'il est possible , avec la terre qui y est adhérente. On a eu soin auparavant de les ébrancher , en coupant la tige à la naissance des branches. On transporte tout de suite les plants dans de gros cabas , pour les placer dans les trous préparés à l'avance pour les recevoir et dont on a eu soin d'arroser légèrement le fond et d'en serrer la terre avec les pieds.

Quant aux rejetons que l'on arrache des troncs des

vieux oliviers, il faut les séparer du vieux pied d'un coup de hache bien assuré, qui les détache ordinairement sans avoir besoin d'en donner un second. Il faut donner le coup de manière qu'il reste à la tige du rejeton une bonne partie de racine du vieux tronc; plus elle sera grosse, mieux l'arbre réussira. Il faut, cependant, avoir soin, dans cette opération, de bien ménager la souche du vieux tronc dont on sépare le rejeton.

Si on lui enlevait une trop forte partie de sa souche, le vieux olivier pourrait en mourir, et ce serait mal spéculer que de tuer un gros arbre pour en avoir un ou deux rejetons.

Les meilleurs plants sont ceux dont la tige est ronde, l'écorce unie, vive et luisante. Il faut examiner avec soin les racines du jeune plant pour les bien nettoyer de toutes les parties tarées, attaquées de chancres, rongées des vers, éclatées ou mortes. Il faut ensuite, avec une serpette, rafraîchir légèrement toutes les bonnes racines saines, sans les fendre ni les éclater, seulement au bout et de l'épaisseur tout au plus de 2 millim., en les coupant dans l'endroit où elles sont les plus menues ; il faut se garder de les recouvrir dans leur fort, elles recouvrent difficilement ces sortes de blessures ; rafraîchies seulement à leur extrémité, elles s'allongent et croissent bientôt.

Il faut donc laisser les bonnes racines dans toute leur longueur, fussent-elles d'un mètre, pour les arranger dans le nouveau trou, comme elles l'étaient dans celui d'où l'on a arraché le jeune plant, il ne faut pas non plus couper le chevelu, mais simplement le rafraîchir.

On doit couper la souche par dessous, d'une forme horizontale et plate, afin qu'elle puisse être assise sans vide et sans jour au fond du trou.

L'arbre ainsi préparé, et dont on aura coupé le chapeau, doit être mis à tremper dans l'eau pendant vingt-quatre heures ; il pourrait sans préjudice y séjourner plusieurs jours pourvu que l'eau ne gèle pas.

SECTION III.

Plantation des Oliviers.

Difficiles primùm terræ, collesque maligni,
Tenuis ubi argilla, et dumosis calculus arvis,
Palladiä gaudent silvä vivacis olivæ.

VIRG. Géorg. L. II, v. 179.

D'abord le sol pierreux de ces arides monts,
D'argile entremêlés, hérissés de buissons,
De l'arbre de Pallas aime l'utile ombrage.

Traduc. de DELILLE.

Virgile indique ici les terrains où se plaît l'olivier, et l'expérience dans notre climat appuie le précepte.

Cet arbre devient tous les jours plus précieux pour nous, et nous avons à nous reprocher de n'en pas faire assez de cas. Nous avons beaucoup de terrains où il prospère, et beaucoup de sites où il se plaît. On a vu la majeure partie de nos oliviers résister aux froids rigoureux de plusieurs hivers, qui ont détruit la plus grande partie de ces arbres dans les territoires qui nous avoisinent, et surtout dans les pays plus exposés que nous au nord. La rareté de cet arbre le rend tous les jours plus précieux pour ceux qui peuvent l'élever.

L'usage, dans notre territoire, étant de planter les terres en oullières de vignes et en oullières de blé, ne pouvant placer dans ces oullières des oliviers, et les propriétaires ayant constamment donné la préférence aux vignes et au blé, on n'a pu planter les oliviers qu'en cordon autour des propriétés, des rives et des chemins qui les coupent.

Il ne faut pourtant pas être esclave de cet usage dans les renouvellemens des plantations, et suivant la qualité du sol, il faut se déterminer sur le meilleur choix du genre de culture. Tous les coteaux, les sites élevés, les terrains secs, légers, caillouteux sont peu productifs en blé; la culture en est très dispendieuse, pénible et le blé ne paie pas le quart des frais de semence, de guérets et d'engrais.

Ces mêmes terrains au contraire sont ceux qui conviennent le mieux aux oliviers; il faut donc, dans les terres de cette qualité, abandonner la culture du blé et lui substituer celle de l'olivier; et sur de pareils coteaux on peut avec avantage planter à plein.

Mais comme l'olivier est long à produire, que les premières années il ne donne rien, il serait fâcheux de perdre pendant si longtemps le produit total de son sol; on doit y planter des vignes, qui réussissent aussi dans ces sortes de terrains. On peut les y planter à plein, mais espacées entre elles à 1 mètre dans tous les sens, en laissant un espace de 1 mètre en carré autour de chaque pied d'olivier sans vignes.

Cette vigne donne du fruit dès la troisième année, et son produit augmente annuellement. La culture qu'elle exige sert à l'olivier, avec qui elle se marie, et elle rapporte bien plus que le blé. Sa fécondité qui accroît progressivement tous les ans, jusqu'à ce que l'olivier parvenu à sa grande vigueur lui nuise, dédommage du retard du produit de l'olivier.

A mesure que la vigne meurt, on l'arrache sans se mettre en peine de la remplacer, si on ne peut la provigner, alors l'olivier à lui seul dédommage de toute autre production.

Lorsqu'on aura enlevé de la pépinière, ou détaché des vieux troncs d'oliviers les jeunes plants dont on a besoin, et qu'on les aura préparé comme il est dit dans la section précédente, il faut ouvrir pour chaque olivier, des trous de 1 mètre 50 centimètres carré au moins et de 1 mètre de profondeur, si l'on plante dans un terrain qui n'a pas été effondré à plein et à 6 mètres de distance les uns des autres, dans les terres maigres, où l'olivier étend moins ses branches, et prolonge moins ses racines ; et à 1 mètre ou 1 mètre 30 cent. dans les terrains gras, où cet arbre pousse avec plus de vigueur et devient plus gros.

Dans les terres effondrées à plein, il suffira de faire des trous de 60 à 75 centimètres de profondeur, suivant la hauteur de la souche qui est adhérente à la tige du jeune plant, de manière qu'elle soit enterrée jusqu'à la hauteur de la tige où le trou doit être assez large dans son pourtour, pour pouvoir y espacer et arranger ses racines.

Dans les terrains qui n'ont pas été effondrés, il faut ouvrir les trous deux mois à l'avance, afin que la terre puisse s'essorer, et que les pluies, les rosées, le soleil la purifient.

Dans les terres grasses et humides, dans les climats pluvieux, les premiers jours du printemps offrent l'époque favorable à la plantation des oliviers. Mais la sécheresse de notre territoire nous force de les planter après les grands froids de l'hiver, en février ou mars, surtout sur les coteaux et dans les terres légères et caillouteuses.

Il faut, avant de placer le jeune plant, mettre au fond du trou, de la terre meuble jusqu'à la hauteur à laquelle doit s'asseoir sa souche. On arrosera légèrement cette terre, on la serrera avec les pieds, pour y asseoir dessus la souche de l'olivier bien horizontalement, sans vide et sans jour.

S'il y a un côté de la souche mutilé, ou moins sain, il faut le tourner à l'aspect du midi, si on plante à plein vent; si c'est au pied d'un mur, d'une terrasse ou d'un rocher, on tournera le côté mutilé ou malsain de la souche du côté du mur, de la terrasse ou du rocher.

Il faut planter plus profondément l'olivier dans les terres poreuses et légères que dans les terrains gras et humides, afin de ne pas exposer ses racines à l'ardeur du soleil, dont les rayons pénètrent plus aisément les premières.

Il est constant que pendant les fortes chaleurs de l'été,

saison surtout pendant laquelle soufflent constamment des vents desséchans, les rayons du soleil pompent toute l'humidité de la terre, qui se gèle, se durcit, se fend même, et dessèchent la sève des racines des plantes, si elles ne sont pas à une profondeur à laquelle elles puissent être à l'abri.

On doit aussi planter plus profondément sur les coteaux en pente, où la terre perd par l'écoulement des eaux pluviales qui l'entraînent ; cependant, en général, on ne doit pas planter à plus de 60 ou 75 centimètres de profondeur.

Si l'on plante un jeune olivier à une place où il en est mort un, il faut cinq où six mois à l'avance faire un très grand trou, en changer la terre ; sans quoi le jeune plant contractera bientôt la maladie de l'arbre qu'il aura remplacé et périra peu d'années après comme lui. Cette règle est générale pour tous les jeunes arbres qui remplacent ceux de même espèce qui y sont morts.

Lorsque le jeune olivier est placé à la profondeur requise, que sa souche est bien assise, sa tige bien droite, il faut couvrir toute la souche et ses racines avec la meilleure terre prise à portée et passée au crible, la bien presser et serrer avec les pieds contre la souche, pourvu que la terre ne soit pas mouillée et qu'elle ne se pétrisse pas sous les pieds, afin de ne laisser ni vide ni jour entre les racines, ce qui est très-essentiel ; parce que tout vide en dessous du tronc, et dans les intervalles entre les racines, laisse trop de passage à l'air et aux eaux qui pourrissent la souche de l'arbre et sert de retraite à tous les insectes et reptiles malfaisants qui s'y établissent, dévorent les racines, pénètrent jusqu'au cœur de la souche et finissent par donner la mort à l'olivier.

On recouvrira ensuite le trou, en y laissant un creux en forme d'entonnoir pour recevoir les eaux pluviales ; à la seconde année, on aplanira ce creux en chaussant le pied de l'arbre.

Lorsqu'on plante à plein, il faut disposer les plants en quinconce ; de cette manière leurs racines se nuisent moins, et ont plus d'espace pour se nourrir et pour s'allonger.

Enfin, lorsque l'olivier est planté, il faut couper la tige à 75 centim. ou 1 mètre au plus au dessus de terre, si on n'a pas pris cette précaution avant de planter. A cet effet, il faut tenir la tige ferme pour ne pas ébranler la souche par cette amputation, et recouvrir le tail de la scie, après l'avoir bien uni avec la serpette, avec de la terre argileuse, que les jardiniers appellent onguent de Saint-Fiacre, afin que la pluie ne puisse y pénétrer.

Il faut bien se garder, la première année, de couper les pousses nouvelles qui viennent le long de la tige, ni aucunes des jeunes branches, pour ne pas interrompre l'action de la sève, qui est en rapport des jets nouveaux avec les racines nouvelles.

Il y a une règle générale à observer à cet égard et commune à tous les arbres, c'est que les racines sont toujours en rapport avec toutes les branches et les branches avec les racines. Il n'y a pas une branche qui ne cor-

responde avec une racine qui la nourrit et pas une racine
qui ne porte à la branche, qui lui correspond, la sève
dont elle a besoin pour s'étendre et fructifier. C'est par
cette raison que les arbres qui s'élèvent en forme pyra-
midale, et dont les branches s'étendent peu, ont toutes
leurs maîtresses racines qui pivotent et de petites racines
partant du tronc, qui ne s'étendent tout autour que proportionnellement à la longueur des branches autour de
la tige; tandis que ceux qui ont une forme circulaire et
arrondie, ont une infinité de racines qui se prolongent
horizontalement, labourent dans l'intérieur de la terre,
et n'y pénètrent pas profondément.

Il est donc indispensable, dans la première année de
la pousse d'un jeune arbre, de ne point contrarier le
rapport des branches aux racines, et pour les laisser bien
s'établir, prendre de la force et s'étendre dans la terre,
il faut se garder de couper aucun des jeunes jets dans
leur première année.

D'ailleurs la plaie qu'on fait en les coupant, ou ce qui
est encore pis, en les cassant, donne lieu à l'évaporation
de la sève au moyen de l'air qui agit sur toutes les plaies
et la végétation doit nécessairement se rallentir.

On peut seulement lui enlever tous les rameaux qui
partent du pied de la souche et qui s'élèvent verticalement. Ces rameaux ne peuvent servir à la formation de
l'arbre et détournent la sève à leur profit, au préjudice
des branches qui doivent partir du pied de la souche.

A la seconde année, lorsque la tige commence à former une tête suffisamment touffue pour son âge, il faut

couper toutes les pousses adhérentes à la tige jusqu'à la hauteur de sa tête ; à la troisième année, on doit élaguer les branches et ne laisser que celles qu'on veut conserver pour former la tête de l'arbre.

Il en est des arbres auxquels il ne faut couper aucun jet la première année de leur plantation, pour donner le temps aux racines de prendre leur croissance et leur force, comme des jeunes vignes, qu'on ne doit tailler qu'à la seconde année de leur plantation.

Il faut, autant qu'il est possible, élever les oliviers sur une seule tige, ils sont plus aisés à cultiver au pied. La tige est mieux ombragée et ces arbres produisent plus de fruits que ceux montés sur plusieurs pieds, parce qu'ils sont en proportion moins chargés de gros bois et qu'ils ont plus de branches environnantes, et ce sont ces branches qui produisent les rameaux sur lesquels naissent les fruits,

Les engrais sont essentiellement nécessaires à la fécondité des oliviers ; les branches ne peuvent fructifier que par la substance des racines qui les nourrissent et ce n'est que par les engrais qu'on peut les fortifier. Les sucs du fumier, indépendamment de leur qualité nutritive, suppléent, dans les années de sécheresse, à l'aridité de la terre, et pendant les rigueurs de l'hiver communiquent à la terre une chaleur qui présreve les racines des trop vives impressions du froid. Il faut fumer les oliviers en automne, ou au commencement de l'hiver avec les engrais les plus substantiels ; cependant il suffit de les fumer à la troisième année seulement de leur plantation.

CHAPITRE V.

MULTIPLICATION ET ÉDUCATION DES OLIVIERS.

Hos natura modos primùm dedit : his genus omne
Silvarum, fructicumque viret, nemorumque sacrorum.
Sunt alii, quos ipse vid sibi repperit usus.

Virg. Géorg. L. ii, v. 20.

Tels sont les soins de l'art. D'elle-même autrefois
La nature enfanta les vergers et les bois,
Et les humbles taillis, et les forêts sacrées
Depuis l'art se frayant des routes ignorées,
Par des moyens nouveaux, créa de nouveaux plants.

Traduc. de DELILLE.

On multiplie l'olivier par souchets, par rejetons enracinés, par boutures et par semis. De ces manières
différentes, celles par boutures et par semis d'olives sont
les moins bonnes, parce qu'il faut attendre un grand
nombre d'années pour que les oliviers ainsi multipliés
soient en rapport. La multiplication par pieds enracinés
est celle qui procure le plus promptement des arbres
formés ; mais si on les fait venir de loin, on court risque
d'être trompé sur les espèces et sur les qualités. Sou-

vent ils ont souffert dans le transport, ou ils ont été arrachés depuis trop longtemps ; souvent aussi le terrain
où on les plante leur convient moins que celui d'où on
les a sevrés. De tels oliviers ont toujours beaucoup de
peine à prendre racine et à s'élever, outre qu'ils coûtent fort cher d'achat et de transport. J'ai connu tel
propriétaire , qui sur cent pieds d'oliviers achetés chèrement, venant du dehors, n'en a pas sauvé dix.

Il est donc avantageux à tous égards d'élever de
jeunes plants dans son propre sol, et cela est facile et
peu dispendieux. Lorsqu'on veut les planter, on choisit
ceux dont la peau est la plus lisse, la plus unie, la plus
luisante ; la difficulté de se procurer des pieds d'oliviers,
et le prix qu'ils coûtent doivent déterminer à faire des
pépinières et à élever des rejetons qui servent, lorsqu'ils
sont assez forts, pour être transplantés où l'on veut. Le
gouvernement ferait une bonne et sage spéculation, s'il
encourageait ces pépinières dans notre territoire , où
l'olivier devient toujours plus précieux, afin d'en propager la culture , et ce serait une manière certaine de
régénérer notre sol épuisé.

SECTION PREMIÈRE.

Pépinière de rejetons enracinés.

Hìc plantes tenero abscindens de corpore matrum
Deposuit sulcis . . . .
Virg. Géorg. L. ii, v. 23.

Là d'un arbre fécond les rejetons naissants,
Par le tranchant acier séparés de leur mère,
Vont recevoir ailleurs une sève étrangère.
Traduc. de DELILLE.

Lorsqu'on a de vieux oliviers dont la tige est morte, ou bien malade, mais dont les racines en tout ou en partie sont vivantes et saines, il faut couper ces arbres à ras de la souche mère, qu'il faut ensuite recouvrir de terre. La même année, cette souche fait des efforts surprenans et pousse dans tous ses contours, si elle est saine dans toutes ses parties ou simplement du côté où les racines ne sont pas tarées, une infinité de petits rejetons qu'en doit soigner, pour en former de nouveaux plants. C'est de ce tronc que l'on tirera les plants enracinés, lorsqu'ils seront parvenus à une grosseur suffisante pour être transplantés avec succès.

Tous les vieux troncs d'oliviers, dont on a été obligé de couper les tiges mortes sont ordinairement tarés et dévorés dans le cœur, par des insectes les plus dangereux pour les oliviers, et qui leur donnent la mort. Je donnerai le remède pour détruire ses insectes malfaisans.

Mais on peut tirer un grand parti de la mortalité des oliviers, en joignant les rejetons qu'ils poussent en grand nombre tout autour du tronc, pour les en sevrer ensuite et les transplanter où l'on en aura besoin.

Il faut les caresser en place, en leur donnant toutes les cultures, et les élaguant de temps en temps, pour que leur tige se fortifie. A la troisième année, on peut les détacher de la souche mère avec la plus forte partie possible de la racine adhérente, et les planter en pépinière.

Avant que ces rejetons soient sevrés de leur mère, ils s'élèvent avec vigueur; mais lorsqu'ils ont été mis en pépinière dans un bon terrain, et s'ils sont cultivés avec soin, ils croissent rapidement, et forment, au bout de deux ou trois ans, de jolis sujets bons à être plantés à demeure, et qui réussiront infailliblement mieux que tous les oliviers achetés et venant de loin.

On doit laisser à la mère souche un seul de ces rejetons, le plus beau, le plus sain, le plus vigoureux et le mieux situé, qui bientôt devenant un bel arbre remplacera l'olivier mort à cette même place; mais il faut faire attention de soulager cette mère souche de tout le bois mort ou taré qu'elle peut avoir, de la recouvrir avec de la bonne terre, de la fumer et de combler les trous en en changeant la terre. La suie de cheminée et les cendres de lessive sont des engrais excellens pour les oliviers, non pour les féconder, n'ayant point assez de substances nutritives, mais pour en éloigner les insectes malfaisans.

Si l'on n'a pas dans sa propriété un terrain à pouvoir sacrifier à une pépinière d'oliviers, quoique le sacrifice fût peu considérable, puisque dans un espace de 8 mètres en carré, on pourrait élever une centaine de sujets, ou si l'on ne veut pas faire la dépense qu'exigerait l'entretien d'une pépinière, on peut s'en former une à chaque pied de ses vieux oliviers.

Il est peu de vieux troncs d'oliviers autour desquels il ne pousse tous les ans de jeunes rejetons, que les bons cultivateurs ont soin de couper à la seconde œuvre, parce qu'ils sucent l'arbre et dévorent une partie de sa substance. Mais on peut, sans crainte d'épuiser un olivier sain et vigoureux, lui laisser un ou deux rejetons les plus éloignés de la tige mère, lesquels on soigne pendant quelques années, et qu'on élève comme dans la pépinière.

De cette manière, un particulier qui n'aurait qu'une centaine de pieds de gros oliviers, pourrait se former une pépinière d'au moins cent rejetons qui, sans lui occasionner aucune dépense, et qui n'exigeant dans leur enfance que des soins plus amusans que pénibles, qu'il pourrait prendre lui-même, lui fournirait des sujets bons à être transplantés en remplacement des oliviers qu'il pourrait perdre par la mortalité, ou à augmenter dans sa propriété le nombre de ces arbres précieux, en lui épargnant les frais d'achat et avec la certitude de les voir réussir.

Il aurait ainsi la faculté de choisir les espèces qu'il préférerait, et de les faire greffer en place , s'il était nécessaire , en laissant le soin à la souche mère de nourrir ces jeunes plants pendant tout le temps nécessaire à leur accroissement. Les cultures ordinaires données aux oliviers, au pied desquels on les élèverait, suffiraient à leur éducation et à leurs rapides progrès.

On enlève ces rejetons lorsqu'ils sont bons à être transplantés , en les détachant de la souche mère , d'un coup de hache , avec un bon morceau de la racine adhérante.

Si l'on veut former une pépinière de ces rejetons, on les sévrera à la seconde année , de la souche mère , si l'on craint qu'elle ne s'épuise ; mais pour former une bonne pépinière, il faut choisir un terrain léger , bien exposé, arrosable et préparé par des labours profonds, et je conseillerai d'effondrer la terre à 75 centimètres, quoiqu'à la rigueur 50 centimètres de guérets suffisent à ces jeunes plants, qu'on ne met qu'à 25 centimètres de profondeur ; mais les guérets profonds sont toujours avantageux aux plantes, et plus nécessaires dans notre sol aride que dans tout autre; étant forcés de planter un peu plus profondément , pour préserver les racines d'être brûlées en été par l'ardeur du soleil.

La pépinière, pendant la première année, n'a besoin d'autres engrais que de la bonne terre passée au crible, pour couvrir les racines des jeunes plants lorsqu'on les plante. A la seconde ou troisième année, il faut fumer la pépinière.

SECTION II

Pépinière de Souchets.

Quin et caudicibus sectis (mirabiles dictu ;)
Truditur, et sicco radix oleagina ligno.
VIRG. Géorg. L. II , v. 30.

Un aride olivier surpassant ces prodiges,
Des éclats d'un vieux tronc pousse de jeunes tiges.
Traduc. de DELILLE.

Des souchets d'oliviers morts qu'on arrache, ou de ceux auxquels on est obligé de faire l'opération du recepage dont je parlerai ci-après, ainsi que des oliviers dont on arrache les jeunes rejetons , on peut, lorsque cette opération ne peut pas endommager l'arbre vivant, détacher par éclat d'un coup de hache bien tranchante, des parties de racines saines et vives, qu'on appelle tronçons ou souchets, vulgairement appelés *souquets*.

Ces éclats ou morceaux de racines, mal à propos condamnés au feu, peuvent être très utilement employés pour la multiplication de l'olivier.

On place ces racines dans des tranchées ouvertes dans le terrain préparé pour la pépinière à 50 centimètres de profondeur, et espacées à la distance de 75 centimètres dans tous les sens l'une de l'autre,

On comble ensuite la tranchée, mais il faut recouvrir les souchets avec un peu de bonne terre, pourvu qu'elle soit meuble, légère et épierrée ; et à la place où sont les souchets, il faut laisser un creux de la forme d'un cul de chaudron, de 25 centimètres de profondeur, et circulairement bien évasé.

Dès la première année, les souchets pousseront des rameaux qu'il faudra avoir soin de chausser en comblant le trou de 12 centimètres : à la troisième année, on aplanit le terrain.

On aura le même soin de ces jeunes plants, que des rejetons transplantés. *M. Bernard*, dans son Mémoire sur l'olivier, imprimé en 1783, et qui se trouve dans le *Recueil de l'Académie des Belles-Lettres, Sciences et Arts de Marseille*, du 25 août 1782, cite un passage d'un mémoire de *M. des Pennes*, sur la multiplication des oliviers par morceaux de racines ou *souquets*.

M. des Pennes prescrit de ne les planter qu'à 25 centimètres de profondeur, en laissant seulement 25 centimètres de guéret dessous, et de ne les espacer entre eux dans la pépinière, qu'à 48 centimètres de distance.

Je donne ici pour méthode de planter les souchets à 50 centimètres de profondeur dans un terrain préparé, et effondré à 75 centimètres ; mais lors de la plantation, je ne recouvre le souchet que de 25 centimètres de terre comme le prescrit *M. des Pennes*, mais je laisse les 25 centimètres de profondeur de plus, pour former supérieurement un creux, en forme d'entonnoir, autour de chaque souchet qui se trouve, comme celui de *M. des Pennes*, avoir au-dessous 25 centimètres de guéret.

Ma méthode a cet avantage sur celle de *M. des Pennes* : 1° Que le creux en forme d'entonnoir, laissé au-dessus de chaque souchet déjà couvert de 25 centimètres de terre, est ainsi disposé pour recevoir et contenir les eaux pluviales et d'arrosage qui doivent entretenir la fraîcheur tout autour de cette racine, dans toute sa capacité, et aider à accélérer sa végétation.

2° Que la seconde année je chausse le jet nouveau qu'aura poussé le souchet, en comblant ce creux à moitié.

3° Qu'à la troisième année, je le comble tout à fait.

Cette précaution très utile à la végétation du nouveau rejeton, a de plus l'avantage de le consolider, et de le préserver d'être cassé par les vents ; accident qui n'arrive que trop souvent à ces jeunes jets, d'un bois tendre et cassant, et conserve la fraîcheur dans toutes les racines nouvelles qu'ils auront poussées, et qui, à 25 centimètres seulement de profondeur, seraient desséchées par les rayons ardents du soleil d'été.

J'espace mes souchets à 75 centimètres l'un de l'autre en tout sens, au lieu des 38 centimètres seulement, comme le prescrit *M. des Pennes*, ce qui, leur donnant plus de moyens de développer leur force, accélère leur accroissement.

On concevra facilement combien ma méthode est préférable à celle prescrite par *M. des Pennes*.

Cette seconde manière de former une pépinière d'oliviers est plus lente que la première. Cependant un gros souchet bien sain, qui aura plusieurs yeux bien saillans, réussira plutôt qu'un jeune rejeton, qu'on n'aura pu détacher qu'avec peu de racine adhérante.

La pépinière de souchets, en lui multipliant les soins, les engrais, les légers labours, les arrosages même s'il le faut en été, prospérera aussi vîte que celle par rejetons, et formera des sujets plus sains à défaut de rejetons vigoureux, et assez forts pour être transplantés, la pépinière de souchets est la meilleure. Il faut seulement observer de ne choisir que des éclats de racines, sans tares, un peu gros, et qui aient plusieurs yeux. C'est de ces yeux que doivent pousser les jeunes jets : les souchets sans yeux ne produiront aucun rameau.

S'il sort plusieurs jets nouveaux, on n'en laissera qu'un, le plus vigoureux, et on coupera tous les autres à ras de la souche, à la seconde année seulement.

Ces jets sont le plus souvent sauvages, il faut les faire greffer à écusson, à œil poussant, dès que leur tige est assez forte pour recevoir l'écusson. Parvenus à ce point, ils feront des progrès étonnans.

C'est vers la fin de février et dans le courant de mars, qu'il faut planter les pépinières d'oliviers. A cette époque les grands froids sont passés, on peut sans danger travailler dans leurs racines, soit pour enlever les sujets pour la pépinière, soit pour en couper tout ce qui peut être taré ; et les pluies du printemps , qui succéderont à ces opérations délicates , en assurent le succès.

SECTION III.

Préparation du terrain et culture des pépinières d'Oliviers.

Pour former des pépinières d'oliviers, le premier soin est de préparer la terre, en l'effrondrant à 75 centimètres au moins de profondeur , il faut l'épierrer et l'aplanir. J'observe que ce travail, comme celui dont j'ai parlé pour la plantation et le renouvellement des vignes, doit être fait en été.

Lorsqu'on voudra planter la pépinière, on ouvrira des tranchées, alignées transversalement et parallèles à 75 centimètres de distance l'une de l'autre ; enfin on plantera dans ces tranchées les souchets qu'on voudra élever , ou les rejetons à transplanter , comme je l'ai dit à chacun de ces articles en les disposant à 75 centimètres l'un de l'autre. La plantation en échiquier est bonne à adopter pour toute espèce de pépinière.

Avant de placer dans la tranchée soit les souchets , soit les rejetons ou plants enracinés , il faut avoir nettoyé leurs racines, rafraîchi le chevelu , et rasé la tige des rejetons à environ 13 centimètres de terre, s'ils sont encore minces et petits, mais plus haut en proportion de leur grosseur.

Il est essentiel de couper horizontalement, comme lorsqu'on plante des oliviers à demeure, le dessous de la racine, et qu'il soit plat et lisse, de manière à pouvoir l'asseoir au fond de la tranchée, dont il faut bien ameublir la terre; il faut arroser légèrement le fond de la tranchée, en serrant la terre avec les pieds, et y placer la racine des plants ou souchets, la serrer fortement sur la souche de terre du fond, afin qu'il n'y ait ni jour ni vide.

L'olivier est un arbre dont la racine ne pivote pas ; elle ne pousse et ne s'étend que des parties latérales de la souche, et ses racines labourent et se prolongent tout autour ; s'il y avait du vide entre le dessous de la souche qui ne fait aucun acte de végétation, et la terre sur laquelle elle est assise, ce vide recevant et conservant les eaux pluviales et donnant entrée à l'air, serait cause que le dessous de la souche se pourrirait, et par une progression lente, mais constante, cette pourriture se communiquant au tronc, aux racines, à la tige même, l'arbre finirait par être malade et mourir.

Il faut planter à chaque place, où l'on aura enterré un souchet, un échalas pour servir de signal, et lorsque le souchet aura poussé un jet nouveau, on l'attachera à ce tuteur, pour soutenir et redresser sa tige, qui sans cela serait rampante.

Si des souchets ou rejetons ainsi plantés, il sort plusieurs tiges, on les coupera dès la première année,

en ne laissant que la plus droite et la plus vigoureuse ,
qu'on n'élaguera qu'a la seconde année. Les autres tiges
superflues suceraient la souche mère , au préjudice de
celle qu'on doit conserver pour former l'arbre.

Il est nécessaire de donner à ces pépinières de fréquentes, mais légère cultures à la bêche, surtout après
les pluies, pour entretenir la fraîcheur de la terre et la
maintenir toujours meuble ; il faut la gratter pour arracher les mauvaises herbes; l'arroser en été , si l'on
s'aperçoit qu'elle soufre de la sécheresse , et la fumer à
la troisième année.

SECTION IV.

Du recepage des Oliviers dans leurs racines.

Il ne suffit pas de connaître la meilleure manière de
planter l'olivier , de multiplier sa reproduction , de le
soigner dans son enfance , de le conduire avec intelligence jusqu'à l'âge de son plein rapport ; il faut connaître aussi les remèdes curatifs à lui administrer dans
ses maladies , et lui continuer dans sa vieillesse des soins
qui en le rajeunissant, pour ainsi dire , prolongeront
son existence qui doit atteindre au-delà de deux siècles ,
si on sait le présesver des accidents qui peuvent le frap-

per de mort des ennemis qui l'attaquent, de l'influence des saisons rigoureuses, qui affectent son tempérament.

De toutes les maladies auxquelles l'olivier est sujet, celles qui attaquent ses racines sont les plus dangereuses, parce qu'elle affectent les principes vitaux. C'est dans le sein de la terre que s'établissent ses plus mortels ennemis, c'est dans le cœur de son tronc qu'ils pénètrent pour dévorer sa substance. L'opération du recepage est le remède curatif et préservatif de tous ces maux dangereux, et le moyen de détruire les insectes malfaisans qui lui font une guerre cruelle.

Receper, en terme d'agriculture, veut dire couper une seconde fois. Ce terme s'applique également à l'opération par laquelle on coupe les branches d'un arbre malade, en le rabaissant près de sa tige, et à celle par laquelle on coupera ses racines, soit pour arrêter sa fougue, soit pour lui enlever toutes les parties tarées, cariées ou mortes.

La première opération appartient à l'émondage, et il serait plus correct de dire émonder ou rabaisser un arbre, lorsqu'il ne s'agit que de le soulager de toutes les branches qui sont malades, ou qu'il ne peut pas nourrir sans s'épuiser, que de dire receper.

Je consacre donc le terme de recepage à l'opération qui se fait sur les racines de l'olivier.

L'olivier, plus qu'aucun autre arbre fruitier, est sujet à des maladies dans ses racines, qui tôt ou tard lui donnent la mort.

Ces maladies dont la plupart de nos oliviers sont at-

taqués dans leurs racines et dans leurs tro .es , auxquelles on ne fait aucune attention , parce que la terre cache
à nos yeux le mal , et qu'on ne cherche point à le guérir , ont plusieurs causes.

La plupart de nos vieux oliviers ont la souche ou le
tronc pourri intérieurement , parce que lorsqu'ils ont
été plantés. on n'a pas eu le soin que je recommande ex-
pressément de battre avec les pieds , et de serrer au fond
du trou la terre sur laquelle doit s'asseoir le tronc, de
couper et d'unir bien horizontalement le dessous de
la souche qui doit porter sur cette terre battue du fond
du trou , et de le battre avec le tronc lui-même en le
plantant, pour qu'il fasse sa place , et que tout vide en
dessous soit hermétiquement bouché.

Faute de ces précautions en plantant l'olivier , si la
terre sur laquelle s'asseoit le tronc est meuble , s'il y a
le moindre vide entre le dessous du tronc et le fond du
trou , l'air et l'humidité y pénètrent ; à la longue le
pourriture attaque la souche ; et montant toujours vers
les racines et vers la tige , elle fait les plus grands ravages , et finit par donner la mort à l'olivier.

Cet arbre, comme je l'ai déjà dit, n'est pas de l'espèce
de ceux qui pivotent, la forme ronde de sa tête en est la
preuve ; c'est des différens yeux parsemés autour du
tronc que partent les racines , qui s'étendent circulairement ; sa propension naturelle est plutôt de pousser superficiellement ses racines , que de labourer profondément.

Il est donc inutile que la terre soit meuble au-dessous

du tronc qui, ne devant point pousser de racines pivo-
tantes, ne pourrait jamais remplir le vide qui pourrait
s'y former, et qui lui serait nuisible. Il suffit, au contraire, que la terre soit bien ameublie tout autour du
tronc, afin que toutes les racines puissent s'y étendre,
croître et labourer sans obstacle.

Les racines et le tronc de l'olivier principalement,
sont souvent pourris ou chancrés, parce que les aux
pluviales n'ayant pas d'autre écoulement que par l'infil-
tratation, ont séjourné longtemps au-dessous du tronc;
souvent les chaleurs ardentes de l'été, et les rayons
brûlans du soleil, ont, dans des saisons trop arides,
desséché et brûlé des racines trop superficielles; souvent enfin des froids rigoureux les ont frappées de
mort, parce quelles n'étaient pas assez recouvertes de
terre; et presque toujours par toutes ces causes réunies,
l'olivier est malade dans les parties les plus essentielles
à sa végétation, et les plus nécessaires à son existence.
Ces racines mortes pourrissent, et cette pourriture
gagne progressivement vers la souche et vers la
tige.

Pour peu qu'il reste à l'olivier des racines saines,
il résiste à cette dangereuse maladie. On le voit cependant languir, jaunir et se dessécher du côté où ses
racines sont tarées; et dans cet état de langueur,
plus sensible aux froids rigoureux qui surviennent fréquemment, il meurt, et on est obligé de le couper au
pied.

Cependant quoique sa tige soit morte entièrement,

ou en partie, son tronc ne l'est pas dans toute sa circonférence, il lui reste dans la partie encore saine des
racines bien vives, qui font des efforts miraculeux pour
pousser des rejetons nouveaux, souvent en grande
quantité, et qui croissent assez rapidement pour remplacer bientôt la tige morte, lorsqu'on en prend soin,
et l'on voit toujours autour de la souche d'un olivier
mort qu'on a coupé à ras de terre, s'élever des jets
nouveaux en forme de buisson, qui, soignés, émondés,
élagués, devenant au bout de trois ou quatre ans assez
gros pour être sevrés de leur mère et être transplantés,
nous tiennent lieu de pépinières et nous fournissent
tous les jeunes plants appelés chevilles, qui servent à
renouveller nos plantations. Mais c'est acheter bien cher
ces jeunes plants, lorsqu'il en coûte un bel olivier, que
la mort a frappé dans son plein rapport.

On laisse ordinairement, pour remplacer l'olivier
mort, un ou deux de ces rejetons au tronc, dont on a
sevré tous les autres.

Mais c'est en vain qu'on fonde ses espérances sur ces
nouveaux rejetons, quelques beaux qu'ils paraissent, et
même sur les parties de la tige et des branches de l'arbre
qu'on n'aura point coupées, parce qu'elles paraissent encore saines, si l'on n'a point porté remède à la maladie
des racines ; elle gagne toujours le cœur du tronc, et
bientôt elle donne la mort à tout ce qu'elle a pu conserver, et à tout ce qu'il a produit de nouveau.

Le tronc de tout olivier attaqué de cette cruelle maladie, devient toujours le refuge de tous les insectes

malfaisans, soit pour s'y creuser des demeures, soit
pour s'y mettre à l'abri de l'intempérie des saisons, soit
pour s'y nourrir de sa sève, et tous pénétrant, par un
travail continuel, de la partie malade ou morte qu'ils
abandonnent, dans la partie saine, où ils se logent et
dont quelques-uns se nourrissent, sont les ennemis les
plus dangereux de cet arbre infortuné qu'ils dévorent.

Dans tous les troncs d'oliviers attaqués depuis quelque temps de cette cruelle maladie, on trouve des nids
de rats, de limaçons, de fourmis, et surtout l'ennemi
le plus dangereux est un gros ver, ou espèce de chenille
de couleur jaune donnant sur le blanc, ayant la peau
luisante et huileuse, de la longueur de 8 centimètres
environ et de la grosseur au moins du pouce de la main.
Cette chenille est produite par un insecte volant, de
l'espèce des hannetons ou escarbot, qui creuse dans les
racines du tronc de l'olivier, et y dépose ses œufs qui,
dans le mois de mai, deviennent chenilles.

Cette chenille a la partie inférieure de la tête armée
de deux antennes de couleur brune, avec lesquelles elle
travaille sans cesse à approfondir son trou. Elle est appelée vulgairement *babouai* par les cultivateurs. *M. Bernard*, dans son savant Mémoire pour servir à l'histoire
de l'olivier, imprimé en 1788, nie l'existence de cet
insecte, et assure que tous les cultivateurs qu'il a inter-
rogés, et qui ont été mis dans le cas d'arracher des racines d'oliviers morts, n'ont pas plus que lui connu cet
insecte, qu'il appelle chenille.

Il réfute même, d'une manière trop tranchante,

M. de la Brousse, auteur d'un ouvrage sur l'olivier, qui décrit parfaitement cet insecte le plus malfaisant de tous ceux qui attaquent les oliviers.

M. Isnard, aussi auteur d'un Mémoire sur la culture de l'olivier, dit avoir vu dans de vieux ceps ces mêmes insectes.

M. Bernard n'ajoute aucune foi aux assertions de ces deux auteurs ; il est fâcheux que ce savant, à qui l'agriculture est redevable d'un ouvrage aussi utile que celui qu'il a soumis, en 1782, au jugement de l'Académie de Marseille sur l'olivier, et qui a mis tant de recherches et tant de soins pour connaître l'espèce et la nature des autres insectes presqu'invisibles qui attaquent les branches de l'olivier et son fruit, n'ait pas pris la peine si facile de vérifier par lui-même ce qu'ont écrit ces deux auteurs, auxquels il n'ajoute pas foi sur cette chenille.

Son intelligence nous aurait donné, depuis plusieurs années, un remède contre le plus grand ennemi de l'olivier, soit pour l'en préserver, soit pour le détruire, comme l'insecte le plus malfaisant, auquel on doit attribuer, surtout depuis vingt ans, la mort de presque tous nos plus beaux oliviers.

Je ne suis point étonné que *M. Bernard*, qui s'en est rapporté à ce qu'ont pu lui dire de simples cultivateurs, et qui n'a pas pris la peine de faire fouiller sous ses yeux, dans les ceps des oliviers morts ou malades, pour s'assurer de ce que *M. de la Brousse* et *M. Isnard* ont affirmé sur cet insecte, ne l'ait pas connu.

Les cultivateurs qui l'ont trompé, n'ont jamais arraché des souches d'oliviers morts ou malades , qui poussaient de nouveaux rejetons. Leur simple intelligence ne leur indiquait pas que leur maladie était dans les racines , et ils auraient craint , en y fouillant , de nuire à la partie encore saine du vieil olivier , ou à l'accroissement de ses jeunes rejetons, où ils auraient pu trouver ces chenilles. Mais ils n'ont , sans doute , arraché que des souches mortes , et ces chenilles les abandonnent entièrement , n'y trouvant plus de quoi se nourrir , pour aller s'établir dans les troncs les plus voisins , qui sont encore sains , pour y chercher leur subsistance.

Cette chenille ou ver , est d'une espèce qui ne vit que sous terre , arrachée de sa demeure , et mise sur la surface du sol , elle creuse son trou , et un quart d'heure lui suffit pour s'y cacher entièrement ; elle s'attache principalement aux oliviers. Il n'est point fait mention de cet insecte dans les ouvrages d'aucun des naturalistes, et comme il s'insinue profondément , et vit dans le cœur du cep et jamais dans les racines environnantes, les cultivateurs qui ne sont pas dans l'usage de faire l'opération du recepage , en pénétrant jusques dans l'intérieur de la souche, ont pu fouiller au pied des oliviers et dans ses racines qui partent du cep , sans trouver cette dégoûtante et dangereuse chenille.

J'ai été plus heureux que *M. Bernard* dans mes recherches , pour découvrir la cause de la maladie qui attaque les racines et le cep des oliviers , et cette cruelle chenille n'a pu échapper à ma poursuite. Lorsque à l'inspection d'un olivier languissant, j'ai soupçonné une cause interne de maladie dans ses racines, je me suis déterminé à les sonder profondément, et j'ai opéré sans pitié sur les racines et sur le cep, en suivant la route du mal ; c'est ainsi que j'ai découvert cette chenille, que *M. de la Brousse* dépeint parfaitement. Pour la découvrir et pour la détruire avec sa nombreuse famille, j'ai imaginé de receper l'arbre malade dans ses racines, pour en extraire tout le bois mort.

Cette opération délicate, et pour laquelle j'ai pris le soin d'instruire et de dresser un ouvrier adroit et intelligent, m'a toujours réussi parfaitement. J'en donne ici les procédés, et j'atteste que dans presque tous les troncs d'oliviers malades que j'ai sondés et recepés profondément, j'ai trouvé grand nombre de ces dégoûtantes chenilles qui les dévoraient.

Cette année, faisant au mois de mars mon opération du recepage, j'ai trouvé dans les troncs de vieux oliviers, sur vingt-deux seulement que j'ai fait receper, quantité de ces insectes, et dans un seul cep j'en ai détruit une famille de vingt-quatre, gros ou petits.

Tous les oliviers que j'ai délivré de cet ennemi dévorant, ont bientôt donné des marques satisfaisantes de santé et de vigueur. J'invite les cultivateurs, jaloux de conserver et de faire prospérer leurs vieux oliviers, qui paraissent souffrans et malades, à faire usage de mon remède curatif, quoiqu'en dise *M. Bernard*. Une fois que cette chenille a établi sa demeure dans le tronc d'un olivier malade, elle s'y multiplie, y établit sa famille, s'y nourrit de la sève de l'arbre, pénétrant toujours du mort au vif, et suivant le canal de la sève, elle ne le quitte plus que lorsque l'arbre, le tronc et ses racines, absolument sans vie, ne peuvent plus fournir à sa subsistance.

La plupart de nos cultivateurs voient leurs oliviers malades, tous savent que lorsque les branches meurent ils sont ordinairement attaqués dans leurs racines, où gisent tous les insectes malfaisans ; leur insouciance se contente de voir une partie de l'olivier saine et leur donner encore du fruit, et sans prévoir qu'il est en danger de mort, ni s'en mettre en peine, ils croient avoir beaucoup fait d'avoir coupé les branches mortes.

La plus grande partie de nos vieux oliviers, mal plantés dès le principe, et cruellement endommagés par les froids rigoureux, dont nous sommes si fréquemment affligés depuis longtemps, sont malades dans leurs racines, leurs troncs sont creux, chironnés et pourris dans le cœur, quoiqu'ils ne paraissent pas extérieurement malsains, parce que cet arbre très-abondant en sève se nourrit de son écorce, qui même lorsque la tige est morte, pourrie, et tombe en poussière, pousse entre elle et son écorce une nouvelle tige, qui dans peu d'années, est en état de remplacer celle qui est morte intérieurement, et de porter et de nourrir comme elle le chapeau de l'arbre. C'est un phénomène de végétation dont il est facile de s'assurer.

Presque tous nos vieux oliviers recèlent dans l'intérieur de leur souches des insectes ennemis qui les dévorent.

Ce sont les oliviers ainsi tarés dans leurs racines, que les froids rigoureux frappent subitement de mort : car heureusement dans notre climat ceux qui ont été bien plantés, qui sont sains, qui sont bien soignés et bien conduits, résistent aux rigueurs des hivers ; mais ils n'en sont pas moins exposés aux attaques des chenilles dont nous parlons, s'ils sont voisins d'un olivier mort dans la totalité de ses racines, que ces insectes abandonnent pour s'établir sur le plus voisin.

L'olivier est un arbre trop précieux pour ne pas donner tous ses soins à la cure de cette dangereuse maladie, et pour ne pas travailler à la résurrection de ceux qu'on a le malheur de perdre.

Le recepage des racines et du cep est un moyen sûr et nullement dispendieux de guérir ces arbres infortunés, qu'une insouciance générale, une ignorance indifférente et une négligence coupable abandonnent, et voici comment on doit procéder à cette opération.

Il faut examiner avec attention, dans toutes ses parties extérieures, l'olivier qu'on soupçonne d'être malade. Si l'on voit quelques branches jaunir et se dessécher, on peut être certain que les racines de ce côté sont tarées, et c'est par conséquent ce côté malade qu'il faut attaquer.

Lors même que l'arbre n'offrirait pas dans ses branches cet indice certain de sa maladie, pour peu qu'on le voie languissant, et ne pas pousser avec vigueur, ou se dépouiller de son fruit prématurément, si toutefois on n'a point négligé sa culture, on doit soupçonner qu'il

a le principe de la maladie, qui indique l'existence de
ces chenilles.

Il faut examiner soigneusement le cep à la naissance
de la tige, si on le trouve chironné dans quelque partie, on sondera le tronc ; si on le trouve creux, on peut
être certain que les insectes auxquels je déclare la
guerre ont commencé d'en prendre possession.

Lorsqu'on s'est ainsi assuré de son état de maladie, il
faut, du côté où il paraît le plus souffrant, (car ordinairement il a toujours un côté sain qu'il faut bien ménager) ouvrir une tranchée à 1 mètre ou 1 mètre un
quart au moins de la tige, pour mettre à découvert les
racines ; presque toujours on les trouvera tarées ou
mortes de ce côté, et alors avec la hache on les coupera,
en suivant le mort vers le tronc jusqu'au vif, pour pénétrer jusqu'au cœur de la souche.

Lors même qu'on ne trouvera pas de racines mortes,
ce qui arrive souvent, lorsqu'il n'y a que le cœur de la
souche d'attaqué et que le mal vient du dessous du
tronc, ce dont on peut s'assurer, en sondant par quelqu'ouverture, s'il y en a, ou simplement en frappant
sur la souche même ; si elle sonne creux, il ne faut pas
craindre de se faire jour pour pénétrer jusqu'au cœur,
et il faut couper impitoyablement, toujours du côté où
la tranchée est ouverte, et sans endommager les racines
du reste de la souche, tout le bois taré ou mort, qui
se détache facilement par éclat d'un coup de hache.

Lorsqu'on sera parvenu au cœur du tronc, c'est là
qu'on trouvera cette multitude d'insectes, et surtout ces

gros vers ou chenilles, toujours attachés à la partie la plus vivante, et la dévorant perpétuellement; il faut les en déloger et les écraser tout de suite : car si on les laissait seulement un quart d'heure en vie et en liberté, ce temps leur suffirait pour se creuser avec leur deux fortes antennes de nouveaux trous dans la terre, et pour s'y cacher de manière à ne pouvoir plus les retrouver.

Après s'être ainsi fait jour, il faut couper tout le bois mort et pourri, soit dans les racines, soit dans le tronc, où l'on trouve toujours une eau rousse et puante, qui filtre dans le cœur du tronc, gangrène et morbifie toutes les parties qui en sont humectées. Il faut couper le mort jusqu'au vif, en prenant la peine de fouiller jusqu'au fond de la souche : car c'est toujours au fond qu'elle est la plus tarée et qu'est le principe du mal.

Il faut une main adroite, intelligente et patiente pour faire avec succès cette opération, sans endommager les parties saines qu'il faut conserver pour régénérer l'arbre : elle est surtout délicate et difficile, lorsque le tronc est dans la presque totalité gangrené.

Souvent le mal qui gagne toujours en montant et suivant le canal de la sève, a attaqué la tige principale de l'olivier. Il faut aussi la nettoyer intérieurement de tout le bois mort, jusqu'au vif.

Enfin, lorsqu'on est parvenu à curer ainsi le tronc et la tige de l'olivier, et qu'on est assuré qu'il ne reste plus dans le tronc, et dans les racines aucunes parties tarées, il faut, avec une petite hache bien tranchante, unir tous les tails et coups qu'on a donnés, de manière que le bois soit bien lisse et coupé verticalement, afin que l'eau n'y puisse séjourner, ni filtrer.

On nettoie ensuite bien soigneusement tout le trou qu'on a fait, de tous les éclats de bois, on enlève et disperse au loin toute la terre, qui touchait ou avoisinait les racines tarées. On remplace cette terre avec la meilleure qu'on pourra trouver au voisinage, bien épierrée; on y mêle, si l'on peut s'en procurer, des cendres de lessive et de la suie de cheminée. On serre bien avec les pieds cette terre dans le trou qui a été fait dans le cœur du tronc, en l'humectant légèrement, afin qu'il ne reste aucun vide qui donne entrée à l'air. On remplit le trou à moitié avec la meilleure terre prise à portée, on y met une couche de fumier à cochon bien pourri qu'on arrose, et on recomble le trou en chaussant bien le pied de l'olivier.

On trouvera peu d'ouvriers qui sachent faire cette opération difficile et délicate, mais nullement coûteuse, parce que le bois qu'on en retire paie au-delà de la main d'œuvre. Le recepage d'un seul olivier m'a souvent produit 280 ou 320 kilog. de bois.

J'ai dressé un de mes ouvriers, qui depuis fait cette opération sous mes yeux, et qui y réussit à merveille, et je suis parvenu ainsi à sauver de vieux oliviers qui paraissaient sans ressource.

Cet arbre, lorsqu'il lui reste des racines saines, qui n'ont aucun contact avec des racines mortes ou malades, se répare très vîte, et au bout de quatre ou cinq ans, on a la satisfaction de voir un jeune olivier vigoureux, en bon rapport, à la place d'un autre qui languissait, auquel il ne restait plus que quelques rameaux encore verts, et qui était menacé d'une mort prochaine.

Mais il ne faut pas attendre, pour employer ce remède éprouvé efficace, que l'olivier soit à son dernier état de maladie, il faut au contraire le receper, dès qu'on soupçonne qu'il en est attaqué. L'opération en sera plus facile, et l'arbre, loin de rien perdre de ses rameaux, n'en poussera que plus vigoureusement.

Il ne faut point faire cette opération lorsqu'on est menacé de grands froids, ni lorsque la terre est humide, et se pétrit sous la bêche et sous les pieds. Les mois de février et tout mars sont le véritable temps de la faire sans danger et avec succès.

Si, après l'avoir faite, il restait assez longtemps sans pleuvoir, ce qui est rare dans cette saison, il sera très à propos de donner aux oliviers recepés un bon arrosage pour les entretenir frais jusqu'aux pluies du printemps, trop souvent tardives dans notre climat.

CHAPITRE VI.

Sponte suâ quœ se tollunt in luminis auras,
Infœcunda quidem, sed lœta et fortia surgunt.
Virg. Géorg. L. ii, v. 47.

L'arbre né de lui-même étale fièrement
De ses rameaux pompeux l'inutile ornement.
Traduc. de DELILLE.

Les arbres et arbustes nés au hasard, et croissant sans éducation, étaleraient une inutile parure ; orgueilleux d'étendre leurs vigoureux rameaux et d'ombrager au loin le sol qui les nourrit, ils mettraient tous leurs efforts à entretenir leur inféconde beauté, si la main de l'homme n'était parvenue, en arrêtant leur fougue, à les féconder, et en mariant par des opérations ingénieuses les différentes espèces homogènes, à perfectionner leurs qualités.

Nous n'aurions que des arbres sauvages et des fruits amers, âpres et sans saveur, si l'art n'avait aidé la nature à mettre à profit ses premiers efforts.

L'ente ou la greffe est la plus heureuse invention de l'agriculture, puisque nous lui devons cette quantité de fruits si multipliés et si variés, dont l'agréable saveur flatte si délicieusement le goût , et dont la beauté satisfait les yeux et tente la main qui va les cueillir.

On greffe donc les arbres et les arbrisseaux de toute
espèce , pour les forcer à produire , au lieu de fruits
sauvages , des fruits exquis, pour varier les espèces ,
pour substituer à un mauvais fruit un fruit excellent ,
et pour féconder des rameaux inutiles et infructueux.

On greffe aussi les arbrisseaux et arbustes à fleurs ,
pour en obtenir de plus belles espèces.

Je ne traiterai ici que de la greffe de la vigne et des
oliviers.

SECTION Ire.

Des différentes espèces de Greffes.

Quippè solo natura subest. Tamen hæc quoque si quis
Inserat , aut scrobibus mandet mutata subactis,
Exuerint silvestrem animum..............
Virg. Géorg. L. ii, v. 49.

La nature se plut à parer son ouvrage ;
Mais qu'on prête à sa tige un rameau moins sauvage
. . . .
Dompté par la culture il comblera tes vœux.
Traduc. de DELILLE.

Enter ou greffer est une opération dont le génie de
l'homme a enrichi l'agriculture. C'est par elle qu'on
est parvenu à forcer l'arbre agreste à produire des fruits

plus beaux et plus savoureux, et à changer des productions sauvages en fruits agréables à l'œil et au goût. Le hasard, sans doute, a donné l'idée des greffes, et ce doit être celle par approche qui la première a frappé l'intelligence de l'homme.

Deux arbres voisins ont croisé et entrelacé leurs branches ; elles se sont trouvées tellement rapprochées que le frottement a du écorcher la peau de l'un. L'œil de l'arbre voisin s'est insinué dans cette plaie, les deux branches serrées l'une contre l'autre se sont jumelées par l'action de la sève. La nature a secondé cette insertion faite par le hasard. Il en est résulté des fruits nouveaux ; l'homme étonné a observé ce phénomène. Il en a pénétré la cause, et l'a ensuite perfectionné par des épreuves plus réfléchies, ce qui l'a conduit à imaginer les différens genres de greffes.

On greffe de plusieurs manières, en approche, à écussion, en fente ou couronne en flûte. Je ne citerai ici que la greffe à écusson et celle en fente. La greffe à écusson se fait à œil poussant ou à œil dormant, mais elles ne diffèrent que pour l'époque où elles doivent être faites, l'opération est la même pour toutes les deux.

La greffe à œil poussant se fait lorsque l'arbre entre en sève au printemps. Elle est ainsi nommée, parce qu'elle pousse peu de jours après. Celle à œil dormant se pratique à la seconde sève du mois d'août. On l'appelle à œil dormant, parce que l'œil inséré restant longtemps à pousser semble dormir.

La greffe en fente ou couronne, ne se fait que sur

des arbres dont le bois est assez gros pour supporter cette opération, et ne peut se faire sur de jeunes tiges menues. Elle diffère en cela de la greffe à écusson, qui peut se faire sur toutes sortes d'arbres et arbustes, pourvu que l'écorce soit bien vive et bien unie.

Il est difficile d'expliquer mieux que Virgile, ces deux espèces de greffes, et l'agréable description qu'il en fait se place ici naturellement.

GREFFE A ÉCUSSON.

Nec modus inserere atquè oculos imponere simplex;
Nam quà se medio trudunt de cortice gemmæ,
Et tenues rumpunt tunicas, augustus in ipso
Fit nodo sinus; hùc aliena ex arbore germen
Includunt, undoque docent inolescere libro.

Virg. Géorg. L. ii, v. 73.

Cet art a deux secrets, dont l'effet est pareil,
Tantôt dans l'endroit même où le bouton vermeil,
Déjà laisse échapper sa feuille prisonnière,
Ou fait avec l'acier une fente légère;
Là d'un arbre fertile on insère un bouton
De l'arbre qui l'adopte utile nourrisson.

Traduc. de DELILLE.

GREFFE EN FENTE.

Ant rursùm enodes trunci resecantur, et altè
Finditur in solidum cuneis via : deindè feraces
Plantæ immituntur ; nec longum tempus, et ingens
Exiit ad cœlum ramis felicibus arbor,
Miraturque novas frondes, et non sua poma.

Virg. Géorg. L. ii, v. 78.

Tantôt des coins aigus entr'ouvent avec force
Un tronc, dont aucun nœud ne hérisse l'écorce,
A ses branches succèdent un rameau plus heureux.
Bientôt ce tronc s'élève en arbre vigoureux,
Et se couvrant de fruits d'une race étrangère
Admire ces enfants, dont il n'est pas le père.

Traduc. de DELILLE.

L'olivier se greffe en fente lorsqu'on opère sur une forte tige, et à écusson sur un jeune plant ou sur de jeunes branches.

La greffe à écusson ne pourrait se faire que très-difficilement sur les vignes, parce que le bois du cep est trop sec et trop écailleux pour pouvoir y placer un écusson ; on serait obligé de greffer sur le sarment, mais son écorce filandreuse est peu adhérente au bois, et se sèche facilement ; et même, s'il était possible que le bourgeon inséré prît, il serait étouffé par la trop grande abondance de sève ; on ne peut donc greffer la vigne qu'en fente ou en couronne. C'est la seule manière pratiquée, mais peu en usage, parce qu'en général peu d'ouvriers dans ce pays savent la bien faire.

La greffe à écusson fort en usage pour les oliviers, ne peut se faire dans notre climat qu'à œil poussant. Celle à œil dormant serait brûlée par les chaleurs excessives de l'été ; on ne pourrait la faire réussir qu'à force d'arrosage, au lieu que celle à œil poussant, qui se fait dans les derniers jours d'avril, profite des pluies et de la fraîcheur du printemps, et réussit généralement sur les jeunes plants lorsqu'elle est bien faite et bien soignée, après que les bourgeons ont poussé.

SECTION II

Manière de greffer la Vigne.

On greffe les vignes, soit en faisant cette opération sur une plantation à plein, si l'on veut changer l'espèce de raisins, soit lorsqu'une plantation dans un âge encore de bon rapport est en mauvais état, et dans ce cas, comme il est moins coûteux de la greffer que de l'arracher pour la replanter, et qu'on en jouit beaucoup plus tôt, on préfère la greffer, soit enfin lorsqu'on veut changer l'espèce de quelques vignes dont le fruit ne convient pas.

Pour greffer les vignes avec succès, il faut qu'elles ne soient pas trop vieilles, et lorsqu'elles sont encore en état de nourrir la greffe, cette opération les rajeunit : elle demande un ouvrier intelligent et une main adroite.

Tout cultivateur se vante de savoir greffer, et il n'en est presque point qui greffe bien ; tous le font par routine, machinalement et sans principe. Aussi est-il rare que cette opération réussisse, et que les vignes greffées par eux durent au-delà de quelques années ; la plupart diront qu'il vaut mieux arracher les vignes, et effondrer le terrain pour en replanter de nouvelles que de les greffer.

Cependant un vignoble de bon âge, greffé avec soin, doit durer encore longtemps en bon rapport; les vignes greffées demandent à être caressées pendant les trois premières années.

On ne peut greffer les vignes qu'en fente, parce que le bois du cep sur lequel on greffe ordinairement est trop noueux et son écorce est trop écailleuse et trop sèche pour y placer un écusson.

Suivant la manière usitée, on est obligé de greffer la vigne dans la partie du corps de la souche qui est enterrée, autrement le vieux pied repousserait toujours de jeunes rameaux qui étoufferaient la greffe. On peut aussi greffer la vigne en fente sur le sarment; mais, par la même raison, il faut ouvrir une tranchée dans laquelle il faut coucher le cep et le nouveau sarment inséré dans la fente, pour le faire sortir de terre, ainsi qu'on le pratiqne en provignant.

Pour greffer la vigne à fente sur le cep, il faut ouvrir une tranchée au pied du cep, le déchausser à la profondeur de 50 ou 60 centimètres sans cependant le déraciner tout à fait. On coupe ensuite le cep dans la partie de sa racine la plus lisse et la plus noueuse : on fend, avec un fer tranchant ou avec une serpette, la racine à l'endroit où elle a été coupée; on insinue dans cette fente, à la profondeur de 3 centimètres, deux sarmens taillés en sifflet des deux côtés, de l'espèce qn'on veut substituer ; on lie fortement avec une ficelle la racine ainsi greffée, de manière que la fente soit bien serrée; on recouvre le tail de la racine coupée avec un peu de terre glaise ou d'argile, que l'on enveloppe avec plusieurs feuilles de lierre, afin d'empêcher que l'eau ne s'insinue dans la fente; on comble ensuite la tranchée avec la même terre qu'on en a tirée, et l'on taille les deux sarmens à deux yeux seulement, après les avoir disposés dans la tranchée, en les courbant avant de la combler, à 80 centimètres de distance l'un de l'autre, comme on le pratique lorsqu'on fait les provins.

On procède ainsi de suite pour toutes les vignes qu'on veut greffer. Cette opération se fait à la fin de mars, ou au commencement d'avril.

Cette manière de greffer la vigne est la seule usitée ; il en est une autre meilleure, qui n'est pas pratiquée; elle ne dégrade pas de même le vieux cep qu'on n'est pas obligé de couper, blessure cruelle qui lui fait perdre une grande quantité de sève avant qu'elle ait pu se cicatriser, et que la greffe l'ait entièrement recouverte, et qui expose le vieux tronc enterré à pourrir, si l'humidité y pénètre avant que l'entaille soit cicatrisée.

Cette seconde opération consiste à greffer en fente de la même manière, non sur le tronc, mais sur le sarment ; on y procède ainsi :

On couche la souche tout entière dans une tranchée de 50 ou 60 centimètres de profondeur, en ayant soin de ne pas la rompre, ni de l'endommager, ainsi qu'on le pratique en provignant. On choisit sur le cep le sarment le plus épais et le plus vigoureux, on le coupe à deux ou trois yeux au-dessus de la tige, et entre deux boutons à peu près au milieu.

Il faut ensuite, avec la serpette, fendre le sarment, et insinuer dans cette fente le nouveau sarment qu'on veut substituer au vieux sujet.

A cet effet, il faut tailler le nouveau sarment en bec de flûte des deux côtés, et faire attention de ne point éclater la fente en l'insinuant jusqu'au fond. Le sarment nouveau doit être choisi un peu moins épais que celui du vieux cep, afin de ne pas éclater la fente en l'insinuant.

On lie ensuite fortement la fente avec des fils d'espart, on couche le sarment nouveau dans la tranchée, en le recourbant s'il est nécessaire, pour le faire sortir à la place de la vieille souche ; enfin on taille à deux yeux le bout qui sort de terre, en éborgnant l'œil supérieur.

On conçoit que cette seconde manière de greffer la vigne est infiniment préférable à la première. Le vieux cep qui doit supporter l'opération est conservé tout entier sans blessure ; son ancienne racine qui n'a point été coupée nourrit facilement le nouveau sujet, et il n'y a point d'épanchement de sève à craindre.

Cette manière de greffer la vigne est surtout avantageuse pour changer les vieux plants qui laissent couler leurs fruits vulgairement appellés *éflouraire*, qui sont épars souvent en grande quantité dans nos plantations, la plupart originairement malfaites, et dont j'ai parlé à la Section de la plantation de la vigne. Ces ceps inféconds tiennent une place inutile; il est aisé, en les greffant ainsi, de les féconder, ils sont communément très vigoureux, et cette manière de greffer ne peut que réussir : j'en ai fait l'épreuve avec succès.

Ces deux manières de greffer la vigne en fente exigent que cette opération soit faite lorsque la vigne entre en sève, à la fin de mars ou au commencement d'avril.

Il faut choisir les nouveaux sarmens dont on veut se servir, et les couper lorsqu'on taille la vigne ; et pour les conserver, il faut, après les avoir fait tremper pendant deux ou trois jours dans l'eau, les enterrer dans un endroit frais jusqu'au moment où on doit s'en servir ; et même les arroser, si l'on voit que la terre se sèche. Avant de faire l'opération, il faut les ôter de terre et les faire tremper cinq ou six heures dans l'eau. On conçoit, quant à la seconde manière de greffer qu'il ne faut tailler la vigne vieille sur laquelle on doit greffer, qu'au moment où on la greffe, puisque c'est sur un de ses sarmens qu'on doit opérer.

A la seconde ou troisième année de la pousse des greffes, on peut se servir des nouveaux sarmens pour provigner la vigne dans les places vides ; quant à la culture d'une vigne greffée, voici ce qu'il faut observer. On doit donner à cette vigne les mêmes œuvres qu'à des plantiers nouveaux, et la tailler comme les jeunes plants, à cette différence près, qu'on taille la vigne greffée la première année.

Il faut couper les raisins qu'elle porte ordinairement dès la première année, aussitôt qu'ils auront noué ; enfin il faut bêcher, fumer et labourer les oullières de terre latérales , comme si on devait les ensemencer , et cependant rester trois ans de les semer , ou tout au plus y faire trois raies de légumes et de fèves surtout , qui engraissent plutôt qu'elles n'épuisent le terrain , afin que la vigne greffée profite à elle seule de ces labours et de ces engrais. Il est indubitable qu'une vigne ainsi renouvelée et conduite pendant les premières années, produira abondamment et durera longtemps.

SECTION III.

Des greffes des Oliviers.

Sorti des mains de la nature , abandonné à lui-même , sans avoir reçu l'éducation de l'art, l'olivier est un arbre sauvage, qui sans soins et sans culture , croissait, multipliait et donnait du fruit; il était même d'un tempérament plus vigoureux que nos oliviers cultivés, et résistait aux intempéries des saisons; les premières cultures que lui ont donné les hommes, lorsqu'ils ont su apprécier le mérite de son fruit , et avant l'heureuse invention de la greffe , ont commencé à améliorer cet arbre précieux , et son fruit a acquis une meilleure qualité. Le défaut de culture , lorsqu'on l'a abandonné, a ramené l'olivier , même domestique , à son état primi-

tif d'agreste , et sans le secours de l'art , sa reproduc-
sion naturelle ne donne que des sauvageons.

L'olivier sauvage diffère dans la forme de l'olivier
domestique , en ce qu'elle devient, en croissant, pyra-
midale , et ses branches ont toutes une direction horizontale , et se croisent d'une manière régulière ; ses
feuilles sont plus courtes , plus arrondies, plus clair-
semées et d'un vert plus foncé, l'olive est plus petite,
moins charnue , plus luisante , enfin l'écorce de l'arbre
est plus lisse.

Cultivé régulièrement, mais sans être greffé, l'olivier
perd une partie de ce caractère agreste ; ses feuilles
nouvelles dans le prolongement de ses rameaux s'allongent , prennent une couleur plus pâle , son fruit
devient plus gros et plus charnu , enfin il se rapproche
sensiblement de l'olivier greffé. Son huile même est plus
légère, plus parfumée , plus douce et se conserve plus
longtemps que celle des autres oliviers greffés ; enfin le
tempérament de l'olivier sauvage est plus fort , et il vit
plus longtemps que l'olivier domestique.

Mais nous devons à l'invention de la greffe des espèces plus variées, des arbres plus féconds, des fruits
plus charnus, plus abondans en huile , et la greffe a le
double avantage de bonifier le fruit et d'accélérer l'accroissement de cet arbre.

La greffe est donc une opération essentielle, dont il
faut connaître les divers procédés , et qui est une des
parties les plus importantes de l'éducation de l'olivier.

Les oliviers peuvent être greffés de deux manières, à

écusson et à fente ou couronne. Celle à écusson à œil poussant se fait au commencement du mois de mai, lorsque l'olivier entre en sève. Celle à fente se fait à la fin de janvier ou dans le commencement de février, et même plus tard, si le temps est froid.

La greffe à écusson se pratique avec succès sur les jeunes sauvageons, ou sur les jeunes branches de l'olivier ; celle à fente ou couronne se fait sur les grosses tiges, qui peuvent supporter l'opération.

On ne greffe point l'olivier à écusson à œil dormant, parce que la greffe prendrait difficilement dans le mois d'août, où elle se pratique, à cause de la sécheresse de cette saison.

On greffe à écusson, en coupant la tige ou la branche où l'on veut insinuer le germe à la hauteur où il doit être placé, soit au pied de la tige, si elle est petite, soit aux branches d'un vieux arbre, si on veut changer l'espèce de son fruit, sans le couronner. On choisit la place où il faut insinuer le germe dans la partie la plus saine, la plus lisse et la plus fraîche de la tige, ou la branche à greffer, et où il n'y a point de nœud.

On a dû se précautionner à l'avance de jeunes rameaux, cueillis sur les oliviers dont on a choisi l'espèce, et pris sur les branches à fruit et non sur les branches gourmandes. On coupe légèrement avec un petit couteau, dit greffoir, l'écorce du rameau de la longueur de sept à huit lignes en carré, et dans la partie où il se trouve deux yeux ou bourgeons ; et avec le bout d'une petite spatule d'ivoire un peu tranchante, on détache du bois du rameau cette partie de l'écorce, qui a la forme d'un écusson.

On conçoit que, pour que cette opération puisse se faire, il faut que l'olivier sur lequel les rameaux ont été cueillis soit en sève, autrement l'écorce ne pourrait se détacher du bois.

Il faut tenir dans un petit vase plein d'eau ces rameaux desquels on doit enlever l'écusson, afin qu'ils se tiennent frais. S'ils se séchaient, l'écusson se détacherait difficilement, et lui-même ne s'attacherait pas à l'arbre où il doit être placé.

En enlevant l'écusson, il faut faire attention de ne pas endommager les yeux qui doivent être bien entiers; s'il en restait la moindre partie au bois, l'écusson ne vaudrait rien.

L'écusson ainsi détaché, on le place à l'endroit où il doit être mis sur la tige ou la branche à greffer; avec la pointe du greffoir, on fend transversalement au-dessus et au-dessous de l'écusson l'écorce de la tige ou de la branche de la même largeur que l'écusson, qu'on enlève ensuite de place; on fend l'écorce au milieu entre les deux coupures transversales, toujours sans endommager le bois, avec l'instrument d'ivoire on détache l'écorce du bois, mais en la laissant adhérente par les deux côtés qui n'ont pas été fendus. On ouvre cette écorce comme deux feuilles d'un livre ouvert, on insinue l'écusson dans cette place, on le recouvre avec les deux feuillets de l'écorce, de manière que les deux germes ou bourgeons ne soient ni couverts, ni gênés pour leur développement ; on serre fortement avec un fil d'espart, que l'on tourne autour de la greffe pour attacher l'écusson contre le bois, ayant soin de ne pas couvrir, ni gêner avec le fil les bourgeons de l'écusson. On recouvre l'écusson avec une feuille de lierre ou pampre de vigne, qu'on attache autour de la greffe, pour mettre l'écusson à l'abri des rayons du soleil qui le dessécheraient.

Au bout de huit ou dix jours, l'écusson doit s'être attaché au bois ; alors il faut couper tous les ligamens qui gêneraient le développement des germes : il faut, autant qu'il est possible, placer l'écusson à l'abri du soleil. Il doit être placé du côté opposé au soleil du midi et couchant, ou ombragé par quelque objet voisin, pour que le soleil ne frappe pas les germes de ses rayons.

On greffe en fente ou en couronne, qui est une greffe en fente, sur une grosse tige, où l'on peut placer quatre greffes, en coupant la tige près de la souche, et avec un couteau, si la tige est mince, ou avec un coin de fer tranchant qu'on enfonce avec un marteau, on fend la tige étronçonnée. La fente étant assez ouverte, on retire le coin, et on insinue dans la fente à sa place jusques dans le fond de la fente, les rameaux que l'on a dû auparavant émincer par le gros bout des deux côtés, à peu près de la longueur de 3 centimètres, en forme de coin bien aigu. On lie fortement avec une ficelle la tige pour bien faire resserrer la fente, on couvre la tête de l'arbre greffé avec de la terre glaise ou argile pétrie dans la main, et on la recouvre avec un linge qu'on attache

autour de la tige avec une ficelle , pour empêcher que
la pluie ne s'insinue dans la fente et que le soleil ne la
brûle.

S'il s'agit d'un gros pied qu'on veut greffer en couronne, il ne diffère de l'autre qu'en ce qu'il faut faire
une seconde fente en croix avec la première dans laquelle
on place de même deux rameaux.

La greffe en couronne consiste aussi à placer sur la
tête d'une grosse tige étronçonnée , entre l'écorce et le
bois , jusqu'à six , sept ou huit rameaux taillés en bec
de flûte , et de les serrer fortement contre le bois avec
une ficelle. On sent que pour que cette opération puisse
se faire , il faut que l'olivier soit en bon âge , sans être
vieux , afin que l'écorce soit moins sèche , moins écailleuse et assez lisse et unie pour s'attacher et faire corps
avec le rameau qu'on y aura insinué.

Les greffes en fente sont les moins bonnes, parce que
le tail fait à la tige étant longtemps à se recouvrir, il se
pourrit, et cette pourriture se communique à la tige et
aux greffes.

La greffe en écusson est la meilleure , parce que l'é-
cusson s'attache facilement au bois, et que les bourgeons
se développent plutôt et avec plus de vigueur.

Les cultivateurs , en général , pratiquent la greffe en
fente , parce que l'opération est plus facile que celle en
écusson, et ne voulant pas avouer leur ignorance , ils
donnent la préférence à la greffe en fente ou à couronne;
mais elle réussit plus rarement.

Lorsque les greffes ont poussé leurs nouveaux rameaux, on doit choisir ceux qu'on veut conserver, les soigner, les élaguer la seconde année, et couper dès la première année, et même dès que la greffe a poussé des jets nouveaux, toutes les branches sauvages, ainsi que les branches gourmandes qui étoufferaient la greffe.

Je crois que tout ce qui est indiqué dans les chapitres IV, V et VI est le fruit d'une expérience longue et éclairée. La manière de détruire l'insecte qui attaque l'olivier est le meilleur moyen connu. Quant à l'insecte qui attaque l'olive, nous avons encore à connaître un moyen de destruction. Les savans s'en sont bien souvent occupés, mais malheureusement n'ont point encore réussi. Le chapitre VI sur les différentes espèces de greffes, paraîtra aux agriculteurs pratiques, jardiniers et pépiniéristes, très-longuement expliquées. Je ne crois pas qu'on puisse reprocher à toutes ces diverses descriptions la moindre erreur.

CHAPITRE VII.

Après avoir traité des productions principales de notre territoire, où le plus généralement cultivées et recueillies, et dont la culture exige plus de soins et des connaissances plus étendues., il me reste à parler des prairies, qui, quoiqu'occupant un très petit espace, en proportion du terrain cultivé à la bèche, sont d'un produit si certain et si avantageux, en comparaison du modique revenu de nos autres cultures, qu'elles forment un objet important de notre fortune territoriale ; ainsi que de nos bois, qui dans les premiers siècles de notre existence politique couronnant tous nos coteaux, fécondaient nos champs par leur influence salutaire et régulièrement bienfaisante sur notre atmosphère, et dont le temps qui détruit tout, les défrichemens inconsidérés qui dénaturent le sol, les besoins et le luxe de la ville qui dévorent tout, ont commencé la dégradation et dont la licence, ou provoquée ou impunie, a achevé la dévastation.

J'aurai peu de choses à dire sur ces deux objets ; la culture des prairies est si facile et si constamment et généralement uniforme dans ses procédés, qu'elle n'a besoin d'aucun précepte nouveau et qu'il n'y a rien à changer dans la méthode qui la dirige.

Notre climat trop aride et trop sec ne nous permet pas de faire, et encore moins d'entretenir des prairies artificielles, dont la culture exige des soins et des connaissances qui ne sont pas nécessaires pour celles des prairies naturelles.

Je me bornerai donc à parler succinctement de la culture de nos prairies naturelles, et à donner quelques idées nouvelles pour perfectionner nos écluses construites pour élever les eaux de la rivière au niveau nécessaire, pour alimenter en tout temps nos canaux d'irrigation, et sur la forme de ces mêmes canaux, pour en rendre l'entretien moins pénible et plus économique. Quant à nos bois, victimes de l'ignorance, de la longue incurie du gouvernement et de l'égoïsme dévastateur, ils sont malheureusement dans un tel état de détérioration, qu'il est impossible aux propriétaires d'en réparer la perte. Le gouvernement seul, par une police sévère, et par des encouragements puissans, pourrait régénérer cette partie si essentielle de l'économie rurale dans tous les pays et dans tous les climats ; car notre malheureuse expérience nous force d'avouer que le sol le plus fertile tend journellement à une détérioration irréparable, lorsqu'il est privé de l'influence des bois qui entretiennent l'humidité, et qui pompent et rendent à la terre les pluies bienfaisantes qui la fécondent ; et que le climat perd sa douce température, lorsque l'air atmosphérique n'est point rafraîchi en été par les vapeurs humides qui s'exhalent des bois et que le vent glacial du nord en hiver n'est plus arrêté dans son impétuosité et ne trouve plus d'obstacles sur les montagnes dépouillées et changées en arides déserts.

Je ne pourrai donc parler des bois que pour exposer les fléaux que nous devons à leur dévastation, et pour intéresser le gouvernement à leur génération et à la conservation de quelques bosquets épars qui restent encore.

SECTION PREMIÈRE.

Des Prairies.

Non liquidi gregibus fontes, non gramina desunt,
Et quantùm longis carpent armenta diebus,
Exiguá tantùm gelidus ros nocte reponet.

Virg. Géorg. L. ii, v. 200.

Là tout rit au pasteur, la beauté du vallon,
La fraîcheur du ruisseau, l'épaisseur du gazon,
Et tout ce qu'un long jour consume de pâture,
La plus courte des nuits le rend avec usure.

Traduct. de DELILLE.

C'est à nos plus anciens aïeux que nous devons les bienfaits que dans son cours répand la rivière d'Huveaune, qui ne se borne pas à féconder de ses eaux limpides les prairies qui bordent ses riches et majestueuses rives, mais qui vivifient encore l'industrie, par la quantité d'engins qu'elles mettent en mouvement.

Avant que l'industrie de nos aïeux eût imaginé d'utiliser les eaux de cette petite rivière, qui porte son nom jusqu'à la mer, elle n'avait point de lit fixe, et la nature et la direction de son cours habituel ou accidentel lui avaient donné en propriété tout le vallon qui borde ses rives.

Des marais fangeux et malsains, couverts de joncs et d'arbustes sauvages, inondés en hiver, desséchés en été, couvraient toute cette belle partie du cours de l'Huveaune, que l'on voit aujourd'hui embellie par les plus riches et les plus agréables habitations du territoire de Marseille.

L'industrie de nos pères sût mettre ce terrain en valeur, en donnant un lit fixe à cette rivière qui, quoique ne figurant en été que comme un faible ruisseau, devient fréquemment, dans la saison des pluies un torrent rapide, qui menace de rompre toutes les digues qu'on a sagement opposées à son impétuosité.

Des rives escarpées s'élevèrent sur les bords que lui fixèrent nos aïeux; ils les consolidèrent par leur élévation et par leur épaisseur, et bientôt richement garnies, sur leur terre plein, et sur leur talus intérieur et extérieur, d'arbres de haute futaie, dont les racines profondes et vigoureuses retiennent la terre qui les nourrit, et qu'elles lient et opposent une digue impénétrable à la violence des eaux, elles parurent ornées de la plus majestueuse parure, en offrant, dans tout le cours de cette rivière, l'aspect d'une longue chaîne d'arbres touffus, et de la plus haute grandeur, qu'il est si rare de trouver dans notre climat.

De sorte que l'Huveaune, qui à peine est marquée sur la carte, est la rivière de France dont les bords sont le plus richement et le plus agréablement peuplés et offre aux habitants des rives de nos plus grands fleuves, les moyens de se préserver des fréquentes dévastations dont ils sont si souvent les victimes.

Par cette savante et laborieuse industrie de nos aïeux, bientôt les marais écoulèrent leurs eaux bourbeuses dans le lit nouveau formé à la rivière ; à l'abri des inondations, ils se desséchèrent, et tout ce sol précieux jusqu'alors inutile, malsain, depuis lors cultivé par leurs soins, se vit transformé en riches prairies.

Des canaux d'irrigation, alimentés par les eaux de l'Huveaune, furent disposés avec tant d'intelligence, que dans la saison la plus aride, lorsque à peine les eaux de cette rivière sont assez abondantes pour couvrir le gravier argenté de son lit, elles sont si ingénieusement recueillies et ménagées dans leur cours, qu'elles suffisent à l'irrigation continuelle de toutes les prairies qu'elles fécondent.

Dans les temps malheureux qui nous ont affligés, et que nous devons oublier à jamais, la main ignorante et dévastatrice de la licence avait osé porter la hache au pied de ces arbres majestueux, qui, en consolidant les rives de l'Huveaune, en faisaient le plus riche ornement, et allait en détruisant l'utile ouvrage de nos pères, et dépouillant ainsi les digues qu'ils avaient opposées à la violence de ce torrent, lui rendre le terrain précieux que leurs travaux ingénieux l'avaient forcé d'abandonner à l'agriculture, et l'aider à transformer en marais fétides les riches prairies que depuis si longtemps il était forcé de féconder.

Les temps ont heureusement changé, ces dévastations des bords de l'Huveaune ont cessé, et les prairies qui bordent cette rivière sont encore à l'abri de l'impétuosité et du caprice de ses eaux, et jouissent de ses bienfaisantes irrigations.

Tel est l'état de nos prairies naturelles ; leur culture est facile, les arrosages réglés en sont le principal objet; et tout se borne à disposer le sol de manière à lui donner un niveau égal, qui distribue les eaux sur toute la surface, qui l'humecte dans toutes ses parties et en facilite l'écoulement d'un pré à l'autre ; à empêcher qu'il ne se forme des creusemens où l'eau croupisse, ou que par des infiltrations souterraines des eaux qui coulent dans les canaux lorsqu'ils sont engorgés, elles n'occasionnent une humidité stagnante qui détruit l'herbe des prés, et fait naître les joncs qui la dévorent ; à fumer annuellement, ou au moins tous les deux ans, ces prairies, pour les féconder ; enfin à les renouveler, lorsqu'elles se détériorent, par des guérets profonds, en nivelant de nouveau le sol, et par un semis des meilleures graines.

Tels sont les soins habituels, simples et journaliers,

qu'exigent les prairies de notre territoire, et ils sont à la portée de l'intelligence de tout agriculteur. Le produit qu'ils en retirent est trop important pour qu'ils les négligent, et l'intérêt seul les stimule.

Les écluses qui retiennent et distribuent les eaux dans les canaux d'irrigation, sont des objets d'une plus grande importance, qui intéressent essentiellement les propriétaires.

C'est de la confection bien ou mal entendue de ces écluses que dépend leur solidité ; et leur entretien très coûteux, lorsqu'elles sont mal construites, ne suffit pas, dans ce cas, pour les préserver de leur destruction, dans les grandes et subites crues d'eau, qu'occasionnent des orages accidentels qui se forment fréquemment dans la partie supérieure du cours et vers la source de l'Huveaune.

Les canaux d'irrigation demandent aussi des soins d'entretien, et c'est par leur solidité et par leur forme qu'on peut en économiser la dépense et empêcher les fréquens engorgemens qui les dégradent. Quant aux écluses qui sont en grand nombre, elles sont toutes à peu près construites de la même manière et sur la même forme. On peut les perfectionner, en augmenter la solidité, et par conséquent rendre leur entretien moins coûteux.

Le défaut de ces écluses est essentiellement de couper transversalement la rivière, de manière qu'elles forment un angle droit, ou à peu près droit avec chacune de ses rives.

Par cette forme de construction, l'impétuosité de l'eau qui n'est pas assez divisée, fait son principal effort sur le milieu de l'écluse, et c'est dans cette partie qu'elles se dégradent le plus.

Pour rendre cet effort moins sensible, et pour le diviser plus également sur toute la largeur de l'écluse, je propose de la placer diagonalement dans le travers de la rivière, de manière qu'au lieu de former un angle droit avec chacune de ses rives, elle forme un angle obtus fort ouvert sur l'une et un angle aigu sur l'autre.

L'angle obtus qui doit être de 135 degrés, et arrondi intérieurement pour former un arc de cercle avec la rive, doit être opposé au courant de l'eau qui viendra frapper sur ce point. L'angle aigu sera placé à l'ouverture du canal où les eaux doivent se dégorger ; ainsi l'effort de l'eau se faisant contre cet angle arrondi, et se divisant ensuite sur toute la longueur de l'écluse par où elle surversera également, et l'ouverture du canal placée à l'angle aigu lui donnant un écoulement rapide, l'écluse ne sera plus dégradée.

La dernière assise du massif des écluses, telles qu'elles sont construites aujourd'hui, a un grand défaut qui nuit à leur solidité. Cette assise est élevée perpendiculairement du côté intérieur contre lequel l'eau vient se briser ; et de même du côté extérieur où elle surverse, elle forme une chûte perpendiculaire sur la seconde assise du massif ; ainsi l'impétuosité du courant dégrade ce côté intérieur contre lequel l'eau vient se briser avec rapidité ; et le surversement de l'eau sur la seconde assise tombant perpendiculairement par le côté extérieur creuse profondément et dégrade en peu de temps la seconde assise inférieure du massif de l'écluse.

En construisant en glacis ou talus les deux côtés intérieur et extérieur du massif de l'écluse, et arrondissant l'angle saillant formé par ces deux glacis, l'eau s'élèvera progressivement du côté intérieur, en s'étendant à mesure qu'elle monte, ce qui diminuera son impétuosité ; et elle s'écoulera également en nappe par le côté extérieur, et ne dégradera pas la seconde assise du massif de l'écluse.

Quant aux canaux d'irrigation, ils sont encore généralement plus mal construits ; leurs rives sont creusées perpendiculairement, et ils ont la même largeur dans le fond que dans le haut des bords. Ces rives, pour la plupart, ne sont ni bâties, ni revêtues ; il résulte de cette construction, fussent-elles même soutenues par une muraille, que les eaux creusent toujours ces rives dans le fond ; les terres s'éboulent, comblent les canaux, ce qui nécessite des curemens fréquens et coûteux. Cette dépense est encore plus chère, si les rives sont tellement dégradées par l'éboulement des terres en masse, qu'il faille pour les relever des palissades.

Les boues qui sont produites par le curement annuel sont jetées sur les bords des deux rives, et après un certain temps ces bords s'élèvent, par les boues ainsi amoncelées, à une telle hauteur, qu'il devient impossible d'y jeter avec la pelle les vases extraites du curement du fond, et qu'il faut les y porter à bras dans des cabas ; ces vases chargent les rives , les font ébouler par leur poids , et retombent avec elles dans le canal ; de sorte que souvent, peu après le curement , les canaux sont encore plus engorgés qu'avant ; et la dépense pour les curer de nouveau se renouvelle et est plus coûteuse.

Tels sont les inconvéniens majeurs, provenant de la confection défectueuse de nos canaux d'irrigation , ils n'existeraient pas si ces canaux étaient creusés en glacis ou talus, de manière qu'étroit dans le fond , il fussent larges dans le haut.

Ce talus des deux rives devrait être calculé de manière que les canaux ainsi creusés continssent le même volume d'eau, que ceux d'aujourd'hui dont les rives sont coupées perpendiculairement. Ainsi , par exemple, les canaux qui ont 1 mètre 50 centimètres dans le fond et 1 mètre dans le haut , pourraient être réduites à 1 mètre 25 centimètres dans le fond et 7 mètres dans le haut, ce qui donnerait la même capacité et par conséquent la même contenance d'eau.

Cette coupe des rives en glacis leur donnerait un talus de 12 centimètres 25 centimètres, si la profondeur était de 1 mètre. Il en résulterait indubitablement que soutenues par ce glacis, elles ne pourraient plus s'ébouler, que les eaux s'élevant progressivement , en s'étendant à mesure qu'elles monteraient , ne creuseraient plus dans le fond, et ne dégraderaient plus le canal, qu'il ne serait plus obtrué par les boues , et que le curement en serait moins fréquent et moins dispendieux ; car lorsqu'après un temps considérable il serait nécessaire, on n'aurait à en enlever que le limon que les eaux déposent dans leur cours, et les bords supérieurs du canal n'étant plus chargés et encombrés, comme ils le sont aujourd'hui, de cet amas de boues accumulées, se gazonneraient et donneraient aux riverains une herbe précieuse à recueillir.

Tels sont les défauts principaux des écluses de l'Huveaune et des canaux d'irrigation. Les moyens que j'indique pour les perfectionner, les consolider, et en rendre l'entretien moins dispendieux, sont d'un avantage physiquement démontré et n'offrent aucun inconvénient.

Ils pourraient être employés, quant aux écluses, lorsqu'elles seraient dans le cas d'être réparées ou reconstruites à neuf; car il serait trop coûteux de reconstruire celles qui existent aujourd'hui.

Quant aux canaux d'irrigation, la nouvelle coupe que je propose de leur donner n'est point dispendieuse à exécuter, elle coûterait moins que les curemens fréquens que nécessite leur vicieuse construction.

SECTION II.

Des Bois.

Et juvat undantem buxo spectare Cythorum,
Naryciæque picis lucos ; juvat arva videre
Non rastris hominum, non ulli obnoxia curæ.

VIRG. Géorg. L. ii, v. 437.

J'aime et des sombres bois le lugubre coup d'œil,
Et de ces noirs sapins le vénérable deuil ;
J'aime à voir ces forêts, qui croissent sans culture,
Où l'art n'a point encor profané la nature.

Traduc. de DELILLE.

Hélas ! il n'est que trop vrai, nous ne retrouvons plus
sur nos montagnes et sur nos collines, ces bois touffus ,
plantés et cultivés par la seule nature, et qui en faisaient
l'ornement ; ces bois dont l'influence salutaire entrete-
nait la fraîcheur de notre atmosphère , donnait à la terre
toujours altérée dans notre climat, des rosées bienfaisantes , distribuait presque régulièrement ces pluies
douces et abondantes, qui fertilisaient notre sol aride ;
ces bois **toujours** parés de leur verdure, qui arrêtaient
dans leur cours les brouillards dévorans, qui s'élèvent

du sein de la mer, qui se fixaient autrefois sur leur cime, et qui se répandent aujourd'hui sur tout le sol de notre territoire, dont ils dessèchent et brûlent toutes les productions; ces bois qui secondaient les efforts de l'industrieuse agriculture, et réalisaient les espérances des cultivateurs, en préparant sur leurs épais ombrages les vapeurs humides qui, s'élevant ensuite au-dessus de leur cime, et se formant en nuages, se fondaient en pluies salutaires qui fécondaient autrefois notre sol brûlant.

L'antique abus des défrichemens, la consommation d'une ville populeuse qui ne peut se passer des productions de son territoire qui la nourrit, ses besoins journaliers, ceux de son commerce, l'oubli des véritables principes de l'économie rurale et politique pour un pays agricole, les orages de la révolution, les dévastations de la licence, l'insouciance de l'Administration, tout s'est réuni depuis longtemps pour aider la main dévastatrice, et plus lentement réparatrice du temps, à promener sa faux impitoyable sur ces bois précieux, dont on ne reconnaît aujourd'hui la trace que par la hideuse et stérile nudité du sol qu'ils ombrageaient autrefois.

Mais si la destruction des bois considérés seulement comme la plus majestueuse parure du sol qui les a vus naître et les nourrit, ou comme nécessaires aux divers besoins de l'homme est réellement affligeante, l'influence fatale qu'elle a sur la température de l'air, sur les saisons, sur les cours des vents, sur les rosées, sur les pluies, sur les salutaires vapeurs de l'atmosphère,

qui, répandues sur la terre, vivifient la végétation, affecte encore plus douloureusement l'agriculture , qui en
ressent les pernicieux et irréparables effets ; et nous ne
les éprouvons que trop dans notre malheureux territoire
privé, depuis la destruction des bois , des bienfaits que
le ciel lui refusait rarement , lorsqu'ils étaient respectés.

Lorsqu'il existait encore quelques parties boisées sur
nos collines et sur nos montagnes , lorsque des bois
épais et étendus couronnaient les coteaux qui nous environnent , et peuplaient une partie des territoires voisins,
à dix et douze lieues à la ronde , toutes les influences
célestes fécondaient notre sol; nos saisons étaient réglées,
les hivers étaient doux , les printemps humides , les étés
sereins , les automnes pluvieuses ; les pluies réglées de
cette dernière saison qui féconde et qui régénère tout ce
que la terre reçoit dans son sein , ne manquaient jamais
d'aviver nos sources et de fertiliser nos champs.

Aujourd'hui les vents impétueux du nord dont les
forêts voisines arrêtaient l'impétuosité, ne trouvent plus
d'obstacles , et nous portent en hiver les frimats qui
détruisent nos plus précieuses productions.

Les exhalaisons humides qui s'élevaient des coteaux
et des vallons boisés , et qui dans le printemps se changeaient en rosées bienfaisantes , ou en pluies douces qui
ranimaient la végétation, s'évaporent dans l'atmosphère
qui , pendant neuf mois de l'année, n'offre plus à notre
aspect qu'un ciel d'airain ; l'hiver est rigoureux et glacial , le printemps sec, inconstant et venteux , l'été
aride et brûlant , et l'automne même avare d'eau, après

nous avoir donné quelques pluies, qui ne peuvent étancher la soif de la terre, nous livre à la sécheresse d'un second été ; quelques orages accidentels ont remplacé de loin en loin les pluies autrefois salutairement réglées ; mais les eaux qu'ils nous donnent roulent avec une rapidité qui détruit et ravage, et qui ne laisse pas à la terre le temps de s'en humecter, parce que, portés par des vents impétueux qu'aucun obstacle n'arrête, ils nous viennent des régions éloignées, sans avoir pu écouler une partie des eaux qu'autrefois ils auraient distribuées avec plus d'égalité ; enfin nos sources tarissent et ne suffisent plus à nos besoins journaliers.

Tous ces fléaux qui deviennent journellement plus sensibles, ne peuvent être attribués qu'à la dévastation des bois dans notre territoire, et dans tous ceux des communes qui nous environnent.

Les bois rasés d'abord jusqu'au niveau du sol, avaient encore conservé leurs profondes racines, qui retenaient sur le penchant rapide des collines, la terre qui aurait pu produire d'autres rejetons, et nous laissaient au moins l'espoir de leur lente régénération.

Mais la main dévastatrice de la licence qui en a dépouillé le sol, a fouillé jusques dans le creux des rochers, pour arracher les troncs qui y restaient encore, et la terre qui n'est plus retenue, entraînée par les orages dans les vallons et torrens, laisse le tuf et le roc à découvert.

Les orages passagers et destructeurs, les inondations subites, les engravements des plaines et des vallons, le tarissement des sources, l'aridité des saisons, l'intempérie du climat, la disette et la cherté des bois nécessaires aux habitans, aux besoins des fabriques, à l'architecture, à la marine, sont les conséquences désastreuses de la destruction des bois.

Dans l'état actuel des choses, est-il possible à la main de l'agriculture, à son industrie laborieuse, de réparer les maux qu'a fait cette générale et rapide dévastation ? Non, elle peut d'autant moins régénérer ce que quelques années de folie et d'incurie de la part du gouvernement ont détruit, qu'il faut des siècles pour rendre à la terre le riche ornement dont on l'a dépouillée en si peu de temps.

Le gouvernement seul peut, par des encouragemens puissans, inviter l'agriculture à s'adonner à cette partie si importante de l'économie rurale, lui inspirer la confiance qu'elle sera protégée dans ses travaux, et par des lois sévères, qui rappellent les hommes au premier principe de l'ordre social, établi sur le respect des propriétés; préserver le peu de bois qui a pu échapper à la cupidité de l'égoïsme ignorant, et de la licence autorisée et protégée, et prendre sous sa sauvegarde les nouvelles plantations des bois, dans les lieux qui sont encore susceptibles de reproduction.

CHAPITRE VIII.

ABRÉGÉ SUR LA CULTURE DES PLANTES POTAGÈRES LES PLUS
UTILES, ET DE QUELQUES FLEURS ET ARBUSTES.

> . . . .*Memini*. . . . .
> *Corycium vidisse senem, cui pauca relicti*
> *Jugera ruris erant : nec fertilis illa juvencis,*
> *Nec pecori opportuna seges, nec commoda Baccho.*
> *Hic rarum tamen in dumis olus. albaque circum*
> *Lilia, verbenasque premens, vescumque papaver,*
> *Regum æquabot opes animis; seraque revertens*
> *Nocte domum, dapibus mensas onerabat inemptis.*
>
> VIRG. Géorg. L. IV, v. 217.

J'ai vu, je m'en souviens, un vieillard fortuné,
Possesseur d'un terrain longtemps abandonné :
C'était un sol ingrat, rebelle à la culture,
Qui n'offrait aux troupeaux qu'une aride verdure;
Ennemi des raisins, et funeste aux moissons:
Toutefois en ces lieux hérissés de buissons,
Un parterre de fleurs, quelques plantes heureuses,
Qu'élevaient avec soin ses mains laborieuses,
Un jardin, un verger dociles à ses lois,
Lui donnaient le bonheur, qui s'enfuit loin des rois.
Le soir, des simples mets que ce lieu voyait naître,
Ses mains chargeaient sans frais une table champêtre.

Traduc. de DELILLE.

On me pardonnera sans doute la longue citation de
ce charmant morceau des *Géorgiques*, qui ne contient
aucun précepte de culture, mais qui peint si agréable-

ment l'homme des champs, son bonheur et ses innocens plaisirs. Il présente au cultivateur cette douce et pure jouissance qui n'est faite que pour lui ; et ayant pour objet principal dans cet ouvrage de ranimer le goût de l'agriculture, je mets sous les yeux des propriétaires pour qui j'écris, ce morceau si frais, si touchant, si naturel, qui ne peut que les attacher aux plaisirs champêtres, et s'ils n'y trouvent point de méthode de culture, ils y verront le précepte du bonheur.

Il n'est point de propriétaire, aimant et habitant par goût ou par nécessité sa campagne, qui, pour se distraire des grands travaux qui fatiguent, ne prenne plaisir à s'occuper de la partie du jardinage qui n'exige pas les soins continuels d'un habile jardinier, et qui, pouvant être conduite par un simple cultivateur intelligent, donne des jouissances utiles et agréables.

La vue, l'odorat, le goût du propriétaire sont toujours satisfaits, soit qu'il travaille, soit qu'il se repose, soit qu'il recueille dans son jardin ; on l'aime toujours mieux que celui d'un autre, qui offrirait de grandes beautés ; sa verdure, sa symétrie flattent l'œil ; on trouve ses fleurs plus odorantes, ses fruits plus savoureux, ses herbes potagères plus fraîches ; et l'amour de la propriété ajoute toujours un prix aux productions que nos soins et nos travaux ont fait naître.

Il est peu de campagne où l'on ne puisse se procurer un terrain de réserve pour y cultiver du jardinage, et si l'on peut avoir à portée une source d'eau suffisante pour arroser ce qu'on y cultivera, tout y prospérera.

On pourra même, après y avoir recueilli tout ce qui est nécessaire au ménage, en tirer parti en vendant le superflu. Pour entretenir un jardin en grand, il faut payer chèrement un jardinier; et cette dépense est souvent au-dessus des moyens de la plupart des propriétaires; pour cultiver un petit enclos de plantes potagères et quelques fleurs, on doit être soi-même son jardinier. Comme cet objet n'est pas essentiellement de mon sujet, ne m'étant proposé de traiter que de ce qui appartient à la grande culture de notre territoire, et de ses productions principales, je me bornerai à exposer, sans entrer dans les détails, quelques règles simples et générales sur la culture des plantes potagères.

On me pardonnera, sans doute, de n'avoir pas donné dans le luxe de culture, auquel la plupart de nos riches propriétaires semblent aujourd'hui avoir tout sacrifié. L'éducation des plantes exotiques leur a fait abandonner la culture de nos productions indigènes; tout ce que produit le sol le plus éloigné, ce qui naît dans les climats qui nous sont à peine connus, tout ce qu'ils peuvent extraire des pays étrangers, attire leur admiration et absorbe tous leurs moyens; et ils ignorent encore la culture de nos productions les plus précieuses, qui se plaisent dans notre sol, et qui en font la richesse.

Je suis loin de vouloir déprécier leurs savans et utiles travaux comme naturalistes; mais quelques succès qu'ils en retirent, ils ne les indemniseront jamais de leurs dépenses; ils ne se flattent pas sans doute de substituer, par une adoption aveugle et générale, leurs plantes exotiques, qu'ils ont tant de peine à naturaliser, à nos plantes indigènes, qui font notre principale richesse ; car notre sol si surchargé de productions n'en peut recevoir d'autres que par substitution ; et certes nos agriculteurs n'abandonneront jamais le certain pour l'incertain. C'est pour eux que j'écris, c'est pour régénérer l'antique culture de nos pères dont on n'a que trop oublié les principes ; c'est pour corriger les vices que l'égoïsme, la cupidité, l'oubli de nos usages les plus sagement établis y ont été introduits ; c'est pour perfectionner des méthodes adoptées sans principes ; c'est enfin pour suppléer par de meilleures cultures, à la détérioration et à l'épuisement de notre sol, à l'intempérie de notre climat, à l'ingratitude des saisons, fléaux inconnus à nos pères, plus favorisés que nous par les influences célestes, que je me suis proposé d'instruire mes concitoyens Marseillais et nos voisins, dans la science de l'économie rurale propre à notre territoire.

La nature infinie dans ses œuvres, a mis aussi une variété infinie dans les qualités du sol et dans ses propriétés ; elle a donné à chacun les productions qui lui sont propres ; si l'art de l'agriculture s'est rendu utile, c'est en perfectionnant l'œuvre de la nature, par la culture des plantes agrestes qu'elle a fait naître dans chaque climat, et c'est la nature elle-même qui lui a découvert ses phénomènes, par des accidens dùs souvent au simple hasard, et que l'agriculture a su mettre à profit : elle doit tendre sans cesse à ce but.

Ce sont les travaux dans ce genre que le gouverne-

ment doit encourager et qu'il doit s'empresser de couronner, lorsqu'ils ont obtenu des succès utiles et locaux.

Mais lui-même ne donne-t-il pas trop dans ce luxe
stérile des plantes étrangères? L'esprit d'innovation s'est
introduit jusques dans l'appréciation de nos productions
territoriales ; il semble qu'on veut détruire tout ce que
le sol français nourrit et féconde si avantageusement
depuis tant de siècles, pour ne cultiver que ce que l'on
veut inutilement dérober au sol étranger, et les productions qui nous viennent des continens les plus éloignés.

Un cri général s'élève depuis longtemps, en faveur
de l'agriculture souffrante, contre les fléaux physiques
et politiques qui l'affligent, tels que les charges dont
elle est grevée, et les forment d'exaction qui les dou-
blent, le mépris qui humilie et qui décourage l'agriculteur, l'insouciance sur ses maux et sur sa misère, la
dévastation des bois, dont les effets désastreux sur la
fécondité de la terre sont déjà presque irréparables, et
le gouvernement, sourd encore à ces cris du malheur et
de la misère impuissante, ne s'occupe pas encore des
lois préservatrices, qui pourraient arrêter le mal déjà
à son comble.

Plein de confiance dans la pureté de ses intentions
bienfaisantes, à Dieu ne plaise que je veuille altérer
celle qu'il mérite à tant d'autres titres, mais je joins ici
ma sollicitude et mes instances à celle de l'agriculture
malheureuse. Je n'adresse point de reproche au gouvernement, trop occupé d'objets plus pressans dans les
circonstances ; mais je lui dénonce avec confiance les

maux de l'agriculture, et dont la progression est effrayante par sa rapidité.

Cependant des Sociétés d'Agriculture s'élèvent sous ses auspices sur tous les points de la république, et la sollicitude des savans qui les composent semble vouloir plutôt innover que perfectionner; si on en excepte quelques encouragemens donnés par plusieurs de ces Sociétés, pour utiliser et améliorer les productions propres à leur sol et à leur climat. C'est le but auquel nous devons tendre; car nous ne devons pas abandonner la culture de nos fécondes productions, pour leur substituer celles auxquelles une dangereuse érudition exotique nous invite à donner la préférence.

Quant à moi, je me suis tracé dans cet ouvrage la route la plus simple, par laquelle je désire conduire l'agriculteur à l'amélioration, à la perfection, s'il est possible, de la culture pratique et locale. Je n'ai pas la prétention de vouloir planer sur les plaines des régions étrangères, pour y dérober leurs productions; je me contente de ramper modestement sur notre sol, de fouiller profondément, d'en consulter la nature et les phénomènes sur les végétaux qu'il nous donne, et d'en tirer des réflexions utiles à leur fécondité et à l'amélioration de leurs fruits.

Nous avons en France nos bois à régénérer et à préserver d'une destruction totale, des canaux d'arrosage à ouvrir pour dédommager la terre altérée des pertes qu'elle éprouve par la privation des influences célestes, que nous devions autrefois aux forêts si impolitiquement dévastées , des eaux stagnantes à utiliser, des landes à défricher , enfin des encouragemens en tout genre à donner à l'agriculture, qui ne demande que soulagement dans ses charges et un respect religieux pour ses propriétés. Tel est le but où doivent tendre toutes les sociétés d'agriculture, et ce qu'elles doivent demander au gouvernement qui veut être éclairé par elles.

Pour moi , je n'ai pas prétendu composer un traité d'agriculture universelle, je laisse à d'autres plus instruits que moi , à traiter la partie scientifique des plantes étrangères ; pourvu que le simple et peu fortuné agriculteur de notre territoire trouve dans mes instructions des moyens d'utiliser ses travaux , de féconder ses sueurs , d'améliorer son sort et sa fortune , sans s'exposer à des dépenses que ne lui permet pas sa médiocrité, mon objet sera rempli , mes vœux seront satisfaits ; et j'aurai l'orgueil de croire avoir fait quelque chose d'utile à mes concitoyens et à ma patrie.

Je rentre donc dans mon sujet , après cette longue digression , en me bornant à une instruction simple , à la portée de l'intelligence la plus commune , et de la fortune la plus médiocre.

Je ne traiterai pas de la culture des arbres fruitiers; cet objet demande un traité particulier, fort long et fort détaillé , et nous avons des ouvrages savans que tout le monde peut consulter sur cet article.

Le traité intitulé *Pratique du Jardinage*, par l'abbé *Roger Schabol*, est le meilleur ouvrage que puissent étudier les propriétaires qui seront en état de faire les dépenses qu'exige la culture des jardins en grand, et d'entretenir à cet effet un jardinier qu'ils seront bien aises de diriger dans ses travaux.

Quant au plus grand nombre des agriculteurs, qui ne peuvent se procurer cette jouissance, l'abrégé que je donne ici sur la culture des plantes potagères et de quelques fleurs, leur suffira. D'ailleurs, nous avons beaucoup d'arbres fruitiers épars dans nos champs, que le hasard a fait naître au milieu des vignes, et qui, profitant des cultures que nous donnons aux vignes, prospèrent sans le secours d'un bon jardinier; il ne s'agit que de les greffer de bonnes espèces.

SECTION PREMIÈRE.

Culture des plantes potagères, d'arbustes d'agrément, et de quelques fleurs pendant les divers mois de l'année.

En septembre, on sème des épinards, qui lèveront en huit ou dix jours, et seront bons à manger au commencement de novembre et en février, si l'hiver n'est pas rigoureux. On sème aussi des raves et navets vers les premiers jours de septembre; les raves seront bonnes au milieu d'octobre; les navets à la fin de novembre.

On sèmera de même en septembre du cerfeuil, qui sortira bientôt, si la terre est fraîche, et si l'eau n'y manque pas.

Du cresson alénois et roquette, qui viendront en moins d'un mois.

Dans ce même mois, il faut raser l'oseille, qui a souffert des chaleurs de l'été, en ôter le mort et la chausser ; c'est aussi le temps de la replanter.

On plante aussi les ciboules et civettes d'Angleterre.

Il faut, en septembre, mettre en terre les bulbes printanières et pâtes de fleurs, comme anémones, renoncules, narcisses, muguets, jacinthes, jonquilles, et s'il survient quelque bonne pluie, on pourra planter les plantes vivaces, telles que violettes, œillets de poëte, marguerites, le buis pour bordures, qu'il faut arroser en le plantant, et une fois huit jours après, de même que le thym, la marjolaine, la lavande.

On sème dans ce mois des vases d'ambrettes, de violliers quarantins, ils donneront des fleurs de bonne heure. Il faut, deux ou trois jours avant de les semer, avoir arrosé la terre du vase.

Pour la culture de la plupart de ces fleurs, il faut préparer du terreau passé au crible.

Pour toutes les semailles tant de légumes que de fleurs, il faut, s'il n'a pas plu, arroser la terre avant d'y jeter la semence, et s'il ne pleut pas avant l'hiver, les arroser une ou deux fois. Les arrosages d'automne doivent se faire le matin ; on doit, pendant l'hiver, couvrir le cresson alénois et la roquette, et autres fournitures, de grosse paille sèche, qu'il ne faut pas laisser pourrir dessus.

Pour avoir en hiver des salades de petites laitues, il faut prendre du fumier ordinaire, en mettre sur la planche que l'on veut garnir, bêcher ensuite la terre pour enterrer ce fumier, et la couvrir avec du terreau jusqu'à l'épaisseur d'un doigt sur toute sa surface; gratter légèrement la terre, enfin y jeter la semence de laitue; mais il faut couvrir la planche pendant la nuit avec des paillassons.

On plante l'oseille en écaillant la motte et en l'arrosant, c'est la meilleure manière de la multiplier; elle vient aussi de graine, mais elle croît plus lentement.

On plante, en septembre, les groseilles de rejetons, en les arrosant. Cet arbrisseau demande de fréquentes mais légères cultures, il ne faut pas le bêcher profondément, pour ne pas détruire ses racines qui sont superficielles, mais simplement gratter, comme on gratte les planches de légumes.

Règle générale, il faut arroser en plantant tous les arbrisseaux, lorsque la terre n'a pas assez d'humidité; mais surtout les plantes vivaces, c'est-à-dire qui sont toujours vertes.

On doit mettre en terre, sans les arroser, les bulbes et oignons de tulipes, muguets, narcisses, jacinthes; mais on doit arroser la terre où l'on plantera des anémones et des renoncules.

Les bulbes et oignons n'exigent aucune culture en hiver; mais pour les anémones et surtout les renoncules, il faut les préserver de la neige ; si par malheur il en est tombé dessus, il faut les couvrir, afin qu'elle fonde d'elle-même sans la chaleur du soleil, qui les brûlerait.

Les plantes vivaces, telles que les violettes, œillets de poëte, marguerites, doivent être arrosées en les plantant, et plusieurs fois après, s'il ne pleut pas.

Le filaria, le buis suivent la même règle. Le thym, la lavande, la marjolaine sont aussi des plantes vivaces, qu'il faut arroser en les plantant. Les jasmins, rosiers et lilas qui se plantent en automne, n'ont pas besoin d'être arrosés.

A mesure que l'automne approche du milieu de la saison, il faut arroser avec économie, ou point du tout sur la fin, de peur des gelées qui peuvent survenir.

Si l'on a des bordures à rétablir, on ne doit pas différer ; leur reprise au commencement de l'automne est sûre, plus que dans tout autre temps, surtout dans les terrains secs.

On peut aussi planter des fraises, qui se multiplient par le moyen des traînasses ou fils qui, partant du pied de la plante-mère, rampent sur terre et s'étendent tout autour, et prennent aisément racine à l'endroit de certains nœuds éloignés environ d'un pied l'un de l'autre. Lorsque ces rejetons sont assez forts, on en met deux ou trois ensemble qui forment une touffe, et on les cheville à la place où l'on veut les planter à demeure, il faut les arroser en les plantant, et dans la suite de temps en temps si la terre est sèche.

On plante, en septembre, des choux d'hiver, qui sont

venus de graine et qu'on met en place en les arrosant.

A la mi-novembre, on peut encore semer des épinards qui seront bons en mars, s'ils ont été soignés.

On plante les artichauts, si les pluies venues un peu de bonne heure ont fait multiplier les vieux pieds. Si la terre est sèche il faut les arroser en les plantant.

A la fin de novembre, il faut mettre au pied de ces jeunes plants d'artichauts, de la litière d'écurie, avec laquelle on les chausse, pour les préserver des froids qui approchent. Quant aux vieux pieds, on leur lie la tête avec des joncs, on leur chausse le pied avec la paille de litière, et on les couvre de terre tout autour à 25 ou 30 centimètres de haut, surtout du côté du nord.

Vers la fin d'octobre, on sème du cerfeuil abondamment, parce qu'il ne monte pas, et que dans le mois suivant, il n'est quelquefois pas possible d'en semer de nouveau.

On peut le recouvrir en hiver, pour l'avoir plus beau; on rajeunit le vieux cerfeuil en le rasant et le sarclant de tout ce qui le gêne.

Si la saison a permis d'élever des laitues, on en plante à un bon abri le long d'une muraille, au midi. Celles de cette saison sont la paresseuse, la crêpe blonde.

On enterre les chicorées, qu'on liait auparavant pour les faire blanchir. On en plante de nouvelles pour être mangées en avril. Elles viennent moins grosses, mais elles sont plus délicates; il faut les mettre à l'abri du froid.

On met en terre les échalotes. C'est fin novembre et

commencement de décembre, qui est le temps propice dans notre climat de planter tous les arbres fruitiers et arbustes. Les plantations du printemps sont très hasardées et réussissent rarement, à cause de la sécheresse qui ne règne que trop dans notre territoire.

On lie et on enterre les cardes pour les faire blanchir. On chausse les céleris, si le temps n'est pas trop froid. Au commencement de décembre, on sème des pois et des fèves. Ces légumes ne sortent guère plutôt que s'ils étaient semés en février et mars ; mais ayant poussé plus de racines, ils viennent mieux que les autres ; si les froids les tuent, on a la ressource de les resemer après les froids, si la saison n'est pas trop avancée. Les fèves semées en décembre, seront bonnes à manger en mai, et les pois à peu près à la même époque, s'ils sont dans une bonne exposition.

On sème en décembre, si le temps le permet, des fournitures de salades, telles que les mâches qui lèveront au bout de quinze jours ; le cresson qui sort dans trois semaines ; la roquette et le cerfeuil qui seront un mois à lever.

En mars et avril, les règles sont les mêmes qu'en octobre et novembre, pour les semailles des graines de fleurs, de légumes, de salades, etc.; à cela près, que la terre étant plus fraîche, il faut les moins arroser, et qu'il ne faut pas les couvrir.

Au commencement de mars au plus tard, on sème la carde poirée, la chicorée fine, qui se plante et s'élève comme l'autre.

On plante les pommes de terre vers les derniers jours de mars, ou même plutôt, si la saison le permet; on a dû préparer à l'avance le terrain par un bon guéret à 50 centimètres de profondeur, on le dispose en lignes parallèles, à la distance de 1 mètre l'une de l'autre, on ouvre sur la trace de ces lignes un sillon de la profondeur du demi guéret, c'est-à-dire de 25 centimètres, et l'on y place une à une les pommes de terre à 50 centimètres de distance chacune, on les couvre de bon engrais, et on finit par combler le sillon.

Cette culture est encore nouvelle dans notre territoire, et par conséquent assez généralement mal faite, ce qui fait que je m'étendrai davantage sur cette plante. Dans le principe, nos agriculteurs avaient de la peine à s'y accoutumer, mais aujourd'hui tous goûtent assez cette racine, et ils en connaissent la bonté, tant pour le goût et pour la facilité de la préparer sans frais que pour sa fécondité; tous en plantent aujourd'hui dans les oullières destinées aux légumes, et qui doivent être après ensemencées en blé. Cette plante farineuse et nourrissante pourrait, dans un temps de disette, remplacer le blé; elle suce moins la terre que les haricots, les pois chiches et toute autre plante potagère, parce qu'elle ne reste tout au plus que quatre ou cinq mois en terre, et que sa racine qui forme son fruit ne pénètre pas profondément la terre et s'étend au contraire superficiellement.

Nos cultivateurs se trompent sur deux points essentiels de la culture de la pomme de terre, et il est important de les en instruire.

Premièrement, tous la plantent à trop peu de distance l'une de l'autre, ce qui nuit à la fécondité de la plante et à la bonté de son fruit, comme je viens de le dire, sa racine qui forme son fruit s'étend autour de la plante, et lorsque les pommes de terre sont trop près, elles ne peuvent grossir et restent petites comme des noix ; lorsqu'elles ont de quoi s'étendre, elles se nourrissent mieux et sont plus belles. Ainsi on épargnera de moitié la semence et on aura le quadruple de produit en semant les pommes de terre à la distance que je prescris.

Secondement, les cultivateurs pensent qu'il est indifférent de semer les pommes de terre entières ou de les couper en plusieurs morceaux, et pour épargner la semence ils sont dans l'usage de les couper. Ils ont bien raison de croire que la pomme coupée n'en germera pas moins, et poussera aussi bien que l'autre en herbe, mais ce qu'ils n'ont pas eu encore l'intelligence d'observer, c'est que la pomme de terre ne pousse que des yeux qu'elle a tout autour, les racines à l'extrémité desquelles viennent d'autres pommes ; et en coupant celles que l'on sème il lui reste moins d'yeux, elle pousse par conséquent moins de racines et produit moins de fruit.

Ainsi il faut semer les pommes de terre entières, et à la distance de 1 mètre d'un sillon à l'autre, et de 50 centimètres entre chacune dans le sillon.

Quand la tige des pommes de terre est sortie à environ 5 centimètres de hauteur, il faut les gratter pour ameublir la terre, pour arracher les mauvaises herbes et pour chausser le pied des tiges, ayant soin surtout de faire ce travail assez légèrement, pour ne pas endommager les racines avec la pointe de la bêche.

On renouvelle cette œuvre aussi souvent que la terre l'exige pendant le printemps, et il faut choisir pour ce travail un temps frais, après quelque pluie salutaire, qui ait disposé la terre à être mieux ameublie.

Dans le courant de juin, il faut couper à ras de terre toutes les tiges ; cette feuille ainsi fauchée qu'on jette aux cochons, fait un excellent engrais.

La récolte des pommes de terre se fait dans notre climat, dans le courant de juillet.

Le terrain léger convient mieux aux pommes de terre qu'une terre forte ; mais il leur faut de la pluie dans les terrains secs, et dans une année de sécheresse, la terre froide leur conviendra davantage, mais jamais elles n'auront un si bon goût, et elles ne seront d'aussi bonne garde que lorsqu'elles seront venues dans un terrain léger et sablonneux ; elles pourront y perdre pour la fécondité, mais elles y gagneront pour le goût.

Cette racine s'abâtardit dans le même terrain, et il faut de temps à autre en changer la semence ; on peut en varier les espèces et en bonifier la qualité en semant des graines ; et, à cet effet, il faut en réserver quelques plantes pour laisser mûrir la graine qu'il faudra semer fin novembre.

On élève les concombres comme les courges, les échalotes comme l'ail. On en fait un semis de graine, qu'on transplante à demeure, lorsqu'elles sont devenues assez fortes pour être changées de place.

On sème en avril les melons à l'exposition du midi ; lorsqu'ils sont assez forts en tige , on les transplante en les arrosant.

En général, toute plante venue de graine et transplantée, réussit mieux que lorsqu'elle reste en place.

Les artichauts doivent se renouveler tous les quatre ans; pour profiter des vieux pieds, on les lie en haut et en bas de la plante ; on les butte, on les chausse de paille, on les recouvre ensuite de terre, et on en fait des cardes.

En avril, lorsqu'on n'a plus de gelées à craindre, on déchausse les pieds d'artichauts, qu'on a couverts et chaussés avant l'hiver ; on aplanit le terrain ; on bêche à 15 ou 20 centimètres tout autour et on les soulage des œillets ou rejets qui naissent autour du pied de la plante, lorsqu'elle en a poussé plus qu'elle ne pourrait en nourrir sans s'épuiser.

Il est bon de fumer les artichauts avec un engrais bien fait. Cette opération doit se faire tous les deux ans, en automne ; quand on les bêche à fond, il faut enterrer le fumier profondément et donner un bon guéret.

A la fin de février ou en mars, lorsque le temps est moins froid, on sème les racines, comme panais, carottes , salsifis , scorsonère, betteraves ; le tout sera bon à manger en automne jusqu'en printemps.

On plante les tubéreuses en mars , pour en avoir de tardives; on sème les belles-de-nuit , les basilics, les immortelles.

Il faut, dans ce mois, semer beaucoup de laitues courtes pommées d'été, et de longues vertes. Elles sont les seules qui résistent aux grandes chaleurs, et qui viennent lorsque les autres de la même espèce commencent à monter en graine.

En mai, on sème des choux verts, des choux-fleurs et des laitues longues tardives.

Il faut aussi, dans ce mois, déterrer les renoncules et les anémones, qu'on doit lever dès que les feuilles sont tout à fait sèches.

SECTION II

Reproduction et multiplication des Plantes potagères et Arbustes de Jardin.

Les plantes potagères et arbustes de jardin, se reproduisent et se multiplient par graines, par rejetons ou œilletons, par cayeux ou oignons, par racines ou boutures; mais le plus grand nombre des plantes se multiplient par graines, et celles même qui se reproduisent par rejeton, pourront aussi venir par graines, mais leur reproduction est plus lente.

MULTIPLICATION PAR GRAINES.

Le basilic se multiplie par graines, elles sont menues, ovales, lisses et de couleur brune tirant sur le noir.

La betterave vient de graines un peu moins grosses que le petit pois, rondes mais graveleuses et jaunâtres. Cette graine diffère peu de celle de la poirée qu'il est difficile de distinguer.

La carde poirée se reproduit par graines, assez semblables à celle de la betterave; mais plus terne dans sa couleur.

Le cardon d'Espagne vient par graines, de la grosseur d'un beau grain de froment, ovales, un peu longues et verdâtres, marquées de traits noirs dans sa longueur.

La carotte se multiplie par graines très petites, ovales, les bords garnis de petits rayons ou pointes longues et menues, couleur de feuille morte lorsqu'elle est bien sèche.

Le céleri se reproduit par graines, menues, longues, noires, rayées en long.

Le cerfeuil vient de graine un peu longue, assez grosse et noire.

La chicorée blanche se reproduit par graines longues, d'un gris blanchâtre, plates à une extrémité, rondes à l'autre.

La chicorée sauvage vient de graines un peu longues et noirâtres.

Le choux se multiplie par graines, rondes, grosses comme des têtes d'épingles, d'un rouge brun.

La ciboule vient de graines grosses comme des grains de poudre à canon, plates d'un côté, rondes de l'autre, allongées en ovale, blanches en dedans.

L'oignon rouge ou blanc et le poireau se multiplient par graines, si semblables à celle de la ciboule, qu'il est difficile de les distinguer.

La citrouille se multiplie par graines ovales, plates, larges, blanchâtres.

Le cresson alénois vient de graines menues, allongées en ovale, d'un jaune orangé.

Le concombre se reproduit par graines ovales, un peu pointues par les extrémités, un peu pâles et de couleur blanchâtre.

Les épinards se multiplient par graines assez grosses, cornues ou triangulaires par deux côtés pointus et piquans, de couleur grisâtre.

La marjolaine vient de graines fort petites et orangées.

Les melons viennent de graines à peu près semblables à celles des concombres, mais un peu moins larges, elles en diffèrent par la couleur, qui est d'un jaune clair dans les melons et blanche dans le concombre.

Les navets viennent de graines à peu près semblables à celle des choux.

Les raves se multiplient par graines, rondes, médiocrement grosses, et d'un rouge brun.

La roquette vient de graines infiniment petites, de couleur tannée foncée.

Le scorsonère vient de graines menues, longues, rondes dans leur longueur, de couleur blanche et veloutées à la pointe.

Le salsifis ne diffère du scorsonère, que par la couleur plus foncée en gris.

Toutes les espèces de laitues viennent de graines un peu longues, ovales, pointues aux extrémités, menues, noires pour quelques espèces, et la plupart d'un gris blanchâtre.

REPRODUCTIONS PAR REJETONS.

L'artichaut se reproduit par rejetons ou œilletons, qui naissent autour du cœur du pied. Ils poussent leurs feuilles au commencement du printemps; c'est alors qu'on les détache du pied, s'ils sont assez forts, et qu'on les transplante en pépinière ou à demeure.

Le fraisier blanc ou rouge, se multiplie par traînasses rampantes sur terre, partant du pied de la plante, et dont chaque nœud éloigné d'un pied l'un de l'autre prend racine de lui-même, et forme un plan nouveau, qui tient toujours par le fil principal à sa mère qu'il épuise, s'il n'en est bientôt sevré.

Le groseillier, tant rouge que blanc, se reproduit par rejetons enracinés, qu'on arrache aux vieux pieds; il faut le planter en automne. Il vient aussi de bouture, en courbant en terre, dans le printemps, des branches qu'on recouvre de 15 à 18 centimètres de terre et qu'on laisse sortir de 15 à 18 centimètres de longueur; on ne les détache de la mère que lorsqu'ils ont pris racine en automne, pour les planter à demeure.

La lavande vient de vieux pieds écaillés, replanté avec leurs racines; elle vient aussi de graine.

L'oseille se multiplie par rejetons, qu'on sépare en touffe des vieilles plantes, et dont on fait plusieurs plants, auxquels il faut avoir soin d'ôter toutes racines, tiges et feuilles mortes, et de rafraîchir d'un coup de serpette les bonnes racines.

Le thym se reproduit par rejetons enracinés, qu'on détache en écaillant un vieux pied, dont on peut faire plusieurs plants. Il vient aussi de graines fort petites.

Le rosier se multiplie par rejetons enracinés, détachés des vieux pieds, et qu'on plante en automne.

Le lilas se multiplie de même, et se plante dans la même saison.

Le myrte se reproduit par boutures, en couchant dans la terre des branches qu'on recouvre de 15 à 18 centimètres de terre et qu'on laisse sortir de 15 à 18 centimètres de longueur ; on ne les sèvre de la mère-plante que lorsqu'ils ont pris racine en automne, pour les planter à demeure, en les chaussant de fumier d'écurie, pour les préserver du froid.

Le jasmin se multiple de même par le rejetons enracinés ou boutures, couchées en terre, comme il est dit ci-dessus, pour le myrte ; on le plante en automne.

REPRODUCTION PAR CAYEUX OU OIGNONS.

L'ail se reproduit par cayeux ou oignons, en plantant une partie de sa racine qu'on appelle gousse.

L'échalote vient de cayeux ou gousses, de la grosseur d'une noisette, qui viennent autour du pied.

Cette courte instruction sur la culture des plantes potagères, et de quelques arbustes et fleurs, que tout propriétaire peut soigner, sans le secours d'un jardinier, suffit pour le diriger dans ces petits travaux, qui ne sont qu'un amusement intéressant, et qui lui fourniront tout ce qui est nécessaire pour son ménage. Ceux qui voudront entreprendre la culture des jardins en grand, ne peuvent se passer d'un jardinier en titre, qui coûte toujours plus cher que son travail ne produit. Ils doivent consulter les ouvrages de *La Quintinie* et de l'abbé *Roger* ; mais distinguer, avec intelligence, dans l'application de leurs méthodes, la différence de notre climat d'avec celui des pays, où ils ont fait leurs expériences de culture.

Nos jardiniers même, presque tous venus de Lyon, de Paris ou autres lieux, dont la température est si différente de l'aridité de notre climat, ont le défaut de suivre par routine les méthodes et usages des pays où ils ont appris leur métier. Rarement leurs travaux réussissent dans notre sol brûlant, qui exige un régime différent, que leur intelligence routinière n'est pas susceptible d'imaginer.

Il faut donc que le propriétaire leur apprenne à distinguer, dans l'application des préceptes des auteurs étrangers, les différents procédés qu'exigent la nature de notre sol et la température de notre climat.

CHAPITRE IX.

Précis des règles, usages, méthodes et préceptes de culture, propres au territoire de Marseille et aux territoires voisins.

Ce Traité d'Agriculture destiné à l'instruction des cultivateurs de toutes les classes ne peut être utile à tous , que suivant le degré d'intelligence et de capacité dont chacun peut être susceptible. Il présente des détails nombreux, qui paraîtront peut-être trop étendus à certains agriculteurs qui ne voudront pas prendre la peine de le feuilleter, pour chercher ce qu'ils désireraient savoir dans l'occasion et au moment.

Pour leur rendre cette instruction plus facile , je vais réunir dans un tableau sommaire les règles, les préceptes et méthodes à suivre , afin qu'ils puissent y avoir recours au besoin.

PREMIÈRE PARTIE.

Taille de la Vigne.

1. Tailler la vigne dès qu'elle est dépamprée.

2. Avantages de l'avoir finie de bonne heure.

3. Nettoyer le cep de tous les rejetons, et les racines des pousses gourmandes, dites *sagates*.

4. Ne tailler qu'à deux yeux, et laisser le canon du sarment taillé au-dessus de l'œil le plus haut, un peu long.

5. Ne donner à la vigne, que les bras qu'elle peut porter suivant son âge et suivant sa vigueur.

6. Tailler les vignes vieilles les premières, et les jeunes les dernières.

7. Tailler les vignes des fonds peu aérés, de manière à élever le cep et à l'allonger.

8. Tailler les vignes des hauteurs et coteaux exposés aux vents plus basses et plus ravalées.

9. Soulager le cep d'une vigne négligée, mal conduite et épuisée, en coupant les bras qu'il a de trop, et qu'il ne peut nourrir.

10. Rabaisser même, s'il le faut, le cep languissant, en taillant sur un jeune sarment partant de la partie inférieure de la tige.

11. Couper entre deux terres les vignes fortement dégradées, pourvu qu'elles soient d'un âge à donner quelque espoir de régénération.

12. Tailler vieux et nouveau les vignes, qui par leur vétusté et leur épuisement, sont destinées à être bientôt arrachées.

13. Avoir terminé la taille au 20 février, terme de rigueur.

PREMIÈRE OEUVRE A DONNER AUX VIGNES.

1. Bêcher aussi profondément, que les racines peuvent le permettre, sans les endommager.

2. Disposer la terre de manière à laisser un creux au pied de chaque cep pour recevoir les eaux pluviales.

3. Nettoyer tout le cep des jets et racines chevelues, et sagates qu'on n'a pu enlever en taillant, ou qui ont échappé à l'œil et à la main du tailleur.

4. Déraciner et détruire les mauvaises herbes, et surtout le chiendent.

5. Commencer cette œuvre le plutôt possible, dès que les tailleurs et les femmes qui font les sarmens ont fait place.

6. La terminer de bonne heure, pour que les vignes puissent s'abreuver des pluies de la saison.

7. Le terme de rigueur pour la fin de cette œuvre est au 25 mars.

DES PROVINS.

1. Faire les provins dès qu'on a taillé et le plutôt possible.

2. Les faire en vieille lune.

3. Déchausser le cep qu'on veut provigner à 50 ou 60 centimètres de profondeur , s'il est possible , sans le déraciner , pour pouvoir plus aisément plier , courber et coucher la souche en terre.

4. Ouvrir la tranchée depuis le pied du cep , jusqu'à la place de la vigne à remplacer.

5. Coucher le cep et les sarmens dans la tranchée , sans les rompre.

6. Disposer les sarmens sans les rompre , ni les écorcher , à la place qu'ils doivent occuper dans l'alignement des files des vieilles souches , s'il est possible.

7. Ne donner à un cep que deux provins , ou trois au plus , suivant sa vigueur.

8. Combler la tranchée en serrant le cep , pour qu'il n'y reste pas de vide.

9. Couper les sarmens provignés à deux yeux , et si le cep n'est pas vigoureux , ébourgeonner l'œil le plus haut, et ne laisser que le second œil et l'œilleton.

10. Mettre au pied de chaque provin un échalas et l'y attacher.

11. Les attacher une seconde fois lorsque les rameaux se sont allongés.

12. Enfoncer profondément l'échalas pour l'assujétir, et pour que les vents ne le couchent pas.

13. Faire des courbages, s'il est impossible de coucher le cep.

14. Le courbage ne vaut pas le provin , il faut le sevrer de sa mère-souche peu à peu, en lui faisant une

entaille la seconde année et l'en détachant entièrement la troisième ou la quatrième.

15. Provigner est le meilleur moyen de régénérer une plantation épuisée, si les provins sont faits assez profondément.

DES LABOURS A LA CHARRUE.

1. Dès que la taille de la vigne est terminée, donner aux terres en chaume un labour à la charrue.

2. Rompre les mottes de terre retournées par le soc de la charrue.

3. Donner, autant qu'il est possible, cette œuvre quand la terre est fraîche, sans être pâteuse.

4. Ne point endommager les racines latérales avec la pointe du soc.

5. Donner un second labour en été à toutes les terres, et surtout à celles qui ont porté des légumes, lorsqu'ils ont été arrachés, et profiter pour cette œuvre de la première pluie, qui aura ramolli et rafraîchi la terre.

6. Ne point labourer pendant la canicule, pour ne pas échauder les raisins.

7. Faire conduire le mulet qui laboure par la longe, pour qu'il ne se jette pas sur les vignes latérales qu'il pourrait rompre.

8. Ranger avec soin tous les rameaux des vignes, qui croissent dans les oullières à labourer.

9. Plus les labours sont multipliés en temps opportun, c'est-à-dire après les pluies, lorsque la terre s'a-

meublit facilement sans se pétrir, plus les plantes en profitent par la fraîcheur qu'ils entretiennent.

DES GUÉRETS.

1. Les guérets de l'automne et ceux du printemps sont les meilleurs et les plus profitables aux vignes.

2. Avantage de les commencer et finir de bonne heure.

3. Les labourer à la charrue, lorsque les mauvaises herbes y croissent, pour qu'elles ne dévorent pas le fumier.

4. Étendre et bien diviser le fumier sur la surface de la terre, avant de la rompre avec la bêche.

5. Mettre le fumier assez profondément, pour que la charrue, en labourant, ne puisse le déterrer.

6. Mettre une plus grande quantité de fumier dans les guérets destinés aux légumes, et qui doivent après être semés en blé.

7. Faire les guérets les plus profonds possibles, sans endommager avec la bêche les racines des vignes.

8. Avoir fait au moins un tiers des guérets avant la moisson. Cette règle est de rigueur.

9. Lorsque les hommes travaillent aux guérets, les femmes arrachent les herbes des vignes et des blés.

DES ENGRAIS.

1. L'épuisement de notre sol exige beaucoup d'engrais.

2. Le choix doit en être fait avec intelligence, pour

l'approprier aux différentes qualités de sol et à la nature des productions.

3. Ceux des suies de campagne et étables à cochon, peuvent sans danger être employés avec abondance.

4. Celui de poule et de pigeon trop chaud, est bon pour certains légumes et pour le blé, dangereux pour la vigne, et doit être employé avec économie.

5. Celui de brebis est brûlant, il faut le mélanger avec celui des suies qui tempère son feu, et en mettre dans la proportion d'un quart sur trois quarts de l'autre.

6. Celui de cornes d'animaux est bon, il dure plusieurs années, il a besoin d'un terrain humide, ou de pluies fréquentes pour pourrir; on en met en petite quantité, mais il engraisse peu la terre, et par cette raison il profite peu à la vigne, et ne vaut rien pour le terrain sec et léger.

7. Consommer toutes les pailles et mauvaises herbes de la propriété, pour les faire pourrir dans les écuries, étables à cochon et suies.

8. Les fermiers et métayers sont tenus à entretenir des cochons en proportion de l'étendue des terrains qu'ils exploitent, pour faire pourrir et réduire en fumier les pailles et mauvaises herbes; plus ils en pourrissent, plus ce soin profite à la terre et au maître, qui en achète moins de celui des marchands de la ville.

9. Manipuler les engrais qui ont des vertus différentes, en les mélangeant par couches, et les laissant fermenter dans les suies, pour en composer un qui puisse convenir au sol et aux plantes qu'il doit féconder.

10. Les engrais composés avec des herbes coupées fraîches et pourries dans les étables à cochon et mis à fermenter dans les suies, ont plus de qualités substantielles et de vertus nutritives, que ceux faits avec de la paille sèche ou herbes mortes.

DE LA TAILLE DES OLIVIERS.

1. Ne commencer la taille des oliviers que vers les premiers jours de mars, de crainte des froids qui endommageraient l'arbre taillé nouvellement.

2. Tailler plus tard dans les fonds et à l'exposition du nord, que sur les coteaux au midi.

3. Tailler de deux ans l'un et choisir l'année que l'olivier a porté sa plus forte récolte.

4. Couper tout le bois mort et malade jusqu'au vif.

5. Soulager l'arbre de tout le bois gourmand et superflu, ou taré.

6. Rabaisser les branches qui s'élèvent verticalement.

7. Ne couper de grosses branches que lorsque c'est indispensable, et qu'elles sont mortes, malades ou chancrées.

8. Couper avec la serpette les rameaux qui ont été cassés, tordus ou endommagés, en cueillant les olives.

9. Évider l'arbre en dedans, sans dégarnir son chapeau des branches tombantes, qui ombragent le pied et la tige.

10. Ne point laisser de chicot, ni de branches écuissées.

11. Unir avec la serpette tous les traits faits avec la hache ou la scie.

12. Enlever toutes les callosités, gerçures et excroissances de l'écorce, occasionnées par un épanchement de sève dans les parties que les insectes ont attaquées, et les nettoyer avec la pointe de la serpette, pour détruire les vers qui y font leur ponte.

13. Conserver soigneusement les branches environnantes, qui tombent et pendent autour de l'arbre, partant des premières branches maîtresses.

14. Donner à l'olivier une forme ronde, et le disposer pour qu'il puisse plutôt s'étendre circulairement, que s'élever verticalement.

15. Ne point amonceler, ni laisser séjourner au pied de l'arbre la rame coupée, l'enlever au contraire tout de suite.

SECONDE OEUVRE DE LA VIGNE.

1. Commencer cette œuvre dès que les bourgeons ont poussé des rameaux assez forts, pour n'être pas endommagés par les ouvriers.

2. Avant d'y procéder, faire arracher par des femmes toutes les herbes.

3. Faire sécher ces herbes et les enfermer pour la nourriture des bêtes qui travaillent dans la propriété.

4. Bêcher légèrement la vigne pour aplanir la terre, et chausser le pied des ceps.

5. Nettoyer le pied et la tige des ceps, des jets et racines, que par inattention, on leur a laissés dans les

œuvres précédentes, et qui auront poussé des rameaux.

6. Avoir fini cette œuvre vers le 24 juin, terme de rigueur.

7. Suspendre ce travail, quand la terre trop humide se pétrit sous les pieds.

OEUVRE AUX TERRES EN LÉGUMES.

1. Profiter des dernières pluies du printemps pour travailler la terre, lorsque les légumes ont poussé d'assez fortes tiges.

2. Gratter légèrement la terre entre les files des légumes, l'aplanir et les chausser.

3. Arracher et détruire les mauvaises herbes partout où il y en a.

DES MOISSONS.

1. Couper les blés au plutôt dès qu'ils ont leur maturité et commencer par les plus mûrs.

2. Former des gerberons dans les oullières.

3. Transporter les gerbes à l'aire lorsque les blés sont coupés, et faire une gerbière de chaque espèce de grain.

4. Cueillir et arracher les légumes chaque jour, à mesure qu'ils mûrissent.

5. Les faire sécher sur des draps à l'aire et les écosser.

6. Fouler les blés, les enfermer lorsqu'ils ont été vannés, ainsi que la paille le plutôt possible.

7. Achever les guérets, qui restent à faire, pour les semailles de l'automne.

PRÉPARATION DES CAVES ET CELLIERS.

1. Mouiller les cuves de bois et les tonneaux qui en ont besoin, pour faire gonfler le bois, afin qu'en les remplissant le vin ne s'échappe pas.

2. Laver les cuves de pierre à plusieurs eaux, et les laisser s'écouler.

3. Faire réparer tous les ustensiles nécessaires aux vendanges.

4. Graisser tous les cercles des cuves et tonneaux.

5. Donner de l'air aux caves pour les épurer.

6. Visiter tous les tonneaux, pour faire réparer ceux qui en ont besoin.

7. Deshusser les tonneaux qui doivent recevoir les vins des premières cuvées.

8. Les nettoyer de toute la lie déposée au fond.

9. Les laisser ouverts le temps nécessaire, pour faire évaporer l'odeur de vinaigre qu'ils ont contracté.

10. Nettoyer les tonneaux, les laver avec du vin chaud, faire les étuves nécessaires à ceux qui en ont besoin, les sécher avec un linge bien lessivé.

11. Les husser la veille de les remplir.

12. Préparer les tonneaux pour la piquette.

13. Nettoyer les caves et celliers. La propreté étant nécessaire à la salubrité de l'air, qui est essentielle pour la conservation du vin.

14. Préparer, mettre en état, nettoyer le pressoir et ses ustensiles.

15. Le vin nouveau ne nuit point au vin vieux dans les caves où les cuves sont en fermentation.

DES VENDANGES.

1. Ne vendanger, autant qu'il est possible, que lorsque les raisins sont bien mûrs.

2. Ne cueillir les raisins que lorsque les premiers rayons du soleil ont séché la rosée et les vapeurs humides de la nuit, dont les grappes sont mouillées.

3. Peu égrapper, lorsque les raisins sont produits des fonds et des terres humides, qui donnent des vins insipides, la grappe aidant à la fermentation, et contenant des parties spiritueuses.

4. Égrapper en partie, principalement les raisins blancs, lorsqu'il y en a beaucoup de mêlés avec les noirs.

5. Égrapper avec soin, lorsque la qualité des raisins donne beaucoup de corps et de couleur au vin.

6. Égrapper de même, lorsqu'on est forcé de vendanger avant la maturité des raisins, ou lorsqu'ils ont été frappés du froid.

7. On égrappe pour obtenir un vin délicat.

8. On n'égrappe pas pour obtenir un vin spiritueux, plus coloré et de plus sûre garde.

9. Lorsqu'on égrappe en partie, il faut fouler les premières, ainsi que les dernières charges de la cuve, toutes de raisins noirs, sans égrapper, pour donner plus de couleur à nos vins naturellement clairets.

10. Faire bouillir du moût, lorsque la cuve va être

finie, à raison de 1 hectolitre pour 16 hectolitres, réduits à environ 60 litres et le verser dans la cuve.

11. Lorsque la vendange est tellement sèche, que les raisins manquent de l'eau nécessaire à la fermentation, ajouter, lorsque la cuve est remplie, quelques brocs d'eau en lavant le fouloir.

12. Ne point ajouter d'eau quand la vendange est humide, et que le raisin est abondant en jus.

13. Faire toute une cuvée en un jour ; ne pas mettre à la même le lendemain, pour ne pas déranger la fermentation commencée.

14. Laisser fermenter le vin dans la cuve, jusqu'à ce que le chapeau commence à s'abaisser, ce qui, suivant le temps chaud ou froid, exige sept jours au moins et neuf jours au plus.

15. Mélanger dans les tonneaux les vins de plusieurs cuvées.

16. Laisser aux tonneaux 3 centimètres de vide entre le vin et le bondon, quand on les bouche à demeure.

17. Ouiller, lorsque le vin fermente dans les tonneaux, avec le vin le plus dépouillé, tous les deux jours dans le premier mois, tous les quatre jours pendant le second.

18. Boucher à demeure et à fond les tonneaux vers le 11 novembre.

19. Ne tirer qu'une petite quantité de vin d'un tonneau, lorsqu'on en prend pour le goûter afin qu'il ne prenne pas de vent.

DES SEMAILLES.

1. Préparer la terre, écraser les mottes des guérets de l'été, dès qu'il a assez plu pour pouvoir les pulvériser et aplanir le terrain.

2. Ne point entrer dans les guérets pour ce travail, lorsque la terre est trop humide et pâteuse.

3. Achever les guérets, si on a eu le tort d'en laisser encore à faire.

4. Semer raves, navets, épinards, planter les poireaux, s'il a plu sur la fin de l'été, ou dans les premiers jours de l'automne.

5. Semer le blé à la charrue ou à la bêche. La semaille à la bêche se fait mieux.

6. Recouvrir le blé, en aplanissant le terrain à la bêche.

7. Semer de bonne heure sur les hauteurs et dans les expositions au nord.

8. On peut semer les fonds plus tard.

9. Ne confier à la terre que la meilleure semence bien triée et bien pure.

10. Changer souvent la semence, parce qu'elle s'abâtardit même dans les meilleurs terrains.

11. Ne point semer à 37 centimètres de distance du pied des vignes latérales à l'oullière du blé, et au moins à 1 mètre du pied des oliviers.

12. Semer lentilles, fèves, pois et planter les aulx et les oignons.

DE LA CUEILLETTE DES OLIVES.

1. Si on a un moulin à soi, cueillir les olives de bonne heure, c'est un moyen de détruire l'insecte qui les ronge.

2. Les cueillir vertes, ou à moitié rouges, pour faire de l'huile la plus fine.

3. Cueillir à part les olives tombées des arbres.

4. Cueillir sur les arbres, en choisissant ceux qui mûrissent plutôt leur fruit.

5. Se hâter de cueillir celles qui sont attaquées des vers.

6. Ne point laisser fermenter les olives dans les greniers, les étendre et les remuer, si elles ne peuvent être détritées au bout de quatre jours au plus.

7. Se hâter de cueillir avant les froids, tant pour avoir une bonne qualité d'huile, que pour soulager l'olivier.

8. Laver les olives qui, tombées à terre, sont terreuses ; les faire sécher avant de les détriter.

9. Ménager et endommager le moins possible l'olivier, en les cueillant.

10. Préparer et nettoyer les jarres qui doivent recevoir l'huile nouvelle, les étuver avec de l'eau tiède, jamais bouillante, parce qu'elle détache le vernis, les sécher, et y passer du vinaigre, en les frottant partout.

SECONDE PARTIE.

Des Défrichemens.

1. Les terres neuves, qui n'ont jamais été mises en rapport, sont les meilleures à défricher.

2. Ne laisser dans un domaine aucune terre inculte.

3. Effondrer à 1 mètre les terres où l'on doit planter vignes et oliviers.

4. Si les terres effondrées sont grasses, elles peuvent se passer de fumier pendant les deux premières années.

5. Choisir les plants suivant la qualité du sol, où l'on se propose de planter.

DES RENOUVELLEMENS.

1. Dès qu'une vigne est épuisée, se hâter de l'arracher.

2. Laisser reposer le terrain, et le semer pendant plusieurs années.

3. Si l'on ne veut pas perdre le temps sans rapport, effondrer plus profondément pour avoir de la terre vierge.

4. En extraire, s'il est possible 25 ou 35 centimètres

du fond , mettre cette terre vierge au-dessus, et la vieille terre au fond.

5. Ouvrir la tranchée dans un des angles , du côté le plus élevé , et les conduire toutes en direction diagonale, pour mélanger les terres des oullières anciennes de blé avec celles où étaient les vignes.

6. Faire ce travail en été plutôt qu'en automne, bien écraser les mottes et ameublir la terre.

7. Ne jamais entrer dans la tranchée après la pluie, quand la terre est humide et pâteuse.

8. Suspendre le travail, quand la terre se pétrit sous la bêche et sous les pieds des ouvriers.

9. Trier soigneusement toutes les vieilles racines jusqu'aux plus petites et les brûler.

10. Arracher toutes les mauvaises herbes et racines d'arbuste quelconques.

11. Si l'on trouve des pierres en effondrant, les ranger au fond des tranchées.

12. Le travail fini, quant au défoncement du terrain, l'aplanir et combler la dernière tranchée.

DISPOSITION DU TERRAIN POUR PLANTER.

1. Tracer au cordeau les oullières de terre à blé et celles de vignes.

2. Donner à celles à blé de 2 mètres 50 centimètres au moins, jusqu'à 3 mètres au plus de largeur.

3. Tracer les oullières de vignes à trois files chacunes.

4. Donner 85 centimètres de distance entre chaque file, dans les bons terrains, et 1 mètre dans les médiocres.

5. Planter les avantins de même à 85 centimètres l'un de l'autre, ou à 1 mètre suivant le terrain.

6. Passer à l'avance au crible la meilleure terre, **pour** insinuer dans le trou où sera placé l'avantin, et pour le chausser.

CHOIX DES AVANTINS.

1. Ne choisir, pour faire du vin blanc, que des plants de clarette, et d'uni-blanc ou roux.

2. Ne planter, pour raisins à manger, que ce qu'il en faut pour la provision de l'hiver.

3. Ne planter, pour faire le vin rouge, que le mourvéde, le brun-fourca, le bouteillan, l'uni-rouge, à raison d'un tiers de chaque espèce.

4. Préférer le brun-fourca, ou le bouteillan, au mourvéde, dans un sol sec et léger.

5. Le mourvéde est fécond dans les fonds, mais il n'aime pas les hauteurs et les terrains maigres.

PLANTATION DE LA VIGNE.

1. Planter en automne plutôt qu'en printemps.

2. Ne planter jamais pendant les grands froids.

3. Ne planter, en printemps, que s'il est pluvieux, et c'est toujours un mauvais travail.

4. Oter le vieux bois adhérent à la crossette de l'avantin, sans endommager cette crossette.

5. Faire tremper les gerbes d'avantins dans l'eau pendant quelque temps.

6. Les enterrer, si l'on ne plante pas tout de suite.

7. Les terrains de coteaux et de médiocre qualité conviennent mieux à la vigne que les terres grasses, humides, les plaines et les fonds.

8. Planter au pieu vaut mieux que de planter dans la tranchée en effrondant.

9. Ne jamais planter l'avantin plus profondément que 50 centimètres dans la plaine et les fonds, et 55 dans les terrains en pente, dans la partie supérieure seulement.

10. Ne faire le trou avec le pieu qu'à cette profondeur.

11. Introduire et faire glisser l'avantin avec la fourchette de fer jusqu'au fond du trou.

12. Remplir le trou avec la meilleure terre voisine, passée au crible, et point humide.

13. Ameublir avec la fourchette de fer toute la terre autour du trou fait par le pieu, et serrer la terre fine au fond et contre la tige de l'avantin.

14. Tailler l'avantin à deux yeux au-dessus de terre.

15. Si l'on plante à tranchée, suivant la même règle pour la profondeur, et chausser l'avantin avec la même terre passée au crible.

16. Combler la tranchée avec la terre de celle qui suit.

17. Fumer la vigne plantée dans un terrain qui en a déjà porté, avec de bons engrais mis profondément dans les oullières de terre.

18. Dans les terrains neufs, s'ils ne sont pas trop maigres, les vignes peuvent se passer de fumier pendant deux ou trois ans.

DES PÉPINIÈRES DE VIGNES.

1. Ouvrir, dans le terrain préparé pour la pépinière, des tranchées de 75 centimètres de profondeur, et à 75 centimètres de distance l'une de l'autre.

2. Y placer les avantins préparés comme ceux pour planter à demeure, à 50 centimètres de profondeur, et à 12 centimètres l'un de l'autre.

3. Mettre au pied des avantins de la bonne terre passée au crible.

4. Combler successivement les tranchées avec la terre de celles ouvertes immédiatement après.

5. Tailler les avantins à deux yeux au dessus de la terre.

6. Les transplanter à demeure la seconde année, ou la troisième au plus tard.

7. Donner à la pépinière de fréquentes cultures à la bêche.

PLANTATION DES OLIVIERS.

1. Choisir pour planter les oliviers, les terrains élevés et en pente, les coteaux aérés, le sol graveleux mêlé d'argile.

2. Planter dans ces terrains les espèces dites *rougetto* et *aglantau*, dit *cayanne*.

3. Planter dans les fonds, le *ribies*.

4. Les plans les plus enracinés réussissent le mieux.

5. Couper et unir horizontalement le dessous de la souche.

6. Rafraîchir avec la serpette toutes les racines et le chevelu.

7. Enlever de la souche tous le bois mort, chancré ou taré.

8. Faire trois mois à l'avance les trous, si le terrain n'a pas été effondré à plein, de la largeur de 1 mètre 50 centimètres carré, et de 1 mètre de profondeur.

9. Dans les terrains effondrés, faire le trou à la profondeur nécessaire, pour enterrer toute la souche jusqu'à la naissance de la tige.

10. Planter à 50 ou 60 centimètres de profondeur, quand la hauteur de la souche ne nécessite pas un trou plus profond.

11. Battre avec les pieds la terre du fond, sur laquelle doit s'asseoir la souche. Si elle est sèche l'arroser pour la bien serrer et unir, afin qu'il n'y ait point de vide.

12. Asseoir la souche sur le terrain sans jour ni vide.

13. Chausser la souche avec de la bonne terre passée au crible.

14 Combler le trou en forme de cul de chaudron.

15. Chausser peu à peu chaque année le pied de l'olivier, applanir le trou la troisième année.

16. Couper la tige à 75 centimètres ou 1 mètre au-dessus de terre.

17. Faire un grand trou, et changer la terre, si l'on plante en place d'un olivier mort.

18. Espacer les oliviers de 5 à 6 mètres dans les terrains maigres et de 6 à 8 dans les terres fortes ou grasses.

19. Dans les plantations à plein, disposer les oliviers en échiquier ou quinconce.

DES PÉPINIÈRES D'OLIVIERS.

1. Laisser croître de la souche des oliviers morts, et dont on a coupé la tige à ras de terre, les rejetons que poussent les vieilles racines.

2. Couper les plus frêles, ne laisser que les plus vigoureux, et assez distants l'un de l'autre, pour pouvoir être séparés de la mère-souche, sans endommager les plants voisins.

3. Laisser croître au pied des vieux oliviers sains, un ou deux rejetons, poussans loin du pied de la tige.

4. Soigner et élaguer les rejetons pendant trois ou quatre ans.

5. Planter les rejetons à demeure, ou dans la pépinière avec les précautions ci-dessus indiquées pour la plantation des oliviers.

6. En séparant les rejetons de la mère-souche, leur laisser un fort éclat de racine adhérent.

7. Planter les rejetons dans des tranchées parallèles de la distance de 75 centimètres en tout sens, et à la profondeur de 50 ou 60 centimètres suivant la hauteur de la souche.

8. Le terrain de la pépinière doit avoir été effondré à plein, avant d'y placer les rejetons, à 75 centimètres de profondeur. On a dû le bien épierrer et l'aplanir avant d'ouvrir les tranchées pour planter.

9. Enlever d'un coup de hache les vieux troncs abandonnés, les éclats de racines, pour faire une pépinière de souchets.

10. Choisir les souchets les plus sains, les plus gros. et qui ont le plus d'yeux.

11. Les disposer dans la pépinière comme les rejetons transplantés.

12. Combler la tranchée, en laissant à chaque souchet, auquel il faut mettre un échalas ou tuteur pour signal, un creux en forme de cul de chaudron, le combler peu à peu, en chaussant le rejeton qu'il poussera à mesure qu'il croît.

13. Donner au moins trois œuvres à la bêche dans l'année à la pépinière, et l'arroser, si elle souffre de la sécheresse.

DES GREFFES DE LA VIGNE.

1. Ne greffer que des vignes d'un bon âge.

2. Greffer dans avril, on peut même prolonger jusqu'en mai, quand la vigne est en sève.

3. Greffer la vigne à fente.

4. Déchausser le cep à 60 centimètres de profondeur, sans le déraciner à fond.

5. Le couper dans la partie la plus lisse, et la plus saine de sa principale racine, et la fendre.

6. Introduire dans la fente un ou deux sarmens coupés en flûte des deux côtés, suivant la grosseur de la racine.

7. Serrer la greffe fortement avec une ficelle, et la couvrir avec de la terre glaise et une feuille de lierre.

8. Combler la tranchée.

9. Greffer à fente sur le sarment vaut mieux que greffer sur la racine.

10. Cultiver avec soin la vigne greffée.

11. Couper la première année tous les raisins qu'elle portera, dès qu'ils seront noués.

DES GREFFES DES OLIVIERS.

1. Greffer les oliviers en avril lorsqu'ils entrent en sève.

2. Préférer la greffe à écusson à œil poussant, à toute autre greffe.

3. Détacher au bout de huit ou dix jours les fils qui attachent l'écusson à la tige ou aux branches.

4. Élaguer, dès la première année, les jets trop touffus que la greffe aura poussé, pour ne lui laisser que ceux sur lesquels l'arbre doit former sa tête.

DU RECEPAGE DES OLIVIERS.

1. Examiner la tige et le chapeau de l'olivier que l'on croit malade, pour connaître le côté qu'il faut receper.

2. Ouvrir du côté malade et à 1 mètre 25 centimè-

tres ou à 1 mètre 50 centimètres de la tige , une tranchée large et profonde.

3. Lorsqu'on a mis les racines à découvert, couper jusqu'au vif toutes celles qui sont mortes ou tarées.

4. Suivre le bois mort jusques dans le vif, et pénétrer jusques dans le cœur de la souche , s'il est nécessaire, pour en déloger les insectes , qui y font ordinairement leur demeure, et qui sucent toute la substance de l'arbre.

5. Lorsqu'on a enlevé tout le bois mort et pourri, et fouillé jusqu'au vif pour nettoyer la souche de tout ce qui peut lui nuire, curer le trou, jeter loin du pied de l'olivier toute la terre qui couvrait ces racines malades, et tous les éclats de bois qu'on a faits en y travaillant.

6. Recombler à moitié ce trou , et recouvrer les racines et le tronc de terre neuve.

7. Y mettre du fumier à 75 centimètres ou 1 mètre de la tige de l'arbre.

8. Arroser à fond ce fumier.

9. Combler entièrement le trou avec de la terre neuve et chausser le pied de la tige.

10. Cette opération doit se faire en fin février et commencement de mars lorsqu'il n'y a plus de froid à craindre et que l'olivier n'est pas encore dans sa grande végétation.

CHAPITRE X.

Tout propriétaire de bien rural est souvent sujet à des opérations qui exigent des calculs géométriques, et qui quoique simples sont inconnues à la plupart ; il est cependant utile pour tous d'en savoir les premières règles au moins par pratique ; leur ignorance à cet égard les expose journellement à être trompés.

Tantôt c'est son propre bien dont on veut savoir la contenance, lorsqu'un voisin injuste ou inquiet vous en dispute une partie ; tantôt c'est l'étendue du bien de ce voisin qu'il importe de connaître et de faire attermener ; un jour c'est une pièce de terre qui nous avoisine, qu'il faut acheter, une échange à faire, une portion de sa terre à vendre ; une autre fois, ce sera un ouvrage de maçonnerie à estimer, un volume de chaux à évaluer, un bois de charpente à mesurer ; dans une autre occasion, il y aura un déblai de terre à faire, des corps pleins ou vides dont il faudra estimer la capacité, etc.

Les propriétaires sont forcés pour tant d'objets, d'en passer par l'estimation des experts qui sont susceptibles d'erreurs, parce qu'ils opèrent par théorie, ou de négligence par inattention.

S'ils ignorent les règles simples de la partie élémentaire de la géométrie, qui concernent les mesures des lignes, des surfaces et des solides, ils ne peuvent rectifier des erreurs qui peuvent être faites à leur détriment; ils sont lésés par leur propre incapacité. Enfin sous tous les rapports, il leur est utile d'être eux-mêmes leur premier expert, pour surveiller les opérations des autres, ou pour savoir estimer soi-même d'avance un ouvrage, qu'il est toujours prudent de n'entreprendre qu'après en avoir connu la dépense.

Il n'est personne qui, dans ce dernier cas, n'ait été engagé par ses ouvriers à des dépenses qui, à la fin de l'ouvrage, lui ont coûté le double des projets et devis qui lui avaient été présentés, et qu'il n'aurait pas entrepris s'il en avait connu à l'avance la véritable dépense par une estimation exacte.

Je crois donc très utile, pour compléter cette instruction sur l'économie rurale propre à notre pays, de la terminer par l'exposition simple des règles de calculs géométriques sur les mesures, dont la connaissance est si souvent nécessaire aux propriétaires ruraux, ce qui comprend les mesures linéaires ou courantes, les mesures des surfaces ou carrées, les mesures des corps solides ou cubes.

SECTION PREMIÈRE.

Définitions et Principes.

On distingue pour mesurer les lignes, les surfaces et les corps solides, trois sortes d'étendues ou dimensions, savoir :

1. La ligne qui est l'étendue considérée avec une seule dimension, qui est la longueur.

2. La surface, qui est l'étendue considérée avec deux dimensions, qui sont la longueur et la largeur.

3. Les solides considérés avec les trois dimensions, la longueur, la largeur et la profondeur, ou hauteur.

Toutes ces étendues se calculent par des mesures données et dont la base est le mètre. On dit mesurer à à mètre courant lorsqu'on veut connaître la distance entre deux points donnés, et cette mesure est la mesure linéaire, parce qu'elle ne parcourt qu'une simple ligne désignée par chacune de ses extrémités.

Les surfaces se mesurent, en cherchant ce qu'elles contiennent de quantité de mesures données ou convenues, considérées dans les deux dimensions longueur et largeur. Cette mesure se nomme mesure carrée, parce qu'on est censé mesurer avec une surface carrée d'une étendue convenue, portée sur toute la surface donnée à mesurer ; ainsi, dans ce cas, on dit mesurer à mètre carré.

Enfin les corps ou solides se mesurent en cherchant ce qu'ils contiennent de quantité de mesures données ou convenues, considérées sous les trois dimensions longueur, largeur, profondeur ou hauteur, et cette mesure se nomme mesure cube ; parce qu'on est censé diviser le corps donné à mesurer en autant de parties cubes, égales en capacité à la mesure cube convenue. Ainsi, s'il s'agit de mesurer une masse quelconque dans toute sa capacité, on dit mesurer à mètre cube.

On appelle la première mesure linéaire, parce qu'elle ne sert qu'à mesurer la longueur d'une ligne donnée, ou vulgairement courante, parce qu'on opère en faisant courir la mesure convenue sur toute la longueur de la ligne donnée.

La seconde mesure se nomme carrée, parce qu'elle détermine l'étendue d'une surface mesurée dans sa longueur et dans sa largeur, comme si l'on transportait dans toute cette étendue la mesure carrée convenue.

Enfin la troisième mesure se nomme mesure cube, parce que déterminant la contenance en masse des corps solides, en longueur, largeur, profondeur ou hauteur, elle est censée partagée dans toute sa capacité, en autant de petits corps cubes, égaux eux-mêmes en capacité à la mesure convenue.

On réduirait de même toutes les mesures quelconques , dont on serait convenu de se servir, en connaissant toutes les parties et subdivisions , dont elles se composent , en les multipliant une fois par elles-mêmes, pour avoir leur contenance carrée , et deux fois par elles-mêmes pour avoir leur contenance cube.

Il faut appliquer ces définitions et ces principes à des exemples les plus usités dans la pratique journalière , afin de les rendre plus intelligibles , et pour en faire mieux connaître l'utilité.

La mesure linéaire ou courante est si facile à concevoir, il est si aisé d'opérer par elle, qu'elle n'a pas besoin d'exemple. Je me bornerai donc à en donner, pour expliquer l'opération avec les deux autres mesures carrées et cubes.

SECTION II.

De la mesure carrée, servant à déterminer l'étendue des surfaces.

Les superficies ou surfaces se mesurent idéalement avec d'autres superficies ou surfaces plus petites , mais d'une étendue convenue , qu'on appelle carrées. Ainsi on est supposé avoir transporté sur toute l'étendue de la surface à mesurer , de petites surfaces carrées d'une grandeur convenue ; en comptant combien de fois on aurait fait ce transport sur la surface donnée , on aurait la somme de la quantité de ces petites surfaces qu'elle contiendrait.

Pour éviter cette opération embarassante, on mesure réellement, et on a le même résultat, en multipliant ce que la longueur de la surface à mesurer contient de petites surfaces carrées convenues, parce qu'on contient aussi sa largeur, ou, ce qui est plus simple, en multipliant sa longueur par sa largeur.

Lors donc que la mesure donnée est le mètre, l'opération aura le même total que si l'on avait transporté de petits carrés d'un mètre sur toute l'étendue de cette surface, en comptant ce qu'elle en aurait contenu.

L'objet qui se présente le plus souvent à mesurer pour un propriétaire, est un champ quelconque dont il lui importe de connaître la contenance en surface.

La règle géométrique pour mesurer une surface, est donc de multiplier sa longueur par sa largeur : le produit donnera son étendue aussi exactement que si on l'avait mesurée, en transportant sur toute sa superficie la mesure carrée convenue et en additionnant la quantité de ces carrés qu'il aurait fallu pour la couvrir exactement.

Je suppose donc qu'on veuille connaître l'étendue ou plutôt la contenance d'une pièce de terre, il faut :

1. Mesurer sa longueur, et pour donner un exemple, soit cette longueur 126 mètres.

2. Mesurer sa largeur que je suppose de 50 mètres.

3. Multiplier les 126 mètres de long par les 50 mètres de large, on aura pour produit 6300 mètres carrés,

parce qu'en couvrant la surface de cette pièce de terre
de petits carrés d'un mètre chacun, il en aurait fallu
6300 pour la couvrir exactement.

4. Pour évaluer enfin la contenance de ce champ en
ares, qui est l'unité des mesures agraires, il reste pour
dernière opération à diviser les 6300 mètres carrés par
100 mètres carrés qui composent l'are.

Le résultat de cette division donnera 63 ares qui re-
présentera la superficie du champ en question.

Si le champ à mesurer est d'une forme irrégulière, de
manière à ne pouvoir, à cause des angles irréguliers
qu'il formera, le mesurer directement en entier dans
toute sa longueur et toute sa largeur, on le divisera en
autant de parties que pourront en former ses angles
saillans ou rentrans, pour en faire des carrés ou des
quadrilatères longs qu'on nomme parallélogrammes.

On mesurera à part toutes ces parties en longueur et
en largeur, et l'on aura la contenance de ce champ en
additionnant ces divers résultats.

Si ce champ, ou diverses parties de ce champ, qu'on
aura été forcé de diviser, ne présentent que des quadrilatères irréguliers, ou des triangles, on y procèdera
ainsi qu'il va être expliqué.

Si c'est un quadrilatère, dont la longueur et la largeur sont inégales, prises sur ces quatre côtés, on mesurera sa longueur sur la ligne du milieu du champ
perpendiculaire à sa base ; quant à sa largeur, on mesurera séparément ses deux petits côtés inégaux, on
additionnera leur produit, dont on prendra la moitié,

qui sera la mesure exacte de sa largeur. La longueur et la largeur ainsi connues, on achèvera l'opération comme dans les deux exemples ci-dessus.

Si c'est un triangle, on mesurera sa longueur par une ligne perpendiculaire abaissée de son sommet sur sa base ; on prendra la moitié de sa base pour le terme de sa largeur, et la mesure de la perpendiculaire formant sa longueur, multipliée par la moitié de sa base formant sa largeur, donnera le nombre de mesures carrées, dont sera composée la surface de ce triangle.

S'il s'agit de mesurer un ouvrage de maçonnerie ou tout autre qui aura été donné à prix fait à tant le mètre carré, on mesurera de même que dans les exemples précédens, la longueur de l'ouvrage par sa largeur, on multipliera l'une par l'autre, le produit donnera la quantité de mètres carrés qu'on aura à payer.

Si l'ouvrage à estimer est de forme irrégulière, quadrilatère ou triangulaire, on y procèdera comme dans les exemples ci-dessus.

Telles sont les opérations simples pour connaître l'étendue des superficies ou surfaces.

Les exemples ici donnés, qui peuvent s'appliquer à toutes les surfaces et à la manière de les mesurer, supposent que l'on sait les quatre règles de l'arithmétique, que peu de personnes ignorent.

Je me borne donc à l'instruction simple des procédés de cette opération, sans en donner les opérations de détails calculés pour chaque partie, l'objet de cet ouvrage n'étant point d'en faire un traité d'arithmétique.

SECTION III.

De la mesure cube , servant à déterminer l'étendue et capacité des corps ou solides.

Les corps ou solides se mesurent idéalement avec d'autres solides plus petits , comme les surfaces se mesurent avec d'autres surfaces plus petites ; et ces mesures des solides sont une étendue convenue qu'on nomme cubes.

Mais on simplifie cette opération et on mesure les solides réellement , en multipliant d'abord la longueur par la largeur , en raison de ce qu'elles contiennent chacune de quantités de la mesure convenue. Ensuite le produit de cette multiplication sera encore multiplié par le nombre de la même mesure contenue dans la profondeur.

Ainsi tout de même que pour mesurer les surfaces il faut trouver des nombres qui expriment l'étendue réduite en mesures carrées , pour mesurer les solides , il s'agit aussi de trouver des nombres qui expriment leur étendue et capacité , réduites en mesures cubes.

En supposant donc qu'on eût à mesurer un solide qui eut la forme régulière d'un dé à jouer , qui aurait 6 mètres de long sur 6 mètres de large et 6 mètres de hauteur ou profondeur , ce qui forme un cube parfait , pour avoir la mesure de sa surface, on multiplie premièrement les 6 mètres de long par 6 mètres de large, dont le produit sera 36 mètres carrés. Secondement on multiplie ces 36 mètres carrés par les 6 mètres de hauteur ou profondeur, ce qui donnera 216 mètres cubes, produit de 36 multiplié par 6.

On dira donc pour résultat, que ce solide contient 216 mètres cubes, ou ce qui est la même chose 216 petits corps solides de la capacité d'un mètre cube chacun.

Cette opération se présente nécessairement, si l'on a donné à prix fait à tant le mètre cube, le déblaiement d'un terrain à une profondeur déterminée ou à un niveau fixé.

Par exemple, on aura donné à déblayer un terrain de 8 mètres de long sur 6 mètres de large et 2 mètres de profondeur, ce qui ne présente pas, comme l'exemple ci-dessus, un cube parfait, mais qu'il faut nécessairement cuber; on multipliera d'abord la longueur de la surface par sa largeur, c'est-à-dire 8 mètres par 6 mètres, ce qui donnera 48 mètres; on multipliera ensuite ce produit par les 2 mètres de profondeur, et on aura 96 mètres cubes à payer au prix convenu.

Cette opération simple est de la plus grande facilité, si le terrain donné à déblayer est régulier dans toutes les parties de sa surface et dans celles de sa profondeur comme dans l'exemple ci-dessus ; mais elle devient composée et plus difficile, si le terrain donné au lieu, d'avoir une surface exactement plane, l'a au contraire en pente, et en pentes inégales et qu'il faille que le terrain, après le déblaiement, se trouve au même niveau, il est clair qu'il y aura des inégalités de profondeur, en raison des inégalités de la pente.

S'il se rencontre aussi des irrégularités dans sa longueur et dans sa largeur, il est de même évident qu'il y aura des inégalités dans l'étendue de sa surface en raison de ces irrégularités dans sa forme.

Pour mesurer ce terrain, il est donc indispensable de réduire toutes ces inégalités de surface et de capacité à un terme commun.

Par exemple on aura donné à déblayer un terrain qui dans une de ses extrémités aura 6 mètres de large, dans le milieu 4 mètres, et dans l'autre extrémité 2 mètres.

Il faut additionner ces trois inégalités, qui donneront 12 mètres au total, on en prendra le tiers qui est 4 mètres qui sera le terme commun de ce terrain; quant à sa largeur, supposant sa longueur de 8 mètres, en multipliant les 8 mètres de long par les 4 mètres de large, on aura 32 mètres qui exprimeront l'exacte mesure de sa surface.

Il restera à connaître les inégalités de sa profondeur, en raison de sa pente. On la suppose de 8 mètres à un bout, 6 mètres au milieu et 4 mètres à l'autre extrémité; on additionnera ces trois parties inégales, ce qui donnera 18 mètres, dont prenant aussi le tiers, on aura 6 mètres pour terme commun de sa profondeur.

Multipliant enfin les 32 mètres carrés de la surface, par les 6 mètres de la profondeur, on aura donc à payer

192 mètres cubes du déblaiement au prix convenu.

Comme la profondeur d'un terrain si irrégulier ne peut être exactement connue, sans une opération compliquée de géométrie, qu'à mesure que le déblaiement s'opère, pour éviter cette opération préliminaire, les ouvriers ont soin, en enlevant les terres, de laisser dans les endroits où les inégalités de la pente du terrain varient, et pour mesure visible de la profondeur, des monceaux du terrain isolés, faites en forme de cônes, ou petites colonnes de la hauteur du terrain enlevé.

Ces monceaux de terrain se nomment signaux ou dés. Lorsque le terrain est mis au niveau donné pour faire le compte du déblaiement au prix convenu, on additionne la hauteur de tous ces signaux et on divise le produit de cette addition par le nombre des signaux laissés ; ce qui donne au quotient le terme commun de toute la profondeur du terrain déblayé, lequel quotient multiplié par les mètres carrés de sa surface, donnera le total des mètres cubes à payer.

On mesure de même à mètres cubes des pièces de bois de charpente qui se vendent ordinairement ainsi.

On prend la mesure de la longueur qu'on multiplie par la largeur réduite à la moitié du produit de la largeur des deux extrémités réunies, lorsqu'elles sont inégales. Par le terme de l'épaisseur, on multiplie le produit de la longueur multipliée par la largeur, et le total réduit en mètre, donne la quantité de mètres cubes qu'on doit payer.

Il y a d'autres mesures de convention pour connaître

la contenance d'une espace vide, pour savoir la quantité de matière qui peut y entrer, et en conséquence de l'espèce de matière et de la mesure particulière qui lui est affectée.

Ainsi on désirera savoir combien de litres de vin peut contenir une cuve, on procèdera de même à ce calcul par la mesure cube.

Soit une cuve de forme quadrilatère de 8 mètres de long sur 6 de large et 8 mètres de haut. Le long multiplié par le large donnera 48 mètres. Ce nombre multiplié par la hauteur 8 donnera 384 mètres cubes.

Le mètre cube contenant 1000 litres de liquide, on multipliera ces 384 mètres cubes par 1000 et on aura 384000 litres de vin que contiendra la cuve.

Mais comme une cuve dans laquelle on a mis la vendange foulée contient une grande quantité de marc qui prend une espace dans la capacité de la cuve, on évalue l'espace qu'il occupe à un tiers.

On retranchera donc ce tiers de la capacité totale qu'on aura trouvée ; ce tiers qui est de 128000 étant soustrait de 384000, il restera 256000 qui exprimera la quantité de litres de vin que doit contenir la cuve.

Cet exemple qui peut s'appliquer à d'autres objets et dont l'utilité est sensible, a rapport à la plupart des opérations d'estime, que les propriétaires ruraux sont dans l'obligation de confier à des experts. Ils pourront ainsi, en opérant eux-mêmes, contrôler les calculs de leurs experts ou se passer d'eux dans beaucoup de circonstances et épargner les frais de l'expertage.

J'ai cru cette instruction facile à comprendre pour tout homme qui sait seulement les quatre règles d'arithmétique, utile aux intérêts des propriétaires et des agriculteurs : et c'est dans cette intention que je la fais servir de complément à ce traité d'agriculture et d'économie rurale pour le territoire de Marseille et lieux circonvoisins.

Les chapitres 6, 7, 8, 9 et 10, me paraîtraient assez inutiles, car tout ce qui y est indiqué est généralement connu, mais je les conserve parce qu'ils peuvent fournir des renseignements très utiles aux personnes qui veulent comparer les usages, les mesures, les poids, etc., dont se servaient nos pères, il y a soixante ans, dans le terroir de Marseille.

On a voulu conserver l'ouvrage intact et on n'a pas voulu supprimer le chapitre VII de la première partie qui indique les anciennes constructions des moulins à huile. Nous avons joint à cet ouvrage celui imprimé à Aix en 1826, chez Mouret et qui traite des améliorations importantes dans la fabrication des huiles..... ....Nous y joindrons la gravure de ce moulin dont la supériorité est tellement reconnue, qu'on ne l'appelle plus que moulin à la Sinety.

AMÉLIORATIONS

IMPORTANTES

DANS LA FABRICATION DES HUILES D'OLIVES.

OBSERVATIONS

SUR LA CONSTRUCTION DES MOULINS.

Pendant que tous les genres de fabrications font des progrès inconcevables , celle des huiles est stationnaire.

Rien de changé , rien d'amélioré dans la trituration des olives ni dans l'extration de leur suc. Et cependant pour peu qu'on observe la méthode si fidèlement suivie jusqu'à ce jour , on ne peut s'empêcher d'y remarquer des vices tellement frappans , qu'il est inconcevable que personne n'ait encore cherché à les détruire , en améliorant la méthode.

La cause de cette indifférence est facile à expliquer , mais elle n'est pas partout la même.

Dans le terroir de Marseille , par exemple , où les moulins à huile sont très multipliés, ils sont peu lucratifs. La durée de la fabrication n'y excède jamais deux mois , en sorte que les capitaux employés à la construction dispendieuse de ces moulins , pour produire seulement cinq pour cent d'intérêt par an , devraient produire deux et demi pour cent par mois; ce qui paraît impossible , quand on pense aux frais ordinaires et extraordinaires de cette fabrication , au coûteux entretien des machines imparfaites qui y sont employées et à la lenteur des opérations.

Rien n'est plus facile que de faire le compte des propriétaires de ces moulins dans le territoire de Marseille, parce que le prix de mouture s'y paie en argent , et qu'on peut facilement évaluer , et la quantité de mottes d'olives qu'on y détrite par vingt-quatre heures, et les frais en journées d'hommes, d'animaux et en entretien d'engins que nécessite cette fabrication.

Il est certain qu'en évaluant le produit de l'enfer à un taux raisonnable , les bénéfices sont presque nuls. Il n'en serait pas de même dans les moulins , où ce produit de l'enfer s'élèverait trop haut. Mais la concurrence qui existe à Marseille , oblige chaque propriétaire de moulins à éloigner la méfiance sous peine d'être abandonné. En sorte qu'on peut assurer que nulle part en Provence on n'obtient un résultat plus avantageux que dans les moulins du territoire de Marseille ; et c'est pourquoi aucun moulin à ressence n'a pu s'y soutenir , leur produit n'ayant jamais couvert les avances nécessaires.

Or c'est précisément parce que cette fabrication y est très peu lucrative , que les propriétaires d'olives y trouvent plus d'avantages que ceux des autres parties de la Provence.

On peut donc affirmer, que dans l'état actuel de la fabrication , l'intérêt des propriétaires d'olives est en raison inverse de l'intérêt des propriétaires de moulins.

A Marseille où, comme je viens de le dire, la concurrence oblige les meuniers à être très scrupuleux sur le produit de l'enfer, le seul moyen qu'ils ont pour gagner davantage, est de diminuer leurs frais d'exploitation par des lésineries.

C'est ainsi qu'on voit beaucoup de moulins où le trop petit nombre d'ouvriers employés, nuit à l'extraction entière de l'huile, comme aussi l'emploi de mulets hors de service et sans forces, parce qu'ils coûtent moins de loyer, achève de rendre l'opération interminable, outre qu'elle est imparfaite.

On aurait tort d'en accuser les propriétaires de moulins ; car, ainsi que je l'ai dit, ils font encore infiniment plus que partout ailleurs dans l'intérêt des propriétaires d'olives. Il faut en accuser les machines dont ils se servent.

Exiger d'eux, avec de semblables moulins, une perfection de fabrication, que le prix de mouture actuel, quoique très fort, ne pourrait compenser, serait trop exiger. Autant vaudrait leur imposer l'obligation de les fermer.

Dans cet état de choses, il paraît extraordinaire que dans le territoire de Marseille, personne n'ait pensé sérieusement aux moyens d'améliorer la fabrication des huiles, de manière à allier l'intérêt des propriétaires de moulins avec celui des propriétaires d'olives.

Mais si, dans le territoire de Marseille, l'amélioration de la méthode usitée est, ainsi que je viens de le dire, autant dans l'intérêt des propriétaires de moulins que dans celui des propriétaires d'olives, dans le reste de la Provence, cette amélioration est toute et uniquement dans l'intérêt de ces derniers.

En effet, partout où il y a des oliviers en Provence on voit deux espèces de moulins. Ceux où on détrite les olives et où on extrait la première huile, et ceux où on fait ce qu'on appelle *la ressence*, c'est-à-dire où on refait la première opération.

J'établis comme un fait constant que partout où il existe des moulins à ressence, la première opération a dû être mal faite ; car leur existence ne tient qu'aux fautes souvent volontaires de ceux qui leur fournissent la matière première de leur fabrication.

D'où il suit que plus les meuniers à ressence gagnent, plus les propriétaires d'olives ont perdu.

Comment donc cet état de choses a-t-il pu exister jusqu'à ce jour, sans qu'aucun propriétaire d'oliviers se soit ravisé ? sans que personne ait imaginé de se rendre indépendant des meuniers à ressence ? Combien de grands propriétaires, qui auraient pu faire les frais de construction de moulins, propres à faire l'opération parfaite, restent dans l'apathie et abandonnent une grande partie de leur revenu aux meuniers à ressence ?

Personne n'aurait donc observé jusqu'à ce jour, que partout où le prix de mouture est payé par le marc de l'olive, résidu de l'opération, le meunier, soit qu'il ressence lui-même ce marc, soit qu'il le vende à d'autres , a toujours un intérêt majeur à ce que la trituration et la pression soient mal faites.

N'est-ce point alors que le marc est plus imbibé de l'huile qu'on a eu soin d'y laisser, qu'il est plus productif pour le meunier à ressence ? Et cela n'explique-t-il pas suffisamment pourquoi les marcs d'un moulin se vendent à des prix plus élevés que ceux d'un autre.

Que dirait-on d'un moulin à farine où , par un procédé quelconque, on séparerait le son pour le recevoir en paiement du prix de mouture ? Ne serait-on pas en droit de craindre que le meunier ne laissât trop de farine dans le son ? Il est donc permis de craindre que, dans les moulins à huile où le marc reste en paiement du prix de mouture, le meunier ne laisse de l'huile dans le marc.

Enfin n'est-on pas obligé de convenir, ainsi que je l'ai établi plus haut comme un fait évident, que partout où il y a des moulins à ressence, la première opération a dû être mal faite. Et dès lors, tous les propriétaires d'oliviers n'ont-ils pas un égal intérêt à voir cesser ce genre de fabrication, si souvent opposé aux règles de la justice et de la bonne foi ?

C'est à quoi je me suis appliqué depuis longtemps , en dirigeant mes recherches et mes expériences vers un meilleur mode de fabrication que celui usité. La mortalité des oliviers arrêta mes opérations ; mais l'année passée , elles ont été couronnées d'un succès aussi complet que je pouvais le désirer, et je viens offrir au public des résultats si satisfaisans, que je me flatte qu'ils obtiendront son assentiment.

Par le mode de trituration et de pression que j'ai soumis à toutes les épreuves, et que j'ai définitivement adopté dans le moulin que je possède dans le territoire de Marseille, je ne crains pas d'affirmer que l'intérêt des propriétaires d'olives et celui des propriétaires de moulins, sont en harmonie autant qu'il est possible.

Ceux-ci trouveront leur bénéfice dans la promptitude de l'opération, et l'économie de la main d'œuvre, et ceux-là dans le perfectionnement de la fabrication et l'avantage d'être promptement expédiés. Enfin partout où on voudra adopter ma méthode, les moulins à ressence doivent tomber, et par conséquent l'huile puante qu'ils produisent, doit augmenter d'autant la récolte en huile fine des propriétaires.

Mais avant d'expliquer ma méthode, je veux exposer quelles sont les principales règles d'une fabrication d'huile *bonne et consciencieuse*.

TRITURATION.

1. Il faut, pour que la trituration soit parfaite, que l'olive soit tellement broyée, qu'il n'y ait plus de trace de noyaux et que les amandes paraissent en petits morceaux disséminés dans la pâte.

2. Que le mouvement de la meule ne soit pas trop rapide, afin de ne pas échauffer la pâte, sous peine de nuire à la qualité de l'huile.

3. Que les olives ne passent et repassent sous la meule que le temps qu'il faut pour que l'opération soit

parfaite. Pour cela l'ouvrier qu'on nomme *peysseire*, doit être supprimé et remplacé par des versoirs qui, agissant régulièrement et sans discontinuité, forcent les olives à être écrasées à chaque tour et dans le moins de temps possible. Par ce moyen on évitera le frottement inutile qu'on fait actuellement subir à une partie de la pâte suffisamment broyée, qui se trouve mêlée à celle qui a échappé à la meule, par l'insuffisance des efforts du *peysseire*.

PRESSION.

1. Il faut qu'aussitôt la trituration finie, la pâte soit portée sans retard ni refroidissement sous le pressoir, dans des cabas.

2. Que ces cabas ne soient pas en cordes épaisses, mais en tissu de sparterie aussi mince que possible ; et qu'ils soient surtout tenus bien proprement.

3. Que la pression finie, le marc se trouve réduit en gâteaux bien secs, de 1 centimètre d'épaisseur au plus, et qu'en les brisant on aperçoive les noyaux réduits en morceaux de la grosseur d'une tête d'épingle.

CUEILLETTE DE L'HUILE.

1. Pour faciliter l'entière séparation de l'huile d'avec les eaux, il faut que les cuviers où on dépose le produit de la pression et qu'on nomme *espérances*, soient placés à côté des fourneaux ; qu'ils soient parfaitement éclairés

par des ouvertures vitrées, qu'ils soient établis assez bas pour que le propriétaire puisse voir si le cueilleur qu'on appelle *triaire*, lui fait son droit ; qu'ils soient enfin tenus bien proprement, ainsi que tous les ustensiles où l'huile est déposée, afin de conserver sa qualité aussi pure que possible.

2. Que le produit de la pression reste assez de temps dans les cuviers, pour que l'huile monte toute au-dessus des eaux.

3. Que le cueilleur ou *triaire* ait la main légère et qu'il sépare l'huile des eaux, non-seulement avec dextérité, mais assez consciencieusement pour qu'il en reste le moins possible, et point du tout si faire se peut.

La méthode employée jusqu'à ce jour est vicieuse, parce qu'elle est loin de réunir toutes ces conditions.

En effet, l'aspect seul de la plus grande partie des moulins à huile suffirait pour donner une idée défavorable de l'opération qu'on y fait.

Ce sont des bâtiments étroits, bas et tellement obscurs, qu'il faut, le jour comme la nuit, alimenter plus ou moins des lampes pour éclairer les ouvriers ; d'où résulte pour le propriétaire d'olives la perte de l'huile qu'on prend dans son cuvier pendant le jour, pour l'entretien de toutes ces lampes et qu'on lui économise dans ceux qui sont éclairés par le soleil.

On alléguera peut-être que les moulins ont été ainsi construits afin d'y pouvoir entretenir une plus grande chaleur et faciliter l'extraction de l'huile. Fausse et ridicule objection, à laquelle j'opposerai mon expérience. Mon moulin est vaste, il est éclairé par un ciel ouvert et par des ouvertures vitrées, d'une facilité d'exploitation très-grande, d'une commodité inappréciable : et par conséquent il est construit dans un système tout à fait opposé à la plupart des moulins ; cependant je ne crains pas de défier le plus habile ressenceur de tirer quelque avantage des marcs ou grignons qui y ont été pressés ; de même que pour le produit des olives, je ne crains la concurrence d'aucun moulin.

Ainsi, pour si disposé que l'on soit à la confiance, on est porté à croire, malgré soi, que beaucoup de moulins ont été ainsi construits anciennement, dans le but de mieux tromper les propriétaires d'olives. Et en effet, j'en ai vu où le cuvier était situé de telle manière, que le cueilleur était juché sur la plus haute marche d'un escalier fait pour lui seul, en sorte que le propriétaire était obligé de chercher une échelle, qu'il ne trouvait jamais, pour surveiller cette dernière et importante opération, d'où dépendait entièrement le sort de sa récolte.

Toutefois, il est juste d'observer que la bonne foi a fait des progrès, sous ce rapport, que les moulins nouvellement construits ne sont point aussi obscurs que la plupart des anciens. Et soit dans le territoire de Marseille, soit dans celui d'Aix, on en voit dont l'aspect rassure le chalant, tandis qu'un moulin obscur et mal disposé, pour produire un semblable effet, a besoin d'être fortement aidé par la bonne réputation de son maître.

De la mauvaise réputation des moulins sera née anciennement cette dénomination *d'enfer*, donnée au bassin souterrain dans lequel on fait couler ce qui reste de liquide dans les cuviers, après la séparation et la cueillette de l'huile.

Or, je dois ici établir que tout enfer qui est alimenté le moins du monde par l'imperfection de la cueillette de l'huile, devient le recéleur d'autant d'huile qui appartient aux propriétaires des olives d'où elle a été extraite.

En effet, il est de règle que tout le produit de la pression est leur propriété, et que s'ils voulaient tout emporter, ils en auraient le droit. Mais de ce que ces propriétaires ne peuvent penser à se charger d'une quantité de liquide dont une si grande partie leur serait inutile, il ne s'ensuit pas qu'on puisse, sans les voler, négliger d'extraire avec le plus de soin et le plus consciencieusement possible, toute l'huile qui s'y trouve. **Et** ceux qui agiraient autrement, agiraient malhonnêtement.

L'enfer ne doit s'alimenter que de la portion d'huile produite par le lavage nécessaire à la propreté des engins, et à la pureté de l'huile, si susceptible de contracter le mauvais goût de tout ce qui la touche, ainsi que des écoulemens inévitables de ces mêmes engins, à la fin des opérations et de l'entière extraction de l'huile.

Ces lavages et ces écoulemens seraient perdus nécessairement pour tout le monde, si on ne les jetait pas dans l'enfer, et par ce moyen, sans nuire à personne, ils fournissent aux bénéfices du moulin, et évitent d'autant l'augmentation du prix de mouture.

Enfin, il est de l'intérêt des propriétaires de moulins de rassurer les propriétaires d'olives sur les craintes de l'enfer, en plaçant les espérances au grand jour et en donnant à leur moulin le plus de clarté possible.

Plusieurs méthodes sont usitées pour la trituration des olives, et toutes sont plus ou moins vicieuses.

Les meules accélérées par l'eau, ou par des moyens mécaniques, en remédiant à l'inconvénient de la longueur de l'opération, ne peuvent éviter celui d'échauffer la pâte et d'altérer la qualité de l'huile. Elles exigent d'ailleurs le concours de l'ouvrier nommé *peysseire* qui, malgré toute la peine qu'il se donne quand il veut remplir ses obligations, ne peut jamais parvenir à retenir sous la meule, la pâte qu'elle chasse sans cesse par son poids. C'est le métier le plus pénible et l'opération la plus ridicule que je connaisse.

Bien des personnes ont essayé d'éviter l'emploi de cet ouvrier, et j'étais moi-même parvenu à diminuer considérablement sa peine, au moyen des versoirs qui suivaient mes anciennes meules. Mais l'opération n'en était pas moins longue, parce qu'on ne pouvait mettre qu'un douzième de la motte d'olives à la fois sous la meule et qu'il se perdait beaucoup de temps à en retirer douze fois la pâte. D'ailleurs, cet ouvrier étant alors beaucoup moins occupé, était sujet à s'endormir ou à négliger son travail, en se reposant sur l'opération des versoirs; et les pertes de temps qui en résultaient étaient considérables.

On a aussi imaginé des sortes de coupes qui sont encore en usage dans bien des moulins et qu'on appelle *à puits*. Ce sont effectivement de véritables puits, au fond desquels tournent une ou plusieurs meules et dans lesquels on jette à la fois toute la motte d'olives. En sorte que les olives et la pâte contenue par la hauteur des bords de cette coupe, ne peuvent échapper à la meule qui les détrite sans le secours du *peysseire*.

Ces sortes de coupes sont bien ce qu'on a imaginé de mieux pour la trituration des olives; mais elles ont un inconvénient inévitable et fort grand. C'est qu'il faut beaucoup de peines, de temps et de difficultés pour retirer la pâte du fond de ces puits et la placer dans les cabas. Ainsi le temps qu'on gagne dans cette opération est en grande partie perdu par celui qu'exige l'enlèvement de la pâte. En sorte que ce faible perfectionnement s'est trouvé trop balancé par les inconvéniens qu'il présente, pour que son adoption ait pu être générale.

Enfin, dans toutes les formes de coupes existantes, la meule est toujours appliquée contre le pivot autour duquel elle tourne, et c'est là le vice radical de ces engins, auquel j'ai appliqué le perfectionnement le plus complet qu'on puisse désirer.

Je ne donnerai point cette idée comme mienne, en m'attribuant l'invention de ce mode de trituration. Il

est employé par une infinité de fabricans , pour le noir
d'ivoire , la craie , la soude factice , etc. C'est chez eux
que j'en ai vu l'effet et que j'ai résolu d'en faire (il est
vrai le premier) l'application à la trituration des olives.
Je n'ai eu d'autre calcul à faire que celui des dimensions
et de ce qu'il a fallu ajouter comme nécessaire à la trituration des olives , dont les fabricans des matières sèches
ci-dessus mentionnés n'ont pas besoin.

Ainsi , ma meule a 46 centimètres d'épaisseur et
1 mètre 50 centimètres de hauteur. (On pourrait lui
en donner jusqu'à 2 , car plus une meule a de hauteur
plus le tirage est facile) Elle pèse 2400 kilos et ne pardonne à aucune olive.

Elle tourne à 1 mètre 50 centimètres loin du pivot
qui est au centre de la coupe. Son épaisseur , ajoutée à
1 mètre 50 centimètres , 2 mètres 2 centimètres 7 millimètres de rayon et par conséquent un diamètre de 3
mètres 93 centimètres. Elle passe dans un canal pratiqué dans des blocs de pierres dures de 57 centimètres
de largeur sur 12 centimètres de profondeur. Au diamètre de la circonférence que décrit la face extérieure
de la meule , il faut ajouter 5 centimètres de jeu , de
cette meule au bord extérieur du canal. Il a donc 4
mètres , ce qui donne à sa circonférence extérieure
environ 12 mètres 50 centimètres. Les bords de ce
canal, au lieu d'être taillés à plomb, sont taillés en éva-
sant , et par conséquent s'élargissent par le haut , ce
qui achève de donner à la meule le jeu nécessaire ,
pour qu'elle n'en puisse jamais heurter les bords.

La motte entière d'olives se jette dans ce canal et son volume y occupe 5 centimètres d'épaisseur tout au plus. *Voyez figure* 1re.

On conçoit le prodigieux effet que doit faire sur cette épaisseur d'olives, une meule de ce poids ainsi disposée. Il est certain que dans quelques tours on ne voit plus d'olives entières.

Les olives et la pâte ainsi contenues dans le canal par ses bords, ne laissent pas d'être refoulées à droite et à gauche de la meule, par son poids et sa pression ; mais pour les ramener sans cesse sous elle, j'ai fait placer à sa suite un double versoir qui les ramasse à mesure qu'elle les sépare et les ramène sans cesse au milieu de ce canal, en les renversant aussi complètement qu'un bon versoir de charrue renverse la terre dans le sillon.

Uu racloir en tôle est aussi disposé de manière à embrasser le profil de la meule, à en détacher sans cesse la pâte qu'elle entraîne et qui s'y attache et à la faire retomber aussitôt dans le canal.

Les blocs en pierres dures où est creusé ce canal, sont parfaitement assemblés et joints avec du ciment à la pouzzolane, afin d'éviter toute perte d'huile.

Les circonférences intérieure et extérieure de ce canal, sont entourées d'une plate-bande formée en plateaux de pierres dures qui inclinent vers le canal et qui sont assemblés et cimentés aussi parfaitement ; en sorte que le plan incliné extérieur sert à placer les cabas pour les remplir de la pâte, quand la trituration est achevée.

Un seul mulet fait tourner cette meule sans trop de peine , et dans trois quarts d'heure l'opération est terminée aussi parfaitement que j'ai dit qu'il fallait qu'elle le fût pour une bonne fabrication.

Je ne crains pas d'avancer, qu'en ne triturant pas plus fin qu'on le fait en général par l'ancienne méthode, la motte serait finie dans une demi-heure ; et avec mes anciennes meules, cette opération ainsi faite durait trois heures au moins , comme dans les moulins dont la meule n'est accélérée ni par des rouages , ni par l'eau.

Ainsi , par cette nouvelle méthode , j'ai obtenu de faire dans une demi-heure ce qui exigeait trois heures de travail ; ce qui m'a donné la facilité de perfectionner la trituration au dernier point, eu donnant un quart d'heure de plus à l'opération.

Il serait en effet impossible d'exiger que, par l'ancienne méthode, l'opération fût aussi parfaite. Le quart d'heure que je donne de plus pour perfectionner la trituration, représente au moins une heure qu'exigeraient les anciennes meules ; et aucun propriétaire de moulin ne pourrait tenir aux frais que lui coûterait cette heure de plus par motte.

Rien n'est plus satisfaisant que d'observer le travail de cette meule ainsi organisée. Et indépendamment de la célérité de l'opération , qui se fait pour ainsi dire toute seule , j'ajouterai que la propreté de cette construction n'en est pas le moindre avantage.

En effet , par l'ancienne méthode, le revêtement du plan incliné de la coupe , **que j'ai fait faire en plateaux** de pierres dures, est ordinairement en bois Ce bois qui dure fort longtemps est imbibé d'une huile qui bientôt est corrompue; et malgré les lavages d'eau bouillante, et en supposant la plus grande propreté, il est impossible qu'il ne communique une partie de son odeur fétide à l'huile qui y reste déposée pendant le cours de cette longue opération.

J'observerai, en outre, que s'il est possible que la pâte des olives broyées se refroidisse, c'est bien plutôt par l'ancienne méthode, puisquelle reste déposée sur le plan incliné en bois pendant une ou deux heures, jusqu'à ce que l'opération soit entièrement terminée; tandis que par ma nouvelle méthode, le passage continuel de la meule et des versoirs met la pâte en totalité et sans cesse en mouvement, et qu'on la sort du canal dès qu'elle est broyée, pour la mettre à l'instant dans les cabas, et la placer sous le pressoir; d'où je conclus qu'il y a impossiblité de refroidissement.

Enfin, la meule étant mise en mouvement sans aucun mécanisme que par un mulet allant au pas, et par conséquent ne pouvant avoir un mouvement plus égal et moins rapide, ne peut jamais échauffer la pâte, ni altérer la qualité de l'huile.

Donc ma méthode réunit tous les avantages qu'on peut désirer, et la trituration est aussi prompte qu'elle est parfaite.

Pour compléter ce système de trituration j'ai fait construire un chariot porté sur deux roues à essieu fixe, et sur une troisième roue servant d'avant-train mobile ainsi que son axe au moyen d'un pivot , et guidée par une flèche. La caisse dont ce chariot est surmonté , contient juste la mesure appelée motte qu'on détrite tout à la fois. Un seul homme le traîne tout plein , et le guide avec une grande facilité. Il le place derrière le fût de la meule , auquel il l'adapte au moyen de crochets , et le tout est disposé de manière à être promptement établi.

Le chariot et sa flèche étant ainsi solidement fixés , on fait partir le mulet qui , en mettant la meule en mouvement , traîne aussi ce chariot plein d'olives qui coulent peu à peu sur le bord de la coupe , par une manche en bois dont on a ouvert d'avance la porte à coulisse.

A mesure que les olives tombent sur le bord incliné de la coupe , elles sont ramassées par le versoir qui achève de les entraîner dans le canal , et de les y placer de manière à ce que la meule les écrase aussitôt qu'elle les atteint. Quelques tours suffisent pour cette opération qui ne fatigue pas le mulet , attendu qu'en se chargeant ainsi lui-même , il n'écrase pas ce qu'il traîne et ne traîne pas ce qu'il écrase.

Ce chariot une fois vidé, l'ouvrier le dételle, et aussitôt après va le remplir , afin qu'il soit tout prêt pour la motte suivante.

On conçoit facilement combien ce mécanisme économise la main-d'œuvre et abrége l'opération.

Après avoir ainsi perfectionné le mode de trituration sous le triple rapport de l'économie du temps , de la main-d'œuvre et de la bonté de l'opération , je me suis occupé de la pression qui suit immédiatement.

J'ai senti la nécessité de mettre en harmonie les deux opérations sous le rapport de la célérité, sans perdre de vue la bonté du travail.

Que m'aurait servi, en effet , d'avoir ainsi accéléré la trituration , au point de ne pas craindre la concurrence d'un moulin à eau , si la lenteur de la pression avait obligé d'arrêter la meule ?

J'aurais pu , en suivant l'ancienne méthode , augmenter les pressoirs et les ouvriers, dans la proportion exigée par le travail de la meule ; et c'est précisément ce que j'ai voulu et ce que je suis parvenu à éviter.

On sait que l'opération de la pression se fait en deux fois ; d'abord on presse à froid , ensuite on détourne et remonte les vis ; on détache les cabas les uns des autres pour briser la pâte des olives ; après quoi on les replace les uns sur les autres , en les arrosant d'eau bouillante ; et on presse aussitôt le tout , autant que peuvent le permettre les machines et la force qu'on y applique.

Chacun a pu s'apercevoir que dans le cours de cette opération , il est rare que les piles de cabas conservent leur position perpendiculaire.

La viscosité de la pâte qui diffère suivant la qualité et le degré de maturité des olives , fait glisser les cabas et oblige souvent à en démonter et remonter les piles jusqu'à cinq fois ; et malgré toute la peine et le temps perdu , on ne parvient jamais à obtenir que ces piles ne dévient plus de la ligne perpendiculaire.

De cet obstacle à les maintenir dans leur aplomb, résultent de graves inconvéniens. Perte de temps pour le meunier, imperfection de la pression, perte de toute l'huile qui reste imprégnée aux mains des ouvriers, qui sont si souvent obligés de toucher et retoucher cette pâte huileuse.

Ces deux derniers inconvéniens sont très désavantageux aux propriétaires d'olives, dont une partie de l'huile reste dans le marc et dans les éponges où les ouvriers sèchent leurs mains.

Les meuniers perdent, il est vrai, beaucoup de temps, mais en général ils croient être dédommagés amplement par le produit dont l'enfer est augmenté au moyen de ces éponges pleines d'huile, qu'on y presse à l'eau bouillante de temps en temps.

Il est certain que dans l'état d'imperfection de cette pression, c'est un inconvénient inévitable; et il peut même arriver que le redressement des piles soit un abus, que j'ai trouvé très-important de déraciner à jamais; et voici le moyen bien simple que j'ai imaginé.

J'ai fait construire un grillage, composé de cercles en fer de 1 centimètre 2 millimètres carrés, placés les uns dans les autres et distans de 2 millimètres. Ils sont assemblés au moyen de rivets, sur une plaque en fer de 7 millimètres d'épaisseur et de 54 centimètres de diamètre, dimension égale à celle des cabas dont je me sers. Le grillage est séparé de la plaque par une croix en fer de 1 centimètre 4 millimètres d'épaisseur et de 8 centimètres de largeur. Les quatre branches de cette

croix dépassent les bords de la plaque en fer de 8 centimètres qui sont repliés de manière à former l'équerre
avec la plaque. Deux branches de mêmes dimensions
que le fer de la croix et formant chacune une double
équerre, sont placées vis-à-vis l'une de l'autre, et fortement assemblées et assujetties, chacune à deux des
extrémités des branches de cette croix ainsi repliées, de
manière à former un seul et même corps avec la plaque
et le grillage. Un boulon à épaulemens, muni d'un
rouleau, est placé entre chacune de ces branches au
milieu de la double équerre, à l'effet d'éviter tout frottement et d'empêcher leur écartement et leur fracture.
Voyez figure n° 2.

La machine ainsi construite est disposée sous la vis
de telle façon, que chaque branche par sa forme à double
équerre, embrasse un des montans du pressoir, le long
duquel elle est destinée à monter et descendre pendant
l'opération. On conçoit que la plaque et le grillage sont
alors dans une position tout à fait horizontale.

Le tout est suspendu en dessous du plateau de la tête
de la vis, par des crochets qui tiennent chaque branche de fer, de manière à pouvoir être défait avec promptitude et facilité.

Quant on veut opérer avec ce grillage, on commence
à monter la vis en la détournant, et on élève ainsi en
même temps le grillage. On place ensuite les cabas les
uns sur les autres, ainsi que cela se pratique ; et quand
il y en a à peu près la moitié de placés, on descend la
vis jusqu'à ce que la plaque ronde du grillage repose sur

la demi-pile de cabas Alors on défait les crochets qui
restent attachés au-dessous du plateau de la vis qu'on
remonte aussitôt. On place ensuite sur le grillage le reste
de la pile de cabas les uns sur les autres , après quoi on
descend la vis et on presse avec force.

On conçoit que la pile de cabas , ainsi partagée au
milieu par le grillage , est soutenue au moyen des branches qui embrassent les montans du pressoir. En sorte
que ce grillage la maintient dans la direction perpendiculaire de ces montans , en même temps qu'il facilite
l'écoulement de l'huile, qui passe à travers les intervalles
de 3 millimètres qui séparent les cercles en fer , pour
tomber sur la plaque inférieure , par où elle trouve son
écoulement vers les bords.

Ce procédé , assurément bien simple , m'a réussi à
merveille. J'ai essayé de faire presser une pâte d'olives
très grasse et très visqueuse , en mettant plus de la
moitié en sus du nombre ordinaire de cabas , sans qu'il
y ait eu la moindre variation, tandis que les autres piles
avec la moitié moins de cabas, ont été redressées jusqu'à
quatre fois presque infructueusement.

Ayant voulu faire l'épreuve de ce grillage , je n'en
avais fait construire qu'un pour une seule pile ; mais
après un résultat aussi parfait , je n'hésiterai pas à monter ainsi tous mes pressoirs pour la récolte prochaine.

Je ne m'en suis pas tenu là ; l'effet prodigieux produit
par ce grillage , m'a porté à pousser plus loin mes
épreuves

J'ai donc fait construire trois autres grillages semblables au premier, mais sans branches de fer. Deux sont garnis de leur plaque ronde, dont la croix en fer les tient séparés, et le troisième n'en a point. J'ai fait établir celui-ci sur la pierre qui sert de base à la pression, et c'est sur lui que j'ai fait placer le premier cabas, qu'on met ordinairement sur cette base en pierre.

Le nombre des cabas de chaque pile étant ordinairement de seize, au moyen de ces quatre grillages, ils ont été séparés de quatre en quatre. De sorte que les quatre plus élevés s'écoulaient par le fond à travers le plus haut grillage sur sa plaque, et ainsi de suite, jusqu'aux quatre plus inférieurs qui trouvaient leur écoulement par le fond sur la pierre dure.

Cette pile de cabas ainsi armée de ses quatre grillages, présentait l'aspect le plus satisfaisant. Il semblait impossible qu'il restât trace de liquide dans le marc, avec une facilité d'écoulement aussi grande. Et en effet, le produit de cette pression fut aussi parfait qu'on pouvait le désirer.

Après avoir plusieurs fois fait manœuvrer cette pile par ce procédé, en pressant d'abord à froid et ensuite à l'eau bouillante, ainsi que cela se pratique, et avoir reconnu que le marc était infiniment plus sec et mieux pressé qu'aux autres piles, j'essayai de faire l'opération en une seule fois, afin de l'abréger.

Je fis donc choisir une motte d'olives de même qualité, bien mêlées, qu'on partagea ensuite en deux portions parfaitement égales. Je les fis détriter séparément; je fis presser la première moitié en une seule fois et à

l'eau bouillante , en intercallant les grillages de quatre
en quatre cabas. De sorte qu'on versait l'eau bouillante
dans ces cabas , à mesure qu'ils venaient d'être remplis
de la pâte triturée.

Après que la pression de cette pile de cabas fut consommée, on commença l'opération sur l'autre demi-
motte, en suivant l'ancien usage. Ainsi , après avoir
pressé cette pile à froid , on brisa le marc avec les mains,
on forma de nouveau la pile de cabas en l'arrosant d'eau
bouillante , après quoi on la pressa pour la deuxième
fois.

Les produits de ces deux demi-mottes furent séparés.
Ils furent semblables en quantité , mais il est très-re-
marquable qu'ils ne le furent point en qualité.

L'huile produite par la première demi-motte fut infiniment plus pure , plus limpide et plus légère , que celle
produite par la seconde. Elle déposa moins , et par conséquent rendit de plus tout ce qu'elle n'eut pas à déposer. J'en déduirai les causes bientôt. Je dois avant expliquer que , malgré ce résultat avantageux , voulant
m'assurer qu'il ne restait point d'huile dans le marc
ainsi pressé d'une seule fois, je fis faire la contre épreuve
de mon opération.

En conséquence , après avoir remonté les vis de ces
deux piles d'épreuves , on détacha les cabas de chacune
séparément , et on brisa de nouveau le marc aussi menu
que possible.

Cela fait, on plaça les cabas en piles en les arrosant
avec l'eau bouillante , une pile armée de ses grillages ,

et l'autre sans grillages ainsi que cela avait été fait une fois, et on pressa les deux piles en même temps aussi fortement et aussi également qu'il fut possible.

Les produits de l'une et l'autre pile, qui furent séparés aussi soigneusement que si c'eût été de l'huile pure, ne furent autre chose que l'eau bouillante, mêlée de crasse qu'on avait jeté dans les cabas. Quelques gouttes d'huile parsemées çà et là et nageant sur la surface de l'eau dans chacun des cuviers, n'auraient pas formé la valeur d'une cuiller, s'il avait été possible de les ramasser.

Cette contre-épreuve qui fut une véritable ressence, me prouva que les deux opérations sont également bonnes sous ce seul rapport, qu'elles ne laissent point d'huile dans le marc, ce qui est le résultat d'une trituration parfaite et d'une pression suffisante.

Mais la première opération a, sur la seconde, l'immense avantage d'être infiniment plus prompte et de produire une huile plus dépouillée de crasse, plus légère, plus limpide enfin ; ce que je regarde comme une véritable augmentation de produit ; car de deux quantités égales d'huile, l'une très dépouillée et l'autre encore trouble, chargée et moins légère, la première est infiniment préférable, puisque la seconde de ces deux quantités ne pourra atteindre le degré de légèreté et de limpidité, qu'aux dépens de son poids et de son volume.

Il est évident, d'après cela, que cette augmentation de produit qui n'a pas lieu par l'ancienne méthode, est autant d'huile qui serait précipitée dans l'enfer mêlée avec les eaux et la crasse, puisque la ressence m'a prouvé qu'il n'en restait point dans le marc.

Voici le motif auquel je crois devoir attribuer l'avantage inespéré que m'a procuré cette expérience.

Chacun sait combien est puissante l'action de l'eau bouillante sur l'huile. Or, en pressant les cabas en deux fois, d'abord à froid et ensuite à l'eau bouillante, cette action est fortement atténuée.

Il est reconnu, en effet, que la majeure partie de l'huile sort tantôt vierge et tantôt mêlée avec la crasse et la partie aqueuse des olives, par la pression à froid ; et que la pression à l'eau bouillante qui suit immédiatement, n'est nécessaire que pour compléter l'entière extraction.

Mais le produit de cette pression à l'eau bouillante n'est plus bouillant, parce que l'opération l'a refroidi, et cependant ce produit est jeté et mêlé dans le cuvier avec le produit froid de la première pression ; d'où il résulte que le tout s'est refroidi, que l'eau ayant cessé d'être bouillante, ne peut agir que très-imparfaitement sur l'huile froide de la première pression ; et que cette huile, tout en montant au-dessus des eaux, entraîne avec elle et augmente son volume de la partie la plus légère de la crasse, dont l'action atténuée de l'eau bouillante n'a pu la séparer.

En pressant la pile de cabas armée de ses grillages en une seule fois, l'eau bouillante produit un effet bien plus grand et bien plus prompt. La facilité d'écoulement fait qu'aussitôt que chaque goutte d'huile est atteinte par l'eau bouillante, elle est immédiatement chassée au dehors et par les chemins les plus courts.

Sans grillages elle aurait à traverser toute la demi-largeur des cabas pour, de leur centre, arriver à leur circonférence. Avec les grillages au contraire, elle sort à la fois de tous les points de la surface inférieure des cabas, tout comme de ceux de leur circonférence.

Or, l'action de l'eau bouillante n'étant plus efficace qu'en raison de la promptitude de l'opération, il s'ensuit que l'huile est aussitôt séparée de la partie aqueuse et visqueuse de l'olive, qu'elle est atteinte par l'eau bouillante; et comme ce produit de la pression est le seul, l'unique produit et qu'il n'est pas, comme dans l'autre opération, mêlé avec un produit froid, ni avec une huile non seulement froide, mais encore adhérente à la partie visqueuse des olives, il me paraît évident que l'huile en étant ainsi dégagée, ne peut plus s'y mêler de nouveau.

J'ai même remarqué, en cassant des gâteaux de marc après cette première et unique pression, que tous secs qu'ils étaient et malgré qu'il eût fallu une heure à quatre hommes pour les briser en faisant la contre-épreuve, ils avaient cependant un peu plus de souplesse que ceux de la pile qui avait été pressée deux fois. Ceux-ci étaient plus terreux et par conséquent plus friables.

J'en conçus d'abord quelques craintes pour le succès de mon expérience, mais elles furent bientôt dissipées et par le produit égal en huile des deux piles, et par la contre-épreuve ou ressence qui n'en produisit point.

En réfléchissant et sur cet accident et sur ces causes, je crus pouvoir conclure que la souplesse de ces gâteaux de marc venait de ce qu'une plus grande quantité de crasse leur était restée imprégnée, parce que l'eau bouillante avait dû nécessairement agir d'abord et plus efficacement sur l'huile comme étant plus légère; tandis que ces crasses visqueuses dont s'étaient dégagées avec tant de promptitude l'huile et la partie aqueuse des olives, avaient été moins aidées dans leur extraction, et étaient restées mêlées en plus grande quantité avec le marc.

En effet, en faisant l'opération en deux fois, il est à remarquer que c'est à la première pression et à froid, qu'on voit sortir la crasse la plus épaisse et en plus grande quantité; que la seconde pression à l'eau bouillante achève d'entraîner l'huile encore mêlée de crasse; mais par la contre-épreuve ou ressence, l'eau bouillante ne sortit pas pure, elle entraîna encore de la crasse, et cependant elle n'entraîna plus d'huile. Donc il restait encore de la crasse dans le marc après la seconde pression, quoiqu'il n'y restât plus d'huile; et je ne doute pas que si j'eusse fait échauder et presser une quatrième fois ce marc, il n'en fût encore sorti de la crasse. Le marc de la pile qui n'avait été pressée qu'une fois, devait donc en contenir plus que celui de la pile qui l'avait été deux fois, et c'est ce qui le rendait plus souple, moins terreux, et par conséquent plus friable.

Si l'on essayait de répéter cette opération sur le même marc, on finirait par le rendre aussi friable que la terre la plus sablonneuse ; ce qui prouve que cette crasse visqueuse est plus difficile à extraire que l'huile.

Aussi quand la contre-épreuve ou ressence m'eut bien convaincu qu'il n'était pas resté une cuiller d'huile dans le marc, que m'importait de savoir qu'il y était resté plus de crasse que dans celui qui avait été pressé deux fois ?

Presser deux fois pour obtenir une huile plus trouble, me paraît donc un résultat fort peu désirable ; mais ces opérations m'ont aidé à découvrir la cause qui fait qu'en ne pressant la pâte des olives qu'une seule fois à l'eau bouillante et avec des pressoirs à grillages, on obtient pour le moins autant d'huile et on a l'avantage de l'obtenir plus légère, plus limpide, plus dépouillée et à moins de frais.

Ainsi, à la prochaine récolte, mon moulin sera disposé de manière à satisfaire tous les goûts. Le prix de 4 fr. par motte qui se paie dans les moulins du territoire de Marseille, sera au mien diminué de 50 centimes pour ceux qui préféreront ma nouvelle méthode et consentiront à ce que leurs olives ne soient pressées qu'une fois, et c'est cette méthode que j'emploierai pour les olives qui m'appartiennent.

Préalablement et au début de la fabrication, je répéterai sur mes olives les mêmes épreuves que je viens de décrire, en présence des personnes les plus riches en huile, qui se servent de mon moulin, que j'y inviterai, et de toutes celles qui voudront y assister. Des résultats positifs formeront leur conviction et détermineront leur choix.

Je m'attends, et c'est naturel à penser, à ce que la première année ma méthode ne soit pas préférée par tous les habitués de mon moulin, ni pour la totalité de leurs olives. Les agriculteurs ne se pressent pas ordinairement d'adopter les nouveautés, et en cela ils sont fort sages. Mais l'avantage de payer 50 centimes de moins de frais de mouture que s'ils choisissaient l'ancienne méthode, me donne l'espoir qu'ils en essaieront, et dès lors je ne doute pas du succès.

Je suis d'ailleurs si assuré de mon fait, les moyens que j'emploie et que j'ai décrit ci-dessus sont si simples, tellement faciles à apprécier, et leurs résultats si complets et si satisfaisans, que tôt ou tard ma méthode prévaudra sur l'ancienne.

Dès lors l'intérêt des propriétaires d'olives ne sera plus en opposition avec celui des propriétaires de moulins à huile ;

Dès lors les produits de l'enfer seront réduits à ce qu'ils doivent être, et les bénéfices se feront sur la main d'œuvre, dont les propriétaires d'olives profiteront aussi par la diminution du prix ;

Dès lors l'opération sera satisfaisante sous tous les rapports ; pour les uns, en ce qu'ils seront promptement et parfaitement expédiés, et pour les autres, en ce qu'ils seront dédommagés de leurs avances, par des bénéfices aussi satisfaisans que légitimes ;

Dès lors enfin, l'opération de la ressence, si nuisible aux propriétaires d'olives, doit tomber d'elle-même.

Mais je crois, avant de terminer, devoir prévenir les

propriétaires d'olives , que ma méthode de ne presser qu'une seule fois ne peut leur être avantageuse et ne leur coûter aucuns regrets , que dans les moulins où les marcs ne sont ni achetés ni donnés en paiement du prix de mouture et ne peuvent en conséquence fournir , en aucune manière , aux bénéfices du meunier.

De même je crois utile de dire que le premier soin des propriétaires de moulins , en l'adoptant, doit être de renoncer à recevoir ces marcs en paiement, et de s'en interdire le moindre commerce , sinon la méfiance suivra de près leur amélioration , qu'elle soit méritée ou non.

EXTRAIT

Des registres de l'Académie Royale des Sciences, Lettres et Arts de Marseille.

Rapport sur le Mémoire de M. DE SINETY, relatif aux moulins à huile, par M. le chevalier LAUTARD, secrétaire perpétuel de l'Académie, organe de la commission nommée par cette compagnie, pour lui faire connaître ce travail.

MESSIEURS,

Vous avez reçu de M. DE SINETY un mémoire renfermant des observations sur les moulins à huile et sur les améliorations dont cette fabrication est susceptible. Si quelque chose doit vous intéresser, c'est sans contredit ce qui se rattache à l'agriculture, à l'industrie, aux richesses de la Provence ; car vous ne fûtes jamais étrangers ni à la gloire et à la prospérité de votre patrie, ni à l'aisance et au bonheur de vos contemporains. Or, le travail qui vous est soumis se lie plus ou moins directement à ces divers objets ; et d'ailleurs, il mérite d'autant plus d'attention de votre part, qu'il vous est présenté par un homme aussi laborieux que modeste, dont toute l'ambition est de faire du bien et dont le nom fut toujours cher à l'Académie. Il vous est offert par un agriculteur distingué, qui semble avoir hérité de sa famille de l'heureux privilége d'être utile à son pays.

C'est, Messieurs, pour en fournir une nouvelle preuve, que la commission, que vous avez composée de MM. le chevalier de la Cour-Gouffé, Negrel-Feraud, Jauffret, le chevalier L. du Demaine, Hubaud, Salze et moi, vient aujourd'hui, par mon organe, vous en présenter l'analyse et vous mettre à même d'en connaître tout le prix.

La fabrication de l'huile se compose de trois opérations : la *trituration*, la *pression* et la *séparation* ou *cueillette* de l'huile. M de Sinety indique, dans son mémoire, les conditions nécessaires à chacune de ces opérations, pour que la fabrication ne laisse rien à désirer.

Il signale les vices de construction de la plupart des moulins existans, leur obscurité, leur malpropreté et les inconvéniens qui résultent pour les propriétaires de ne pouvoir surveiller leur récolte qu'avec beaucoup de peine ; et surtout il insiste sur les longueurs des opérarations qui sont la cause, souvent, de la fermentation des olives, celle-ci ne pouvant être assez tôt détritées.

Le territoire de Marseille, d'après M. de Sinety, est celui où l'on extrait le plus complétement l'huile ; ce qui le prouve, dit il, c'est l'inutilité reconnue d'y établir des moulins de ressence, comme on en voit, au grand détriment des propriétaires, dans tout le reste de la Provence. Ces établissemens y sont malheureusement entretenus par l'imperfection, souvent volontaire, de plusieurs opérations. Le paiement du prix de mouture s'y faisant en partie avec le marc, il est de l'intérêt des propriétaires de moulins, de mal triturer les olives, de mal presser la pâte et d'y laisser, par conséquent, plus d'huile puisqu'elle devient le prix de leur travail. Cette huile est forte au goût et même corrompue , à cause de la fermentation du marc , tandis qu'elle serait douce et de bonne qualité , si , du premier coup , elle était extraite au profit de qui de droit.

Cependant bien que dans le territoire de Marseille , il n'existe aucun de ces moulins , les procédés de notre auteur y seront avantageux , sous le triple rapport de la célérité, de l'augmentation du produit et de sa qualité; parce que la trituration et la pression y deviendront plus promptes et plus parfaites , si on les y fait avec quelque attention ; mais il prévoit que sa méthode devant détruire, de fond en comble , les moulins à ressence , elle doit être encore plus utile , dans les contrées où l'on tolère cet abus.

Les moulins nouvellement établis pour la pulvérisation de la craie , de la soude , du noir d'ivoire , lui ont servi de modèle , et l'application qu'il a faite de ces machines , au détriment des olives , lui a procuré tous les avantages qu'on retire des moulins à eau , sans compter la suppression d'un ouvrier obligé et beaucoup d'économie dans la main-d'œuvre ; sous le rapport de la qualité de l'huile , le moulin de M. de Sinety a l'avantage de ne pas échauffer la pâte et par conséquent de ne pas altérer le liquide qu'elle contient , parce que la meule n'a pas plus de vitesse que celle que fait ordinairement tourner un mulet , lorsqu'on le fait aller au pas; tandis que dans les autres moulins , la meule tourne plus vite , sans pourtant faire plus de travail. On peut en avoir la description dans le mémoire. Il a beaucoup perfectionné la pression de la pâte, et c'est là la partie la plus essentielle et la plus utile de son travail. Ce sont les grillages dont il se sert et qu'il décrit très soigneusement, qui lui donneront une supériorité marquée sur tous les autres fabricans.

Les défauts qu'il remarque dans le mode de pression, adopté jusqu'à ce jour, sont d'être lents et fort imparfaits ; cette pression est lente, parce qu'il faut y revenir à deux fois ; la première à froid et la seconde à l'eau bouillante, et ensuite, parce que les cabas dévient toujours de leur aplomb, par l'effet de la viscosité de la pâte, en sorte qu'il est nécessaire de remonter la vis, quelquefois jusqu'à cinq ou six fois, pour remettre perpendiculairement ces cabas, sans pouvoir néanmoins jamais les contenir dans cette position.

Cette pression est imparfaite, parce que les cabas étant ainsi déplacés, la pâte se porte toujours en plus grande quantité sur les bords et se trouve ainsi soustraite à l'action de la pression.

Indépendamment de l'huile que cette pression imparfaite abandonne dans la partie épaisse des gâteaux du marc, on éprouve encore la perte de toute celle qui reste imprégnée dans les mains et les ustensiles des ouvriers, par la manipulation, souvent répétée, des cabas. Cette huile appartient de droit aux meuniers qui souvent essuient leurs mains avec des éponges destinées à cet usage et les pressent dans les enfers. On ne doute pas que ce ne soit, dans quelques moulins un abus révoltant que le procédé de **M**. de Sinety détruira pour toujours.

Ce procédé consiste dans l'intercalation, au milieu de la hauteur des piles des cabas, d'un grillage en fer qui a deux branches embrassant les montans des pressoirs ; ces montans servent de conducteurs au grillage qui ne peut jamais s'écarter de la ligne verticale que parcourt la vis ; son intercallation soutient la pile des cabas par son milieu, dans cette direction.

Ce grillage a surtout l'avantage de faciliter l'écoulement de l'huile qui s'échappe ainsi par le fond, au lieu de ne couler que par les côtés des cabas. Indépendamment de ce grillage à branches, on en place trois autres simples dans la hauteur de la pile qui se compose communément de seize cabas. On intercalle donc de quatre en quatre cabas, un de ces grillages sans branches dont on vient de parler. Le passage du liquide doit être, sans contredit, plus rapide à travers cette grille ainsi disposée, et il doit se rendre plus promptement dans le grand récipient.

Cette rapidité, dans l'écoulement de l'huile, a fait concevoir à **M.** de Sinety, la possibilité de faire cette opération en une seule fois et à l'eau bouillante et d'éviter ainsi la pression à froid, ce qui abrégerait de beaucoup le travail.

Il est de fait que l'huile obtenue par une seule pression à l'eau bouillante, est plus légère et plus dépouillée ; elle dépose donc beaucoup moins. Il y aurait donc augmentation dans la quantité, amélioration dans la qualité et rapidité dans toutes les opérations, ce qui est le complément des procédés de ce genre et tout ce que les propriétaires peuvent espérer.

Telle est l'analyse du mémoire de M. de Sinety ; il est écrit avec ce style qui annonce la conviction et la vérité. Heureux, Messieurs, si tous les écrivains agriculteurs méritaient cet éloge ! Votre commission pense qu'on doit des remercîmens à son auteur et que l'Académie, en témoignant à cet estimable confrère la satisfaction qu'elle a éprouvée en lisant cet écrit, doit l'engager à lui donner la plus grande publicité.

Marseille, le 18 mai 1826.

Signés à l'original : LAUTARD, rapporteur, SALZE, le Chev. L. DU DEMAINE, JAUFFRET, F. NEGREL et HUBAUD.

Pour copie conforme, à Marseille, le 23 mai 1826.

Le secrétaire perpétuel,
Le Chev. LAUTARD.

SÉANCE DU 18 MAI 1826.

L'Académie approuve ce rapport et en ordonne l'insertion dans le registre consacré à cet objet.

Pour extrait conforme :

Le Secrétaire perpétuel,
Le Chev. LAUTARD.

ODE

SUR LE BONHEUR DE LA VIE CHAMPÊTRE.

Fortunatus et ille, Deos qui novit agrestes!
Virg. Géorg. L. ii, v. 493.
Heureux celui qui rend un culte aux dieux champêtres.

Heureux printemps, ton haleine embaumée !
Féconde la nature et réchauffe mon cœur.
   Des aquilons le zéphyr vainqueur
   Vient caresser ma muse ranimée,
Et rend à mes transports leur première chaleur
     L'Amour dans les airs se balance,
     Et sourit avec complaisance
     Aux désirs des êtres divers.
     A son feu divin tout s'enflamme,
     Et la voix du plaisir proclame
L'instant qui va soumettre à ce Dieu l'univers.

   Nature heureuse, obéis à ton maître;
Il t'arrache aux langueurs d'un douloureux sommeil,
   Il vient guetter l'instant de ton réveil ;
   Ouvre ton sein ; abandonne ton être
     A ses feux allumés au foyer du soleil
     Son souffle anime le zéphyre ,
     Qui porte à tout ce qui respire

Les dons de la fécondité
Au profit de ce qui végète
Il donne à l'aurore inquiète
Les larmes que répand sa sensibilité.

Fertiles champs couronnés de verdure,
Offrez au laboureur l'espoir de ses travaux.
Bocages frais, rappelez les oiseaux,
Pour rendre hommage au Dieu de la nature,
Prés émaillés de fleurs, rassemblez les troupeaux.
Ces beaux jours, dont la tendre aurore
Dans tous les êtres fait éclore
Le charme amoureux des désirs,
En nourrissant leurs espérances,
Leur préparent des jouissances,
Dont la variété réglera leurs plaisirs.

Et vous mortels que les Dieux ont fait naître,
Pour jouir de leurs dons offerts à vos souhaits,
Leur prévoyance a comblé leurs bienfaits ;
Mais apprenez qu'un asile champêtre
Est le seul où vos vœux se verront satisfaits.
L'aspect d'un verger, d'un bocage,
Des bois le bienfaisant ombrage,
Le murmure d'un clair ruisseau,
L'émail d'une verte prairie
Dans l'âme de désirs nourrie
Font naître à chaque instant quelques plaisirs nouveaux.

Si dans ses vœux, ardente et plus active
Il ne lui suffit pas de ces simples tableaux,
Et s'il lui faut quelques charmes nouveaux
Pour occuper son existence oisive,
La terre offre son sein, mortels, à vos travaux,

L'homme ne peut passer sa vie
Dans cette constante inertie
Des génies contemplatifs
Il lui faut pour remplir le vide
De son cœur de plaisirs avide,
Qu'il s'adonne à des soins moins nuls, et plus actifs.

Sages mortels, qui de vos toits rustiques
Éloignez la paresse et chassez les ennuis,
Par le travail vos beaux jours sont remplis ;
Assis auprès de vos foyers antiques,
Vous contemplez vos champs par vos mains embellis.
La terre par vous cultivée,
Et de vos sueurs abreuvée,
Satisfait à tous vos besoins.
Elle donne avec abondance
Tout ce que sa reconnaissance
Peut offrir à vos vœux, en retour de vos soins.

Lorsque l'aurore avec ses doigts de rose
Vient éteindre des Cieux les nocturnes flambeaux,
Elle prend soin d'entr'ouvrir vos rideaux.
La volupté qui près de vous repose,
Reçoit le doux tribut de vos premiers travaux,
Sans épuiser la source pure
Des plaisirs qu'elle vous procure,
Vous sortez joyeux de ses bras.
L'heure du travail vous appelle,
Vous vous arrachez d'auprès d'elle ;
Mais elle vient encor voltiger sur vos pas.

Vous saisissez d'une main bienfaisante
Les utiles outils que vous donna Cérès,
Vous sillonnez vos fertiles guérets.

Ou bien armés de la hache tranchante ;
Vous châtier l'orgueil des arbres des forêts.
La faux , la bêche , la serpette ,
Et la charrue et la houlette ,
Font leur office tour à tour ,
Du travail la douce habitude
Vous instruit de tout sans étude ;
Les saisons et le temps vous guident chaque jour.

L'été préside à vos moissons fertiles
L'automne fait couler vos vins dans vos celliers ;
Pendant l'hiver des soins particuliers
Non moins constans , mais plus faciles ,
Charment utilement vos loisirs journaliers ;
Mais dès que le léger zéphyre
Du printemps ramène l'empire ,
Et souffle les feux de l'amour ,
Epris d'une volupté pure ,
Vous l'annoncez à la nature ,
Et vos nouveaux travaux célèbrent son retour.

Dans les beaux jours sur l'herbe rajeunie ,
Vos bergers rassemblés par des attraits nouveaux
En folâtrant ramènent leurs troupeaux.
Leur cœur s'enflamme à la douce harmonie
Des chants mélodieux des amoureux oiseaux
Le besoin d'aimer et de plaire
Rappelle la jeune bergère ,
A ses devoirs , à ses plaisirs.
L'Amour à ses pieds qui soupire ,
Lui fait partager son délire ,
Sa victoire jamais n'altère ses désirs.

De ces plaisirs la douce jouissance
De vos travaux constans ne vous distraira pas ,
   Pour un instant s'échappant de vos bras ,
   L'Amour soutient votre espérance ,
Il vous aide lui-même , et s'attache à vos pas.
      Son feu , que le travail allume ,
      S'épuise , s'éteint , se consume
      Dans les bras de l'oisiveté ;
      Mais sa voix , qui vous encourage ,
      En vous rappelant à l'ouvrage
Vous soustrait aux dégoûts de la satiété.

   Cette indolente et fatale ennemie
Des mortels aveuglés par sa fausse douceur ;
   Cet être obscur, des vices précurseurs ,
   L'oisiveté , sous le vain non d'amie ,
Tenterait vainement de tromper votre cœur.
      Votre vie laborieuse
      Suit dans sa course industrieuse
      Les besoins de l'âme et des sens ,
      Le réveil de la jouissance ,
      Et le sommeil de l'innocence ,
Vous offrent des plaisirs toujours purs et décens.

   Si chaque jour vous force à satisfaire
Au vœu de la nature , en réglant vos travaux ;
   La nuit sur vous répandant ses pavots ,
   Vient acquitter votre juste salaire ,
Et sa tranquille paix veille à votre repos ,
      Dans vos chaumières solitaires ,
      De vos désirs dépositaires ,
      Pour vous l'innocence et l'amour ,

Guettent les instans désirables ,
Où leurs caresses agréables
Ouvrent votre paupière aux premiers feux du jour ,
Non, ce n'est point par de tels avantages
Que vous pouvez charmer l'ennui de vos loisirs ,
Mortels blasés par l'abus des plaisirs ;
Ils ne sont faits que pour ces hommes sages ,
Dont la seule nature entretient les désirs.
Le Dieu trompeur qui vous caresse ,
De votre imprudente jeunesse
A nourri la fatale erreur ,
Le charme qui cache ses chaînes ,
En vous retenant dans ses peines ,
De son cruel poison enivre votre cœur.

Vos froids désirs , fruit de l'intempérance ,
Naissent par le dégoût , croissent par le tourment ,
Ils sont nourris par le désœuvrement ,
Mais trop souvent la honteuse licence
Vient éteindre en vos cœurs les feux du sentiment ,
Au triste ennui qui vous obsède
Le libertinage succède ;
Et votre cœur ainsi dépravé ,
Lui-même se hait , se méprise ,
Se dégrade, s'éteint, s'épuise ,
Dans les liens honteux dont il est entravé.

Votre cœur vit dans cette insouciance ,
Qui brise tous ses nœuds avec facilité ;
Et dans ses fers se croit en liberté ,
Quand le dégoût né de la jouissance ,
Succède aux faux plaisirs , à la satiété ;
Mais l'oisiveté de votre âme
Fait naître une nouvelle flamme ,

Dont le tourment vous devient cher.
Le plaisir est court ; et les peines
Détruisent ces nouvelles chaînes ,
Dont l'inconstance encor aide à vous détacher.

Que faut-il pour ranimer votre être ,
Régler tous vos penchans , et chasser vos langueurs ?
Des goûts constans , des vertus et des mœurs.
Suivez le sage , et sa vie champêtre ;
La nature et les Dieux le comblent de faveurs ,
Des jours heureux qu'il sacrifie ,
Au travail qui le fortifie ,
Naissent de plus heureuses nuits :
Qu'il ouvre ou ferme la paupière ,
Ses champs , son lit et sa chaumière
N'offrent que des plaisirs sans remords , sans ennuis.

Heureux celui dont la sagesse abjure
La folle illusion des trompeuses grandeurs ;
Mais plus heureux qui sait régler ses mœurs
Sur les plaisirs offerts par la nature ,
Qu'on ne trouve qu'aux champs qu'arrosent nos sueurs ,
Je préfère mes toits rustiques ,
Aux vastes et riches portiques ,
Des superbes palais des grands.
Puissai-je à ma dernière aurore ,
Voir les Dieux protéger encore ,
Cet asile chéri des mes plus jeunes ans !

EXPLICATION

ET

PROPORTION DU PRESSOIR.

1° *A*, *B*. Ligne en travers du Moulin, marquant le niveau du sol.

2° *C*. Hauteur des pierres froides, formant les piles assises sur le niveau du sol sur un massif de maçonnerie en ciment, 27 centimètres, 7 millimètres,

3° *D*. Longueur des piles, savoir : celles des deux extrémités 1 mètre, 6 centimètres, 5 millimètres, dont 6 centimètres, 2 millimètres enchâssés dans une mortaise de chaque jambe de la presse, et celle du milieu 87 centimètres 5 millimètres sur 87 centimètres, 5 millimètres de largeur, toutes trois.

4° *E*. Ronds de trois piles, pour poser les scouffins sous les vis. Le cercle intérieur 81 centimètres de rayon; l'extérieur 33 centimètres, 2 millimètres aussi de rayon, et 7 centimètres, 6 millimètres entre les deux cercles formant la largeur du canal qui reçoit l'huile qui sort des scouffins, et la conduit au robinet *O*.

5° *F*. Récipients de 37 centimètres, 5 millimètres au carré, et de 22 centimètres de profondeur pour poser sous les robinets, les brocs, où l'on reçoit l'huile.

6°. *G*. Vis du Pressoir : 2 mètres, 25 centimètres de hauteur dont 62 centimètres de tête. Lesdites vis de 37 centimètres, 5 millimètres d'épaisseur au carré.

7° *H*. Jambes de la Presse : 3 mètres, 75 centimètres de hauteur sur 37 centimètres, 5 millimètres d'épaisseur; 56 centimètres enterrées dans le massif ; 37 centimètres, 5 millimètres hauteur de la mortaise dans laquelle sont enchâssées les piles de pierre froide ; 1 mètre, 80 centimètres, 5 millimètres hauteur du dessus desdites piles au-dessous du banc ; 50 centimètres pour la mortaise dans laquelle entre chaque bout du banc ; 50 centimètres, 7 millimètres de tête au-dessus du banc. Total : 4 mètres, 12 centimètres, 2 millimètres.

8° *I.* Banc, 50 centimètres de hauteur sur 75 centimètres d'épaisseur, et 3 mètres, 37 centimètres de longueur dont 25 centimètres de chaque bout enchâssé dans chaque jambe de la presse.

9° *L.* Chandelles de fer traversant le banc et les piles, de 3 mètres, 3 centimètres, 7 millimètres de hauteur ; 8 centimètres, 2 millimètres d'équarissage, arrêtées chacunes aux deux bouts par une goupille en fer.

10° *M.* Boulons de fer qui traversent le banc, les jambes de la presse et les deux poutres qui lui servent de berceau ; lesdits boulons écroués à un bout pour lier le tout.

11° *N.* Barre ou plaque de fer de 3 mètres, 18 centimètres de longueur, 12 centimètres, 4 millimètres de largeur, 4 centimètres, 1 millimètre d'épaisseur, ayant chacun de ses deux bouts enchâssés dans les jambes de la presse pour consolider le pressoir et le lier dans le massif.

12° *O.* Robinet d'où découle l'huile.

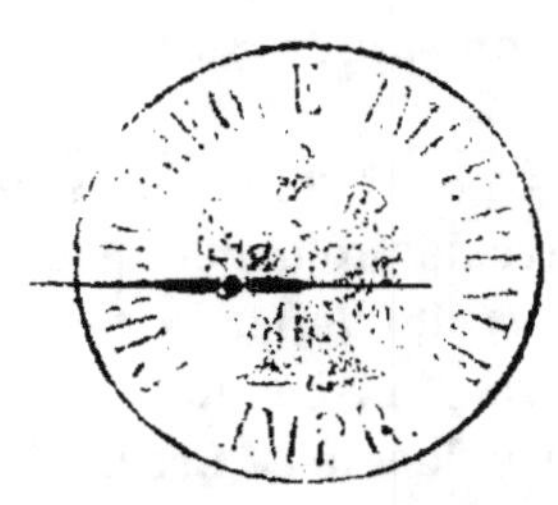

Coupe verticale d'un Pressoir pour l'Huile isolé en travers du Moulin.

Plan Géometral.

Echelle de 0, 5 Centimètres par Mètre.

Lith. ... à Marseille

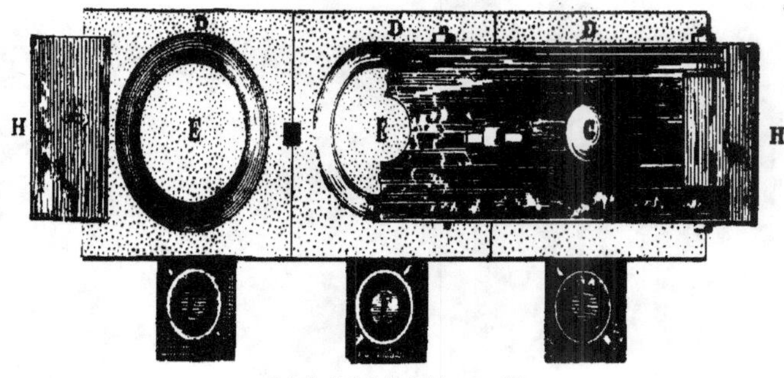

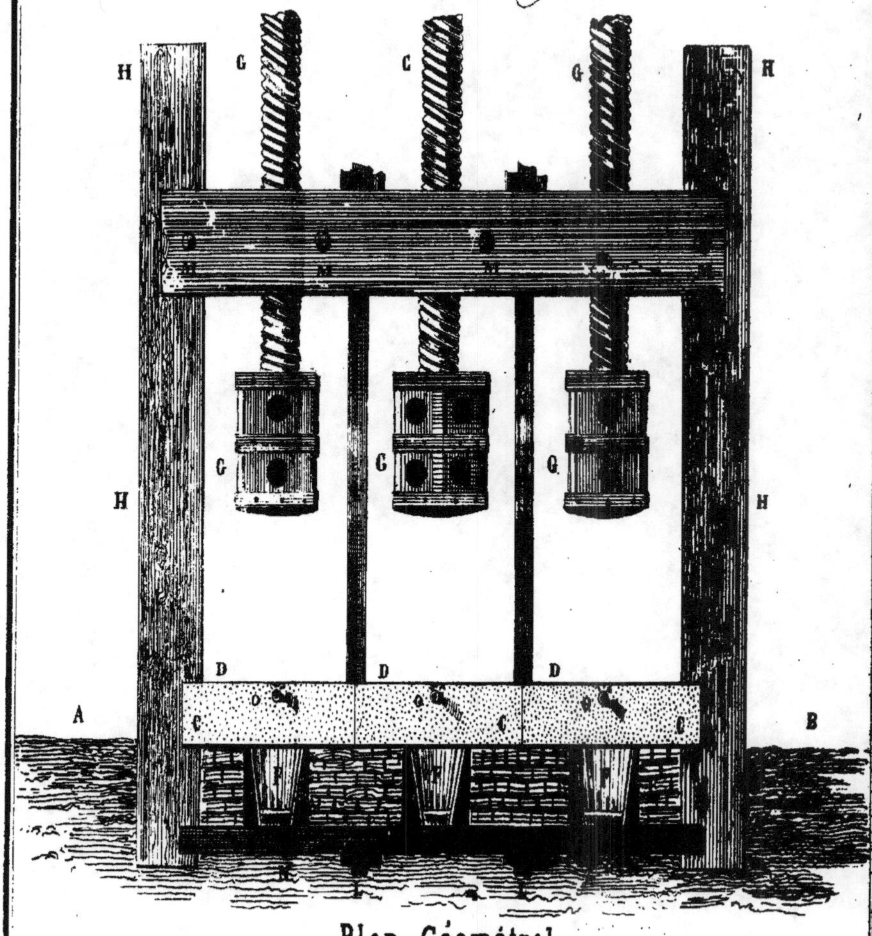

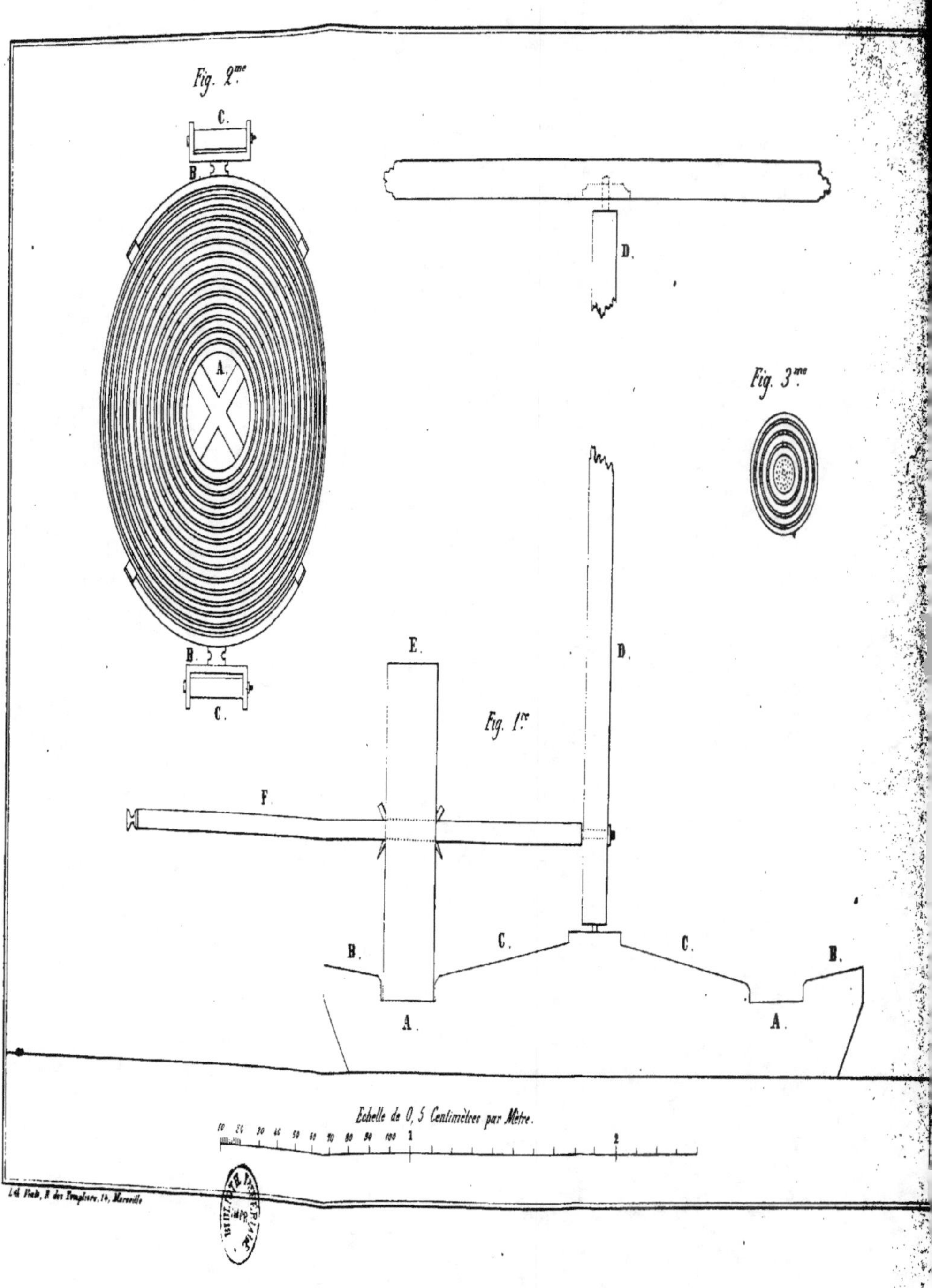

Fig. 2.me
C.
B.
A.
B.
C.
Fig. 3.me
D.
Fig. 1.er
E.
F.
D.
B.
C.
C.
B.
A.
A.
Echelle de 0, 5 Centimètres par Mètre.
10 20 30 40 50 60 70 80 90 100 1 2

EXPLICATION DES FIGURES.

FIGURE Iʳᵉ.

Plan vertical de la machine à détriter les olives.

AA. Canal circulaire dans lequel on jette la motte entière d'o-
lives et dans lequel la meule tourne et les écrase.

BB. Plate-bande inclinée extérieure, sur laquelle on remplit
les cabas de la pâte triturée qu'on ramasse dans le canal,
en en formant des tas avec un rateau de bois et en la
balayant.

CC. Plate-bande intérieure.

D. Pivot de la meule.

E. Meule.

F. Axe de la meule au bout duquel on attèle le mulet.

FIGURE II.

Grillage à branches, destiné à faciliter la pression.

A. Vide destiné au lavage intérieur du grillage, pour qu'il ne
s'obstrue pas avec les débris du marc, et qui, pendant
l'opération, est rempli par le grillage représenté à la
figure 3.

BB. Branches de fer qui embrassent les montans du pressoir, à
l'effet de contenir le grillage et par conséquent les piles
de cabas dans leur direction perpendiculaire.

CC. Rouleaux en fer destinés à éviter le frottement des branches
du grillage contre les montans du pressoir.

FIGURE III.

**Portion du grillage destiné à remplir le vide A du grillage de la
figure nᵒ 2, après qu'on l'a nettoyé.**

TABLE DES MATIÈRES.